Florian P

L'ASTRONOMIE
PRATIQUE

Cette image de Neptune est l'une des premières que transmit la sonde Voyager 2 en approchant de cette planète.

L'ASTRONOMIE
PRATIQUE

BRIAN JONES

SOLAR

Titre original de cet ouvrage :
THE PRACTICAL ASTRONOMER

Traduction - adaptation :
Daniel Alibert-Kouraguine

Illustrateurs :
Peter Bull, David Kemp, Sally Launder
et Brian Watson
Cartes du ciel de John Cox et Richard Monkhouse

ISBN : 2-263-01970-7
N° d'éditeur : 2076
Dépôt légal : mars 1993

Photocomposition : Empreintes, Antony
Imprimé à Hong Kong

SOMMAIRE

LE CIEL AU-DESSUS DE NOUS

LA SPHÈRE CÉLESTE

MATÉRIEL D'OBSERVATION

MÉTHODES D'OBSERVATION

A LA DÉCOUVERTE DES ÉTOILES

AVANT-PROPOS

Comment ne pas être fasciné par la beauté d'un ciel nocturne illuminé par la Lune et les étoiles ? Même dans l'atmosphère polluée d'une ville, de simples observations à l'œil nu permettent de distinguer les principaux reliefs de la Lune. Elles permettent également de constater que toutes les étoiles ne sont pas identiques, mais présentent des différences de grosseur, d'éclat, de couleur. Et puis, d'une nuit à l'autre, un observateur attentif peut remarquer que certaines « étoiles », généralement très brillantes, paraissent changer de place par rapport à leurs voisines : en fait, il ne s'agit pas d'étoiles, mais de planètes.

Avec une paire de jumelles de bonne qualité, on en découvre beaucoup plus. A la surface de la Lune, des milliers de cratères deviennent visibles, et la luminescence des hauts reliefs contraste avec la couleur sombre des plaines, que l'on prit longtemps pour des mers. Les étoiles ont un éclat plus intense et l'on s'aperçoit que certaines ont un ou plusieurs compagnons. Les jumelles permettent, en outre, d'en apprendre davantage sur les planètes. La plus brillante présente des phases, comme la Lune. Une blanche semble entourée d'« étoiles » minuscules que l'on ne distingue pas toujours au même endroit. Une autre, de couleur jaunâtre, se situe à l'extrême limite de visibilité de l'instrument, comme le constata Galilée il y a près de 400 ans.

L'idéal, évidemment, est de pouvoir observer le ciel en montagne ou dans une région désertique, là où l'atmosphère est la plus pure. Des centaines d'étoiles, voire des milliers, deviennent alors visibles avec une grande netteté. On distingue notamment une sorte de large ruban vaporeux qui traverse la voûte céleste, dont il accompagne le déplacement : c'est l'immense nuée d'étoiles qui compose la Voie lactée. Dans un tel contexte, la Lune illumine tout le paysage et son éclat est tellement vif qu'il peut empêcher de distinguer certains détails de son entourage.

Pour apprendre à regarder le ciel et à découvrir ses merveilles, il faut du temps, de la patience et de la curiosité. Un télescope perfectionné n'en révélera pas davantage à un observateur occasionnel qu'une simple lunette astronomique à un observateur averti, qui saura mettre à profit toutes les possibilités qu'elle offre. La contemplation du ciel ne requiert pas de connaissances techniques approfondies, mais les joies qu'elle réserve seront largement décuplées si l'on sait ce qu'il faut chercher à voir, et de quelle façon.

L'astronomie est l'une des rares sciences à laquelle un amateur peut apporter une contribution non négligeable, à condition toutefois de faire preuve d'une certaine assiduité. On peut alors en être récompensé par une découverte ou des informations dont les astronomes sauront tirer parti pour faire progresser leurs travaux.

En lisant cet ouvrage, ne perdez jamais de vue que les voies de la connaissance impliquent un cheminement de longue haleine. Au fur et à mesure que vous améliorerez vos méthodes d'observation, revenez aux chapitres qui auraient pu vous poser quelques problèmes de compréhension, afin de vérifier si ces informations ne vous paraissent pas plus claires. Enfin, n'hésitez pas à adhérer à une association d'astronomes amateurs ; il en existe un peu partout, et l'on vous y prodiguera toutes sortes

Le Cygne est d'une richesse qui a de quoi satisfaire la curiosité de l'astronome amateur. Cette constellation boréale de la Voie lactée inclut, en effet, des étoiles doubles, des étoiles variables, des amas stellaires et des nébuleuses. Certains d'entre eux sont visibles à l'aide d'une simple lunette d'amateur, d'autres nécessitent des techniques d'observation plus complexes.

A droite La Tête de Cheval d'Orion, qui fut découverte pour la première fois grâce à une photographie prise il y a une centaine d'années, forme une masse obscure qui se découpe sur le fond plus clair de la nébuleuse IC 434. L'observation du ciel offre de nombreux spectacles aussi surprenants que celui-ci.

de conseils judicieux qui vous feront gagner du temps. S'initier aux mystères de l'univers est une source de satisfaction infinie. Alors, sachez en profiter !

Stephen J. Edberg
Juin 1989

LE SYSTÈME SOLAIRE

La Terre est l'une des neuf planètes principales qui gravitent autour du Soleil. Le système solaire comprend, en outre, de nombreux autres corps célestes plus petits, notamment des astéroïdes, des comètes, des météorites et de la poussière interstellaire.

Les planètes du système solaire se répartissent en deux groupes aux caractéristiques propres. Les quatre planètes intérieures (Mercure, Vénus, la Terre et Mars) sont les plus proches du Soleil. Elles ont des dimensions relativement modestes et une composition rocheuse analogue à celle de la Terre, ce qui leur vaut l'appellation de « planètes telluriques » (du latin *tellus,* « terre »). Les cinq autres planètes, dites « extérieures » (Jupiter, Saturne, Uranus, Neptune et Pluton), sont beaucoup plus éloignées du Soleil. A l'exception de Pluton, ce sont des planètes géantes, de composition gazeuse, appelées aussi « planètes joviennes », par référence à Jupiter, qui en est le modèle type.

La formation du système solaire

La configuration actuelle du système solaire fournit un certain nombre d'indications sur la façon dont le Soleil et son entourage ont fait leur apparition. Les observations effectuées par les astronomes ont permis d'échafauder une théorie qui fait aujourd'hui l'unanimité, du moins dans ses grandes lignes.

Le système solaire s'est formé à partir d'un nuage en rotation, la « nébuleuse solaire », formé de gaz, de poussière et de particules de glace. Ce nuage se contracta sous l'effet de la gravitation, en déterminant en son centre une augmentation de densité, de température et de pression, et la formation d'une « protoétoile ».

Simultanément, la rotation de ce nuage irrégulier amena celui-ci à s'aplatir en une sorte d'énorme disque. C'est à partir du centre de ce disque que se forma le Soleil, autour duquel gravitaient des anneaux concentriques de matière dont la condensation finit par donner naissance aux planètes. Cette théorie semble d'ailleurs corroborée par le fait que les orbites planétaires se situent plus ou moins sur un même plan.

Les planètes intérieures se sont formées à partir des éléments les plus lourds, et les planètes extérieures à partir des éléments les plus légers, hydrogène et hélium principalement, qui se trouvaient à la périphérie du nuage. L'hydrogène et l'hélium qui étaient présents dans les zones centrales du nuage furent refoulés par l'intense chaleur émanant du jeune Soleil, ce qui explique leur rareté dans les quatre planètes intérieures.

Des particules gravitant au sein de la nébuleuse solaire commencèrent à entrer en collision et à s'agglutiner, entraînant ainsi la formation de petits « objets » de quelques dizaines de kilomètres de diamètre appelés planétésimales. Celles-ci se développèrent à leur tour par un même phénomène d'agglutination, qui donna naissance à des objets de plus en plus gros, les protoplanètes, lesquelles furent finalement à l'origine des planètes intérieures actuelles. Ces corps célestes étaient des masses rocheuses, riches en éléments lourds tels que fer, silicium et aluminium.

A ce stade, ces corps célestes étaient formés de gaz et de roche en fusion, car ils étaient soumis à une intense chaleur entretenue par de constants impacts de planétésimales. Il en résultait que les matériaux les plus lourds s'enfonçaient vers les régions centrales, les plus légers, les plus denses, restant proches de la surface. Cela explique pourquoi les planètes telluriques actuelles ont un noyau riche en fer et une croûte extérieure rocheuse, leur épaisse atmosphère originelle ayant été dispersée par la chaleur du rayonnement solaire.

Les planètes extérieures se sont formées de la même façon. Autour d'un noyau rocheux initial s'accumulaient des gaz, dont les régions périphériques du système solaire étaient saturées. Ainsi se développèrent d'énormes planètes gazeuses, avec une atmosphère riche en hydrogène enveloppant un noyau rocheux de dimensions comparables à celles des planètes telluriques.

Ci-dessus Mars, photographiée par un compartiment orbital de Viking. C'est l'une des quatre planètes intérieures qui se sont formées à partir des éléments les plus lourds gravitant au centre de la nébuleuse solaire.

A droite Les dimensions des planètes par rapport au Soleil. Les planètes telluriques paraissent minuscules à côté des quatre énormes planètes joviennes.

TABLEAU SIGNALÉTIQUE DES PLANÈTES

Planète	Diamètre (km)	Distance moyenne au Soleil (km)	Période de révolution	Période de rotation axiale
Mercure	4 878	58 000 000	87,97 j	58 j 15 h 30 mn
Vénus	12 104	108 000 000	224,7 j	243 j 24 mn 29 s
Terre	12 756	149 600 000	365,265 j	23 h 56 mn 4,07 s
Mars	6 787	227 900 000	686,98 j	24 h 37 mn 26 s
Jupiter	142 800	778 300 000	11,86 a	9 h 50 mn 33 s
Saturne	120 000	1 427 000 000	29,46 a	10 h 39 mn 22 s
Uranus	50 800	2 870 000 000	84,01 a	17 h 14 mn
Neptune	49 500	4 497 000 000	164,79 a	18 h 26 mn
Pluton	2 300	5 900 000 000	248 a	6 j 9 h 17 mn

	Inclinaison axiale	Inclinaison sur l'écliptique	Densité (g/cm³)	Nombre de satellites
Mercure	0°	7° 00′ 26″	5,42	0
Vénus	178° 18′	3° 23′ 40″	5,25	0
Terre	23° 24′	—	5,52	1
Mars	23° 59′	1° 51′ 9″	3,94	2
Jupiter	3° 06′	1° 18′ 29″	1,31	16
Saturne	29°	2° 29′	0,69	21
Uranus	97° 54′	0° 48′ 27″	1,3	15
Neptune	28° 48′	1° 46′ 27″	1,66	8
Pluton	94°	17° 9′ 3″	1,8	1

Au cours de cette période, des phénomènes d'une très grande importance affectèrent également la protoétoile qui constituait le centre de la nébuleuse. Une augmentation constante de la température et de la densité de son noyau finit par y déclencher des réactions nucléaires, qui s'accompagnèrent d'un intense rayonnement lumineux. Ainsi « s'alluma » le Soleil, à peu près en même temps que la Terre achevait de se former. Cette étape fut marquée par l'éclatement des couches extérieures de ce Soleil naissant, dont les débris furent projetés dans l'espace. Beaucoup de ces débris allèrent bombarder la surface des planètes nouvellement formées, en y creusant les cratères que l'on peut observer aujourd'hui.

	Masse (Terre = 1)	Magnitude maximale	Vitesse de libération (km/s)
Mercure	0,056	− 1,9	4,3
Vénus	0,815	− 4,4	10,3
Terre	—	—	11,2
Mars	0,107	− 2,8	5
Jupiter	317,83	− 2,6	61
Saturne	95,16	− 0,3	35,6
Uranus	14,50	+ 5,6	21,2
Neptune	17,20	+ 7,7	23,6
Pluton	0,002	+ 13,6	1

LE SOLEIL

Le Soleil est l'étoile autour de laquelle gravite le système solaire, dont il représente à lui seul environ 98 p. cent de la masse totale. Sa chaleur et sa lumière sont indispensables au développement de la vie sur notre planète. Pourtant, ce n'est qu'une étoile bien modeste par rapport à beaucoup d'autres de notre Galaxie. Le Soleil a un diamètre de 1 392 000 kilomètres et se définit comme une étoile naine jaune d'importance moyenne dans la séquence de classification spectrale (voir p. 38).

La surface visible du Soleil, ou photosphère (« sphère de lumière »), a une température d'environ 6 000 °C et émet le rayonnement de chaleur et de lumière que nous connaissons. Cette considérable quantité d'énergie prend toutefois sa source dans des régions beaucoup plus profondes. Au voisinage du noyau, la température et la pression sont tellement fortes qu'elles déclenchent des réactions de fusion nucléaire : sous l'effet combiné d'une température de plus de 15 millions de degrés et d'une pression d'environ 340 000 millions d'atmosphères, quatre noyaux d'hydrogène se transforment en un noyau d'hélium. Cette réaction s'accompagne d'une légère perte de masse produisant de l'énergie qui se transmet jusqu'à la surface, d'où elle s'échappe sous forme de chaleur et de lumière. Cette perte de masse représente 0,7 p. cent de la quantité totale d'hydrogène utilisée par la réaction, soit quelque 4 millions de tonnes par seconde !

Une observation attentive de la photosphère révèle que celle-ci présente un aspect moucheté. C'est l'une des conséquences apparentes de l'éruption d'énergie à la surface du Soleil. Les turbulences produites par cette éruption d'énergie en provenance du noyau provoquent la formation de granulations d'environ 1 000 kilomètres de large. Chaque granule est constituée d'une partie brillante, au centre, cernée d'une zone plus sombre. La partie brillante correspond à l'émission de gaz incandescents qui commencent à refroidir vers 300 °C, en s'écoulant vers le bord de la granulation.

Autres phénomènes que l'on peut observer à la surface du Soleil, les taches solaires sont des dépressions de la photosphère qui déterminent des zones sombres, nettement visibles par contraste avec leur environnement incandescent. Ces taches sont de dimensions variables, les plus courantes atteignant plusieurs dizaines de milliers de kilomètres de large.

Une tache solaire type ne dure que quelques jours et sa température est d'environ 4 000 °C. Elle se compose d'une zone d'ombre centrale, entourée d'une zone plus claire appelée pénombre. Ces taches peuvent apparaître n'importe quand, mais avec une fréquence cyclique que l'astronome allemand Heinrich Schwabe décrivit pour la première fois en 1843 : l'activité des taches solaires atteint son maximum tous les onze ans. Au début de ce cycle, les taches apparaissent vers 30° au nord ou au sud de l'équateur solaire, puis elles s'en rapprochent progressivement au fur et à mesure que le cycle évolue.

Les taches solaires

Les taches solaires sont associées à d'intenses champs magnétiques qui déclenchent un certain nombre de phénomènes. Les facules, par exemple, qui sont des zones très brillantes précédant de quelques jours l'apparition des taches. Quant aux protubérances, il s'agit d'énormes colonnes de gaz que l'on voit s'élever au-dessus d'une tache solaire. Elles sont de deux types : les protubérances éruptives sont de violentes projections de

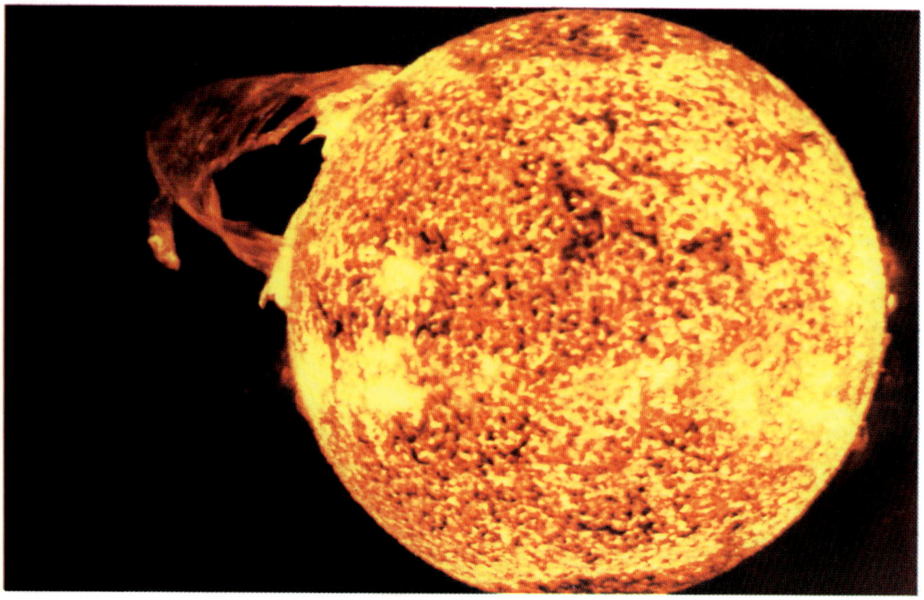

Les astronautes de Skylab ont pu photographier cette gigantesque protubérance qui a jailli du Soleil pendant deux heures, le 19 décembre 1973. La matière qui la constitue demeure circonscrite sous la forme d'une boucle par la force d'attraction du champ magnétique. La température des projections gazeuses était en général de 20 000 °C environ, mais atteignait 70 000 °C en certains endroits.

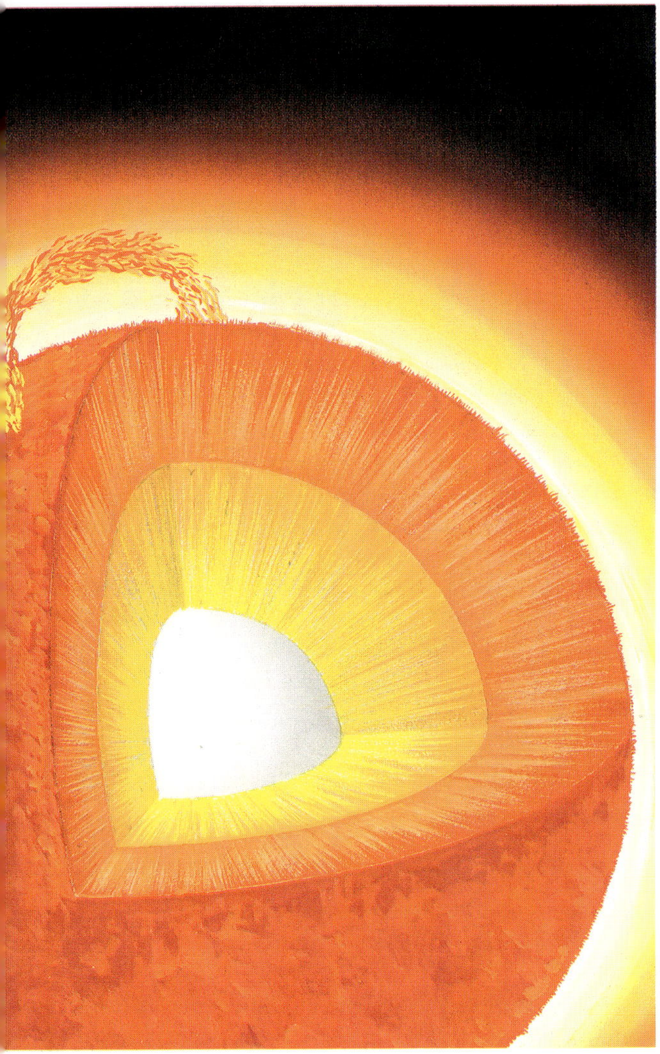

Ci-dessus Une vue en coupe du Soleil. C'est dans le noyau central qu'interviennent les réactions nucléaires génératrices de l'énergie solaire. Cette énergie, produite par la conversion de l'hydrogène en hélium, se transmet jusqu'à la surface par des radiations qui déterminent des courants de convection gazeux, puis elle s'échappe sous forme de chaleur et de lumière. De nombreux phénomènes différents se manifestent au niveau ou au-dessus de la photosphère, notamment des protubérances comme celle qui est représentée ici. Au-dessus de la photosphère s'étend la chromosphère, une couche d'hydrogène d'un rose luminescent et d'une épaisseur de plusieurs milliers de kilomètres. On ne peut pas distinguer la chromosphère, à cause de sa transparence : l'éclatante lumière de la photosphère la traverse. Quant à la couronne, elle n'a pas de limites précises et se perd, au-delà de la chromosphère, dans les profondeurs du système solaire.

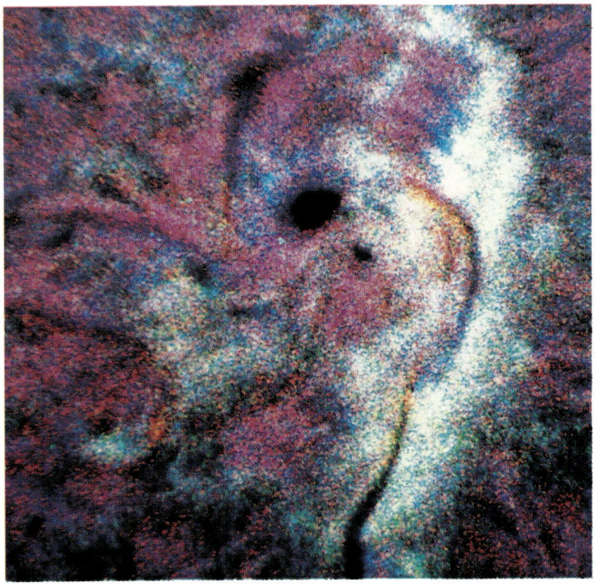

Ci-dessus Cette photographie, aux couleurs modifiées, fait apparaître des taches solaires sous la forme de zones noires. Les zones blanches sont des gaz de la chromosphère, accumulés juste au-dessus des taches solaires où leur condensation est due aux effets du champ magnétique.

matière qui s'échappent dans l'espace à des vitesses considérables pouvant atteindre 1 000 km/s, et dont la forme peut se modifier de minute en minute ; les protubérances quiescentes, en revanche, sont beaucoup plus stables et peuvent rester en suspension au-dessus de la surface solaire pendant plusieurs mois avant de se désagréger.

Les phénomènes solaires les plus actifs sont les éruptions. Celles-ci se produisent au sein de certains groupes de taches, sous la forme de brillants filaments de gaz incandescent dont la température peut s'élever de plusieurs milliers de degrés en un court laps de temps. Ces éruptions s'accompagnent d'importantes émissions de particules chargées, phénomène qui est à la base du vent solaire, dont les répercussions se font sentir jusque dans l'atmosphère terrestre, en déclenchant notamment des aurores polaires et des orages magnétiques.

Au-dessus de la photosphère s'étend la chromosphère, une région de températures relativement faibles que traverse l'énergie émise par le Soleil. C'est là que s'observent les éruptions évoquées ci-dessus. Au-delà se situe la couronne, l'ultime couche de l'atmosphère solaire, et la plus vaste aussi : à partir de la chromosphère, elle atteint en effet plusieurs millions de kilomètres d'épaisseur. Dans sa partie inférieure apparaissent les protubérances, tandis qu'à l'autre extrémité ses régions périphériques laissent échapper des flux de particules d'énergie qui constituent le vent solaire.

MERCURE ET VÉNUS

Mercure

C'est la planète la plus proche du Soleil, autour duquel elle effectue sa révolution en 87,97 jours, à une distance moyenne de 58 millions de kilomètres. Avec un diamètre de 4 878 kilomètres, Mercure ressemble à la Lune par sa taille, mais aussi par son aspect. Les photographies transmises par la sonde Mariner 10 en 1974 et en 1975 ont révélé, en effet, que sa surface était parsemée de reliefs montagneux et de grands bassins criblés de cratères. Les grands bassins sont toutefois moins nombreux que sur la Lune, le plus vaste étant Planitia Caloris.

On a longtemps cru que Mercure avait une rotation synchrone et présentait toujours la même partie de sa surface au Soleil. Mais, dans les années 60, des relevés obtenus à l'aide de signaux radar ont révélé que cette rotation durait en réalité 58,65 jours, soit les deux diers de la période de révolution sidérale. Toutes les parties de la surface mercurienne sont donc éclairées par la lumière solaire à un moment ou à un autre. Et, compte tenu du rapport entre la durée de rotation et celle de la révolution, le jour solaire sur Mercure (d'un lever de Soleil au suivant) représente 176 jours terrestres, soit 2 années mercuriennes !

Par une coïncidence résultant du rapport entre la période de rotation axiale de Mercure (son année) et l'année terrestre, cette planète présente toujours le même hémisphère face à la Terre lorsque sa position est favorable à l'observation, et c'est pourquoi on a longtemps cru à une rotation synchrone.

L'atmosphère de Mercure est si raréfiée que l'on n'est pas capable d'obtenir un tel vide en laboratoire. Cela tient en grande partie au fait que sa vitesse de libération n'est que de 4,3 km/s. Les instruments de Mariner 10 ont détecté près de la surface de Mercure des traces d'hydrogène et d'hélium, sans doute d'origine solaire. En 1985, des analyses spectroscopiques réalisées depuis la Terre ont permis de découvrir du sodium, le composant le plus abondant de l'atmosphère mercurienne. Ce manque de protection atmosphérique explique les très grands écarts de températures enregistrés à la surface de Mercure : de plus de 400 °C au niveau de l'équateur à midi jusqu'à −180 °C pendant la nuit.

Ci-dessus Cette vue de l'hémisphère Sud de Mercure a été obtenue en assemblant plus de 200 clichés réalisés par Mariner 10 en 1975. On y distingue les nombreux cratères qui marquent la surface de cette planète. (La tache noire en haut de l'image correspond à une zone sur laquelle la sonde n'a transmis aucune donnée.)

Ci-dessous Sur cette image du sol vénusien réalisée en 1982, on voit, au premier plan, une partie de la sonde Venera 14.

Vénus

Deuxième planète intérieure après Mercure, Vénus gravite autour du Soleil en 225 jours, à une distance moyenne de 108 millions de kilomètres. C'est la planète la plus proche de la Terre, et l'astre le plus brillant du ciel, si l'on excepte le Soleil et la Lune. Cet éclat est dû à la très dense couche nuageuse qui entoure la planète et réfléchit 79 p. cent de la lumière solaire qu'elle reçoit. Masqué par ces nuages, le disque visible de Vénus n'offre à l'observation aucun repère sur lequel on puisse se baser pour calculer sa période de rotation. Depuis 1961, toutefois, l'étude des signaux radar renvoyés par la surface vénusienne a enfin permis d'en apprendre davantage. On a ainsi pu déterminer que la période de rotation axiale de cette planète

A gauche Cette photographie aux ultraviolets de l'atmosphère nuageuse de Vénus a été transmise en février 1974 par Mariner 10. Les zones bleues ne correspondent pas à la surface visible de Vénus, mais sont dues aux techniques utilisées pour mettre en évidence la dynamique des courants atmosphériques. Les tourbillons nuageux, en haut et en bas, révèlent les régions polaires de la planète.

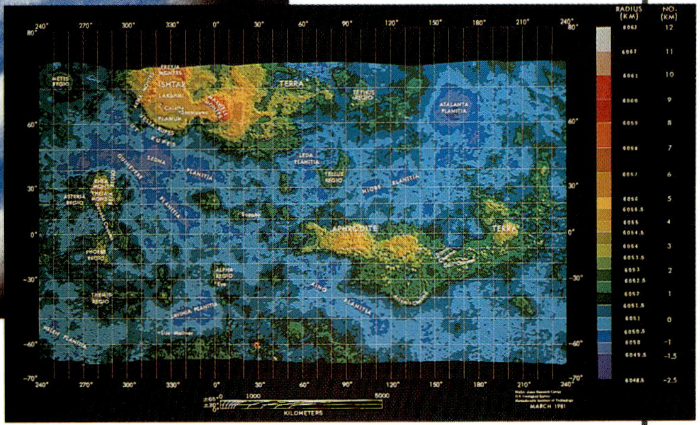

Ci-dessus Cette carte de Vénus a été réalisée à partir de relevés topographiques effectués par le radar de la sonde Pioneer-Venus. On y distingue les deux principales régions montagneuses, Ishtar (en haut) et Aphrodite (au centre), et les deux volcans Rhea Mons et Theia Mons (à gauche).

est de 243,02 jours, et l'on a également découvert qu'il s'agit d'une rotation rétrograde, s'effectuant en sens inverse du mouvement orbital, ce qui est exceptionnel.

L'atmosphère vénusienne se compose en très grande partie de gaz carbonique, auquel s'ajoutent des traces de nombreux autres éléments tels l'anhydride sulfureux, la vapeur d'eau, l'argon, le krypton et le xénon. Cette atmosphère s'étend jusqu'à 250 kilomètres d'altitude, mais se trouve concentrée à 95 p. cent dans les 28 kilomètres d'épaisseur de la couche inférieure. Aussi la pression atmosphérique est-elle 90 fois plus forte à la surface de Vénus que sur la Terre. Quant à la température, elle dépasse largement 400 °C, en raison d'un important effet de serre : la chaleur solaire est retenue prisonnière à la surface de la planète par la concentration de gaz carbonique, qui l'empêche de s'échapper dans l'espace.

Toutes les informations dont nous disposons sur la surface de Vénus nous ont été fournies par les sondes spatiales américaines et soviétiques. Les relevés topographiques au radar ont ainsi révélé qu'elle est constituée d'immenses plaines légèrement ondulées, entourées de régions montagneuses, dont les plus importantes sont Aphrodite Terra au niveau de l'équateur et Ishtar Terra dans le nord. Cette dernière comprend le plus haut sommet de Vénus, le mont Maxwell, qui culmine à environ 11 000 mètres. Près du mont Maxwell se trouve un cratère d'impact de 1 500 mètres de profondeur et de 100 kilomètres de diamètre, dont le centre est occupé par un cratère plus petit de 1 000 mètres de profondeur et de 55 kilomètres de diamètre. Ishtar, dans son ensemble, couvre une superficie équivalant à celle de l'Australie. Quant à Aphrodite, ses dimensions sont comparables à celles de l'Afrique.

Dans une autre région montagneuse, de dimensions plus modestes, se situent deux grands volcans qui semblent être en activité, Rhea Mons et Theia Mons, dont l'altitude est d'environ 4 000 mètres. Enfin, parmi les éléments les plus intéressants du relief vénusien, il faut citer aussi Diana Chasma, une immense fracture comparable aux Valles Marineris de Mars. Avec une profondeur d'environ 2 000 mètres et une largeur de 300 kilomètres, c'est le plus vaste fossé d'effondrement de Vénus.

LA TERRE

Troisième planète intérieure par la distance de son orbite autour du Soleil, la Terre diffère nettement de ses plus proches voisines, Vénus et Mars. Son atmosphère riche en azote favorise un perpétuel renouvellement des conditions climatiques. L'eau y est omniprésente, principalement sous la forme de mers et d'océans d'où émergent des masses continentales dont certaines sont couvertes de glace, tandis que d'autres subissent de très fortes chaleurs tropicales. C'est un environnement idéal pour l'homme, son espèce dominante.

La tectonique des plaques

Un simple coup d'œil sur un planisphère terrestre suffit pour constater que l'Afrique et l'Amérique du Sud pourraient s'emboîter l'une dans l'autre comme les pièces d'un gigantesque puzzle. C'est également le cas pour l'Amérique du Nord et l'Europe. Le météorologiste et géophysicien allemand Alfred Wegener fut le premier à souligner ces coïncidences, au début du siècle. Il en déduisit que toutes les terres émergées de notre planète avaient dû former, à l'origine, un unique supercontinent, la Pangée, et que celle-ci avait éclaté, il y a environ 200 millions d'années, en plusieurs morceaux dont la lente dérive aurait abouti à la répartition actuelle des continents. On pense aujourd'hui que la Pangée s'est d'abord scindée en deux blocs : la Laurasie au nord et le Gondwana au sud, puis que ces deux blocs se sont morcelés à leur tour, le premier donnant naissance à l'Amérique du Nord, à l'Asie (sans l'Inde) et à l'Europe, le second à l'Afrique, à l'Amérique du Sud, à l'Inde, à l'Australie et à l'Antarctique.

Des continents à la dérive... Une telle hypothèse passa d'abord pour une absurdité. Quel phénomène serait capable, en effet, de déplacer des masses aussi importantes ? C'est pourtant ce que l'on put démontrer lorsqu'on découvrit l'existence de volcans au fond des océans. L'apport des nouveaux matériaux qui surgissent des profondeurs de la Terre, le long de formations telles que les dorsales atlantique et pacifique, provoque une expansion des fonds océaniques, dont l'une des conséquences est l'écartement progressif des continents à un rythme de plusieurs centimètres par an. C'est l'ensemble de ce processus que l'on appelle la tectonique des plaques.

L'étude de l'activité sismique a permis de découvrir que la lithosphère, l'écorce terrestre et la couche supérieure du manteau, se divise en un certain nombre de plaques, sur lesquelles reposent les continents et les fonds océaniques. Or, ces plaques flottent sur la couche supérieure du manteau, l'asthénosphère, qui est formée d'un magma rocheux.

Les courants qui agitent le manteau provoquent des expulsions de matière par les lignes de jonction entre les plaques. Ces lignes de jonction sont les dorsales océaniques, et c'est là que se produit l'écartement de deux plaques, sous l'effet des expulsions de matière. Lorsque deux plaques entrent en collision, l'une d'entre elles peut coulisser sous l'autre, ce qui entraîne la formation d'une fosse océanique. La fosse la plus spectaculaire est celle des Mariannes, dans le nord-ouest du Pacifique, qui atteint 11 034 mètres de profondeur. Mais la collision de deux plaques peut également se traduire par la formation de montagnes, comme l'Himalaya, qui s'est soulevé suite à la collision entre celles de l'Inde et de l'Asie.

L'air et l'eau

L'atmosphère de la Terre diffère nettement de celle des deux planètes les plus proches. En effet, l'atmosphère de Vénus et celle de Mars sont presque entièrement composées de gaz carbonique, tandis que celle de la Terre en contient très peu. Les deux principaux éléments constitutifs de l'air que nous respirons sont l'azote (77 p. cent) et l'oxygène (21 p. cent), un gaz dont la présence est pratiquement nulle sur Mars comme sur Vénus. Pourquoi une si grande différence ? La réponse à cette question tient, pour une grande part, à l'omniprésence de la vie à la surface de la Terre, qui remonte à plus de 3 milliards d'années. Cette vie sur notre planète implique des mécanismes, la photosynthèse par exemple, qui ont été largement déterminants dans la formation de notre atmosphère actuelle. De plus, notre planète se caractérise aussi par la surabondance de l'eau : celle-ci recouvre plus de 70 p. cent de la surface de la Terre, ce qui représente une superficie totale de 363 millions de km^2. Là encore, le contraste est frappant avec Mars et Vénus, qui constituent toutes deux des mondes extrêmement arides et inhospitaliers.

Cette superbe photographie de la Terre a été prise par les astronautes d'Apollo 15. On y voit l'Amérique du Sud et la partie occidentale de l'Afrique, en haut à droite. La Terre est la plus grande des planètes telluriques et la plus belle du système solaire. Un visiteur extraterrestre serait sans nul doute frappé par l'omniprésence de l'eau, rarissime dans le reste du système solaire, et qui recouvre les trois quarts de la surface du globe. Cet élément a permis à la vie de se développer sur notre planète, qui doit en grande partie la richesse en oxygène de son atmosphère à ce phénomène, cette caractéristique exceptionnelle la distinguant en outre des autres planètes.

LA LUNE

La Lune est le seul satellite naturel de la Terre, mais on pourrait aussi bien la considérer comme une planète secondaire formant avec la nôtre une planète double, sa masse ne représentant que 1/81 de celle de la Terre. Or, si l'on considère les autres systèmes équivalents, on constate que la masse d'une planète est toujours des centaines ou des milliers de fois supérieure à celle de ses satellites, Pluton et Charon faisant exception à cette règle.

La Lune a un diamètre de 3 476 kilomètres, soit plus du quart de celui de la Terre. Sa période de rotation axiale et sa période de révolution orbitale ont une égale durée de 27,3 jours, si bien que la Lune présente toujours la même face à la Terre. La distance de la Lune à la Terre varie toutefois de 356,410 km, lorsqu'elle est à son périgée (proximité maximale), à 406,697 km lorsqu'elle est à son apogée (éloignement maximal).

La formation de la Lune

Plusieurs théories ont été avancées pour expliquer l'origine de la Lune. Selon la thèse de la scission, la rotation rapide de la Terre, peu après sa formation, en aurait détaché un gros fragment qui serait devenu la Lune. Une variante de ce schéma évoque le même phénomène de rotation rapide, mais avec pour effet l'éjection de plusieurs petits fragments dont la réunion aurait finalement donné naissance à la Lune. Les partisans de ces théories, qui firent leur apparition vers la fin du XIXe siècle, tirent argument du fait que la densité moyenne de notre satellite est analogue à celle des couches extérieures de la Terre.

Selon une autre hypothèse, la Lune se serait formée dans une région différente du système solaire, mais elle aurait ensuite été capturée par l'attraction gravitationnelle de la Terre. D'aucuns pensent plutôt qu'elle se serait formée en même temps que la Terre, à partir de poussières et de débris rocheux gravitant autour de notre planète au tout début de son histoire.

Enfin, la théorie la plus récente est celle de la collision-éjection : un objet de grandes dimensions, d'un diamètre comparable à celui de Mars, serait entré en collision avec la Terre, provoquant la projection dans l'espace de nombreux débris à partir desquels la Lune se serait formée.

Grâce à l'analyse des échantillons de roches lunaires recueillis par les astronautes d'Apollo, il y a une vingtaine d'années, on s'est rendu compte que la plupart de ces hypothèses n'étaient pas fondées, notamment celle de la scission : en raison des différences notables que l'on a constatées entre la composition rocheuse de la Lune et celle de la Terre, cette théorie ne peut plus être retenue.

La thèse qui semble prévaloir aujourd'hui est celle de la collision-éjection. Selon cette théorie, la Terre et l'autre objet, de dimensions plus réduites, se seraient solidifiés de façon à se constituer chacun un noyau central métallique, entouré d'un épais manteau rocheux. La collision aurait provoqué la désintégration de l'objet le plus petit et son noyau aurait alors été absorbé par celui de la Terre, tandis que ses débris rocheux se seraient mis à graviter autour de la Terre, avant de se rassembler peu à peu pour former la Lune. Cela expliquerait, notamment, les similitudes de densité entre les couches extérieures de la Terre et la Lune dans son ensemble.

Le sol lunaire

On peut distinguer à l'œil nu les principaux éléments du relief lunaire. Les grandes taches sombres des « mers » couvrent environ 15 p. cent de la superficie de ce satellite, le reste étant principalement formé de zones montagneuses, marquées de nombreux cratères. Des jumelles ou un télescope font apparaître bien d'autres détails, dont les plus évidents sont des chaînes de montagnes et des vallées.

Les formations les plus couramment associées au relief lunaire sont les cratères, dont des dizaines de milliers ont été révélés par les observations effectuées depuis la Terre et par les engins d'exploration placés en orbite autour de la Lune. La quasi-totalité de ces cratères sont dus à des impacts de météorites dont l'origine est très ancienne.

On constate que beaucoup des cratères les plus récents sont situés au centre d'un important système de lignes rayonnantes qui s'étendent très loin sur le sol lunaire. Ces lignes ont été tracées par des projections de matériaux consécutives à l'impact qui creusa le cratère. En outre, certains cratères entourent un haut piton central, qui est également une conséquence de l'impact.

Les grandes étendues sombres des plaines ont été produites par les écoulements de lave qui envahirent les régions les plus basses de la surface lunaire, il y a 3,5 milliards d'années. On y voit très peu de cratères, et l'on peut en déduire que ces « mers » sont de formation relativement récente, postérieure à la principale période de bombardements météoritiques.

Le diamètre de la Lune est de 3 476 kilomètres, soit plus du quart de celui de la Terre (12 756 kilomètres). Cela a incité les astronomes à considérer l'ensemble Terre-Lune comme une planète double, plutôt que comme une planète et son satellite. A l'exception de Pluton et de son satellite Charon, toutes les planètes du système solaire ont des satellites beaucoup plus petits.

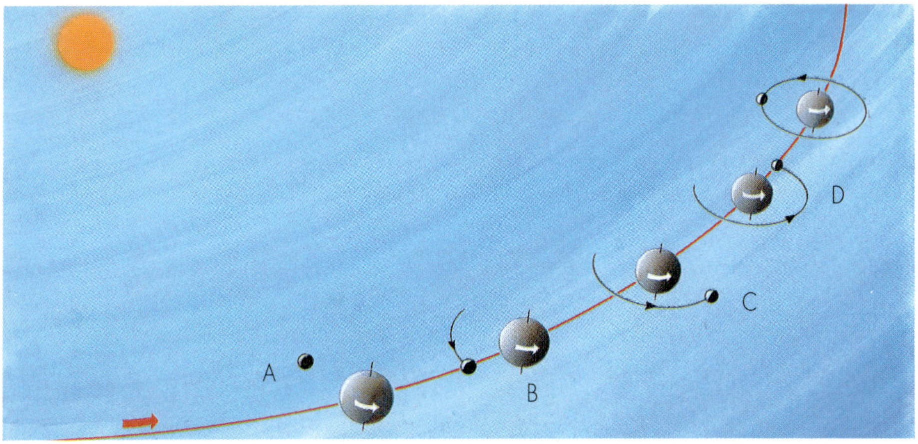

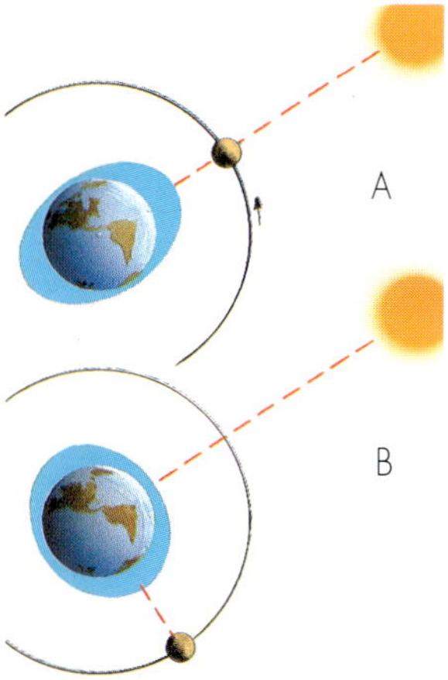

Ci-dessus Les phases de la Lune dépendent de sa position dans le ciel par rapport au Soleil. La nouvelle Lune correspond au moment où la Lune est entre le Soleil et la Terre, sa partie éclairée nous étant alors masquée (A). Au fur et à mesure que la Lune tourne autour de la Terre, sa partie éclairée devient progressivement visible, déterminant d'abord un premier quartier (B), puis la pleine Lune (C), et un dernier quartier (D). Un nouveau cycle recommence alors.

Ci-dessus La force gravitationnelle de la Lune est en grande partie responsable du mouvement des marées, dans lequel interviennent également les effets de l'attraction solaire. Lorsque le Soleil et la Lune sont dans le même alignement par rapport à la Terre (A), leurs forces d'attraction s'ajoutent et déterminent les marées de plus forte amplitude (vive-eau). En revanche, quand le Soleil et la Lune se situent à angle droit par rapport à la Terre (B), leurs forces d'attraction s'exercent dans des directions différentes et les marées sont alors de très faible amplitude (morte-eau).

A gauche Le mince croissant de la nouvelle Lune correspond au moment où ce satellite présente à la Terre la plus grande partie de sa face sombre. Il arrive cependant que celle-ci ne soit pas totalement invisible, mais apparaisse très faiblement éclairée par le « clair de Terre », la lumière solaire que réfléchit notre planète.

MARS, LA PLANÈTE ROUGE

Mars, ainsi nommée par référence au dieu romain de la Guerre, est également désignée comme la « planète rouge », en raison des immenses déserts de poussière rougeâtre qui recouvrent sa surface. Soulevée par les vents qui parcourent son atmosphère raréfiée, cette poussière s'élève parfois très haut, en formant des nuages épais qui peuvent masquer de vastes régions de cette planète.

Mars, la plus éloignée des planètes telluriques, gravite autour du Soleil en 687 jours, à une distance moyenne de 228 millions de kilomètres. Son orbite étant légèrement excentrique, la distance qui sépare cette planète du Soleil varie de 206,7 millions de kilomètres (périgée) à 249,1 millions de kilomètres (apogée).

La période de rotation axiale de Mars est de 24 h 37 mn 26 s, soit environ 41 minutes de plus que celle de la Terre, et son inclinaison axiale de 23° 5' par rapport au plan de son orbite autour du Soleil. C'est pratiquement la même que celle de la Terre (23° 2'), si bien que les saisons de Mars sont identiques à celles de notre planète. Elles durent toutefois plus longtemps, parce que la révolution de Mars autour du Soleil est presque deux fois plus longue.

Ci-dessous Sur cette vue de Mars, due à un compartiment orbital Viking, on voit bien les deux calottes polaires de la planète rouge, ainsi que des cratères et des vallées.

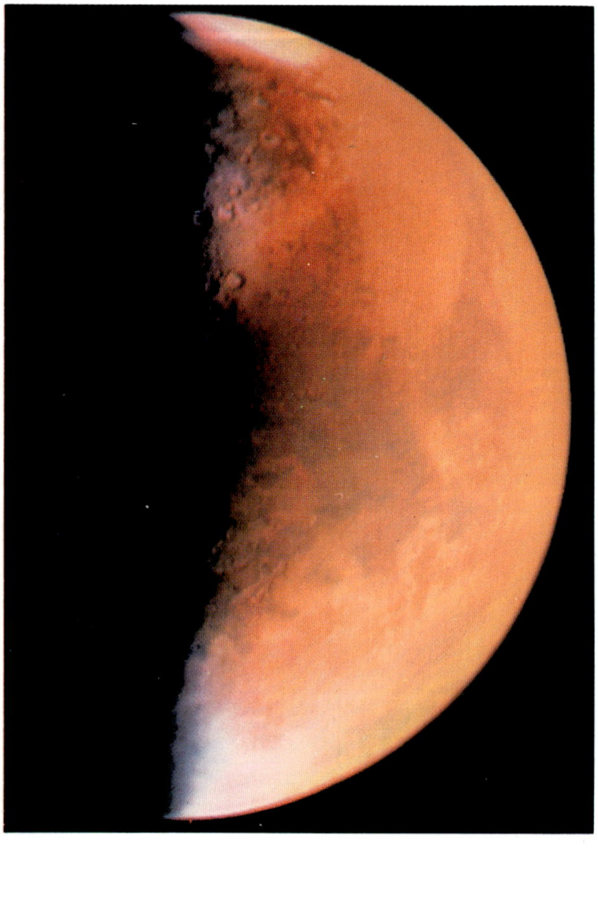

Ci-dessus Les couches de glace du sol martien, chauffées par le Soleil, dégagent de la vapeur d'eau qui forme une brume au-dessus des canyons de Noctis Labyrinthus.

Ci-dessus La caméra du lander de Viking 1 a enregistré cette vue du paysage aride et rocailleux de Chryse Planitia 15 minutes avant le lever du Soleil.

En 1877, l'astronome italien Giovanni Schiaparelli dressa une carte de la surface martienne sur laquelle apparaissent de curieuses formations linéaires auxquelles il donna le nom de « canaux ». On voulut alors y voir de véritables voies d'eau artificielles, ce qui accrédita l'idée d'une civilisation martienne intelligente. Cette hypothèse séduisante ne manqua pas de faire tache d'huile, et certains astronomes, notamment l'Américain Percival Lowell, firent à leur tour état d'un grand nombre de canaux du même

Ci-dessus Le volcan Olympus Mons, sans doute le plus grand du système solaire, photographié ici par un compartiment orbital Viking, culmine à 25 000 mètres d'altitude ! Le diamètre de sa base et celui de son cratère mesurent respectivement 600 et environ 80 kilomètres.

type. On sait aujourd'hui, grâce aux récents développements de l'exploration spatiale, que de tels canaux n'existent pas.

L'exploration de Mars par les sondes spatiales

Les premières observations réalisées par des sondes spatiales sur Mars furent celles des missions américaines Mariner. Mariner 4 survola la planète en juillet 1965 et transmit, entre autres, 21 clichés du sol martien. On ne trouva aucune trace des canaux de Lowell sur ces images, mais elles révélèrent beaucoup d'éléments intéressants, en particulier des cratères. D'autres explorations fructueuses furent effectuées, en 1969, par Mariner 6 et Mariner 7. Puis, en novembre 1971, Mariner 9 fut placée en orbite autour de Mars et transmit plus de 7 000 images au cours des onze mois qui suivirent.

Une autre étape importante fut franchie en 1976, avec la mise en place de deux engins d'observation Viking sur le sol de Mars. Chaque mission Viking comprenait un compartiment orbital, ou orbiter, et un module d'atterrissage, ou lander. Le lander de Viking 1 se posa en douceur à Chryse Planitia, une région rocheuse vers 20° de latitude Nord, et celui de Viking 2 à Utopia Planitia, de l'autre côté de la planète, vers 48° de latitude Nord.

Les images transmises par les landers Viking révélèrent que le ciel de Mars avait une coloration rougeâtre due à la fine poussière en suspension dans l'atmosphère. On enregistra également une pression atmosphérique inférieure de 1 p. cent à celle de la Terre. Quant à l'atmosphère de la planète, on sait qu'elle se compose de 95 p. cent de gaz carbonique, de 2,7 p. cent d'azote et de 1,6 p. cent d'argon, auxquels s'ajoutent des traces d'oxygène, d'oxyde de carbone et de vapeur d'eau.

Les températures varient considérablement au cours de la journée à la surface de Mars. A l'équateur, en été, elles passent de 26 °C en début d'après-midi à −111 °C avant le lever du Soleil.

Le relief de Mars

Les sondes spatiales nous ont fait découvrir des paysages pour le moins spectaculaires, comme les gigantesques volcans du plateau Tharsis, dont le plus impressionnant est Olympus Mons, sans doute le plus grand volcan de tout le système solaire.

Autre formation importante, Valles Marineris est une immense fracture constituée d'un complexe réseau de failles situées près de l'équateur, dans l'hémisphère Sud. Ainsi nommée en souvenir de la sonde Mariner 9, qui en révéla l'existence, cette formation s'étend sur environ 4 000 kilomètres.

Mariner 9 nous a fait également découvrir un certain nombre de vallées sinueuses qui ressemblent à d'anciens fleuves asséchés. Bien qu'aujourd'hui l'eau n'existe pas à l'état liquide sur Mars, cela n'a peut-être pas toujours été le cas. Mais, alors, que seraitelle donc devenue ? On sait seulement que les calottes polaires de Mars se composent de glace recouverte de neige carbonique. Or, celle-ci disparaît au début de l'été, laissant à découvert de vastes étendues de glace. Peut-être, aussi, que le sol martien renferme de l'eau retenue prisonnière sous forme de permagel.

Ci-dessous Mars a deux satellites, Phobos et Deimos, que l'on a découverts en 1877. Le plus gros et le plus proche de Mars est Phobos, photographié ici par une sonde Viking. Le cratère que l'on voit à gauche, Stickney, atteint 10 kilomètres de diamètre ; il est dû à un impact de météorite, sans doute responsable aussi des minces traînées qui rayonnent vers la droite.

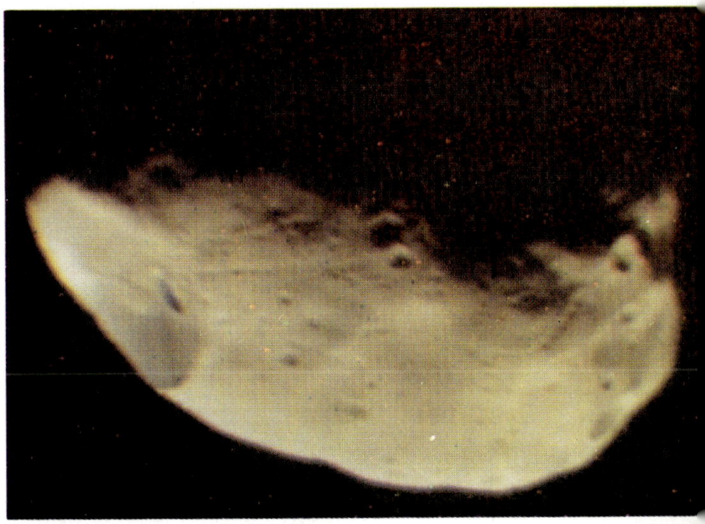

LES ASTÉROÏDES

La loi de Titius-Bode

En 1766, le mathématicien allemand Johann Titius établit une relation numérique entre les distances au Soleil des six planètes connues à l'époque. Il se fonda sur la série 0, 3, 6, 12, 24, 48 et 96, dont chaque élément, à l'exception du 3, a une valeur double du précédent. En ajoutant 4 à chaque élément, il obtint 4, 7, 10, 16, 28, 52 et 100. Or, si l'on prend pour référence la distance de la Terre représentée par 10, on s'aperçoit que les autres nombres concordent pour la distance des autres planètes.

A une différence près toutefois : aucune planète ne correspond au nombre 28. Titius en déduisit qu'un astre inconnu devait graviter autour du Soleil, entre Mars et Jupiter. Une

A gauche Portrait du Hongrois Franz Xavier von Zach, l'un des principaux membres de la Police du Ciel. Ce groupe d'astronomes s'était donné pour mission de rechercher la mystérieuse « planète manquante », dont on pensait trouver l'orbite entre celle de Mars et celle de Jupiter.

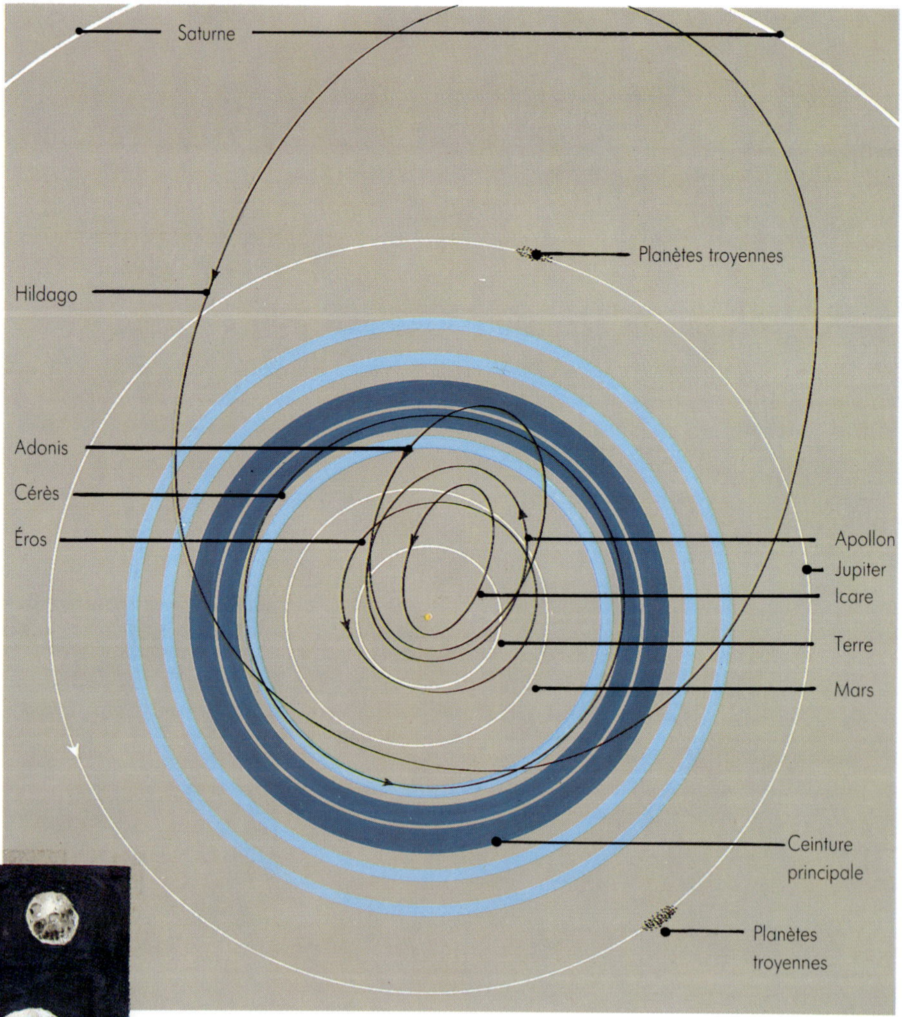

Ci-dessous et à droite Dimensions comparées des quatre premiers astéroïdes répertoriés et de la Lune. Le plus gros est Cérès, dont le diamètre n'est que d'environ 1 000 kilomètres, soit moins du tiers de celui de notre satellite. Les autres astéroïdes sont beaucoup plus petits. Même si on les rassemblait en un seul bloc, leur masse totale ne représenterait qu'un très faible pourcentage de celle de la Lune.

A droite L'astronome allemand Max Wolf fut le premier à recourir à la photographie pour rechercher des astéroïdes. Son initiative fut largement récompensée, puisqu'on lui doit la découverte de plus de 200 représentants de ce groupe astral.
Ci-dessous Cette photographie d'un ciel étoilé permet de distinguer les traînées de deux astéroïdes.

carte à l'échelle du système solaire révèle, en effet, la présence d'un grand espace vide entre les orbites de Mars et de Jupiter. Et, dès 1596, Johann Kepler avait suggéré que cette région devait héberger un membre supplémentaire du groupe solaire. La plupart des astronomes n'y croyaient guère, mais, en 1772, l'Allemand Johann Bode reprit cette idée à son compte. La découverte d'Uranus, en 1781, ne manqua pas d'apporter de l'eau à son moulin, cette planète s'inscrivant parfaitement dans le système de Titius, avec une distance estimée alors à 196, pour une valeur actuelle de 191,8.

La « Police du Ciel »

En 1800, Johann Schröter réunit un groupe d'astronomes dans son observatoire privé de Lilienthal, en Allemagne, afin de s'y consacrer à la recherche de l'hypothétique planète. Ces derniers se baptisèrent « Police du Ciel », et décidèrent de partager la voûte céleste en un certain nombre de régions dont chacune fut livrée aux investigations de plusieurs astronomes. Cela, toutefois, n'empêcha pas Schröter de solliciter l'aide d'autres observatoires.

Cette initiative fut récompensée, car la première petite planète (le premier astéroïde) ne fut pas découverte par la Police du Ciel, mais par Guiseppe Piazzi, directeur de l'observatoire de Palerme, en Sicile. En janvier 1801, Piazzi repéra un objet d'apparence stellaire qui se déplaçait dans la constellation du Taureau, et dont la présence n'était signalée par aucune carte astronomique de l'époque. Il écrivit aussitôt à l'un des membres de la Police du Ciel, le Hongrois Franz Xavier von Zach, pour lui faire part de sa découverte. Mais au moment où celui-ci prit connaissance de cette information, l'objet mystérieux n'était plus visible, car il avait poursuivi sa course derrière le Soleil. Von Zach n'en fut pas moins convaincu que Piazzi était bien tombé sur la planète manquante. Le mathématicien Karl Gauss en calcula l'orbite à partir des quelques données qu'on lui fournit, et put ainsi établir la date et l'emplacement de sa réapparition. Et, en décembre de la même année, von Zach repéra cet astre à l'emplacement précis prévu par Gauss. Sa distance orbitale fut évaluée à 412 millions de kilomètres, soit une valeur de 27,7 sur l'échelle de Titius-Bode.

Il s'agissait d'une très petite planète que l'on baptisa Cérès. Dans les années qui suivirent, trois autres planètes furent découvertes par les observateurs de la Police du Ciel : Pallas dans le ciel de la Vierge par Heinrich Olbers (mars 1802), Junon dans le ciel des Poissons par Karl Harding (septembre 1804) et Vesta, également dans le ciel de la Vierge, par Olbers (mars 1807). Vesta fut la dernière découverte de la Police du Ciel, dont les membres se dispersèrent en 1815.

La liste des découvertes s'allonge

L'étape suivante ne fut franchie qu'en 1845, avec la découverte d'Astrée dans la constellation du Taureau par Karl Hencke. Et, dès lors, on ne cessa de répertorier de nouveaux astéroïdes.

John Russel Hind en localisa 10, et Hermann Goldschmidt 14... dont certains depuis les fenêtres de son appartement parisien, situé au-dessus du café Procope ! Vingt-quatre furent répertoriés par Carl Luther, et pas moins de 121 par le seul Johann Palisa. Soulignons que toutes ces découvertes furent uniquement le fruit d'observations visuelles effectuées au télescope.

L'apport de la photographie

L'année 1891 marqua un tournant décisif, quand l'astronome allemand Max Wolf réalisa la première découverte photographique d'un astéroïde, Brucia, le 323e de la liste. Grâce à la méthode de Wolf, le nombre total des astéroïdes répertoriés atteignit 452 vers 1900, et plus de 1 000 en 1923. Leur image impressionnait souvent des plaques photographiques consacrées à des observations totalement indépendantes, si bien que les astronomes commencèrent à considérer ces petits corps célestes comme de véritables parasites. Ces découvertes n'en sont pas moins d'un très grand intérêt, car l'étude des astéroïdes est riche d'enseignement sur les débuts de l'histoire du système solaire.

JUPITER, LA PLANÈTE GÉANTE

Situé au cinquième rang par sa distance au Soleil, Jupiter est la plus grosse planète du système solaire. Sa masse est 318 fois plus importante que celle de la Terre, et son diamètre équatorial est 11 fois plus grand. Quant à son volume, il atteint 1 430 fois celui de notre planète. Jupiter représente à lui seul 70 p. cent de la masse totale du système solaire, Soleil compris. Sa révolution orbitale autour du Soleil dure 11,86 ans, à une distance moyenne de 778 millions de kilomètres.

En dépit de ses dimensions considérables, Jupiter tourne sur lui-même plus vite que les autres planètes, sa période de rotation étant de 9 h 50 mn 33 s à l'équateur et de 9 h 55 mn 41 s aux pôles. Cette vitesse de rotation élevée lui vaut un aplatissement polaire très accentué : le diamètre équatorial est de 143 000 kilomètres, tandis que le diamètre polaire est de 135 000 kilomètres. Cette déformation se traduit par un renflement équatorial si marqué qu'il suffit d'une simple lunette astronomique pour le constater.

Jupiter est l'un des astres les plus brillants de notre ciel, avec une magnitude de −2,5 à −1,4. Au télescope, il apparaît marbré de bandes sombres et de zones claires de diverses couleurs telles que rouge, orangé, brun et jaune. Les zones claires correspondent à des régions où les gaz issus des profondeurs de la planète remontent jusqu'à la surface, où ils refroidissent ;

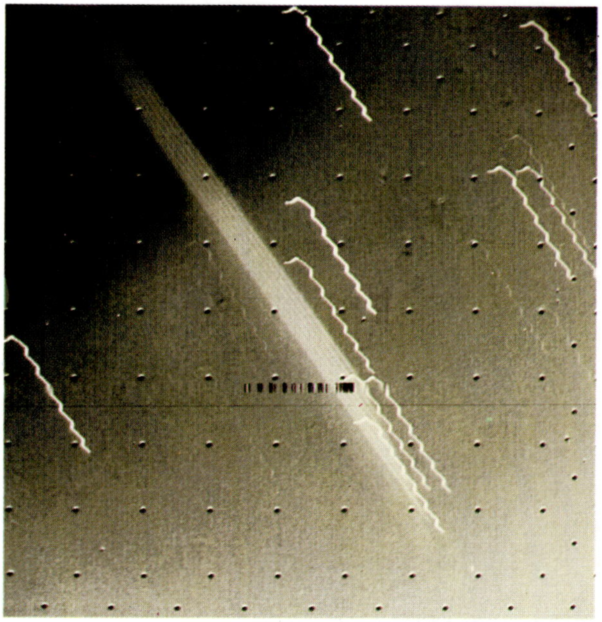

Ci-dessus Cette photographie, de la série de six poses prises par Voyager 1 le 4 mars 1979, mit pour la première fois en évidence le système de minces anneaux diffus qui entoure Jupiter, et qui apparaît ici sous la forme d'une large bande claire. Les lignes sinueuses sont des traînées d'étoiles.

A droite Jupiter et les quatre satellites galiléens sont représentés ici sur un montage réalisé à partir de plusieurs images transmises par Voyager. Io se trouve en haut à gauche, Europe au centre, Ganymède en bas à gauche et Callisto en bas à droite.

les bandes sombres sont, quant à elles, des régions où des gaz moins chauds redescendent vers l'intérieur.

La Grande Tache rouge

Nettement visible au télescope dans l'hémisphère Sud de Jupiter, la Grande Tache rouge a été observée pour la première fois en 1665 par Cassini. C'est une énorme formation elliptique, qui atteint environ 40 000 kilomètres de longueur et 14 000 kilomètres de largeur. Les plus récentes observations, effectuées grâce aux sondes spatiales, ont permis d'établir qu'il s'agit sans aucun doute d'un phénomène atmosphérique, mais on n'a pas encore réussi à en déterminer la cause exacte.

L'intérieur de Jupiter

La partie visible de Jupiter n'est que la couche extérieure de son épaisse atmosphère. Cette planète comprend trois régions principales. La couche extérieure, très riche en hydrogène, atteint 20 000 kilomètres d'épaisseur. A sa base, la pression est si forte que les atomes d'hydrogène perdent des électrons et se transforment en un mélange liquide appelé « hydrogène métallique ». Cette couche d'environ 40 000 kilomètres d'épaisseur repose sur un noyau rocheux très dense, constitué de fer et de silicates.

Ci-dessous Sur cette photographie de Voyager 2, on voit la Grande Tache rouge due à la formation d'un gigantesque ouragan. Elle est entourée par d'autres perturbations atmosphériques plus petites.

Ci-dessous à droite Vue d'ensemble de Jupiter, prise de Voyager 1. La Grande Tache rouge est nettement visible, de même que Io (le petit point rouge à droite sur la planète) et Europe, à droite.

Les satellites galiléens

Seize satellites gravitent autour de Jupiter. Les quatre plus gros ont été découverts en 1610 par Galilée, ce qui leur vaut l'appellation collective de « satellites galiléens ». Il n'est pas exclu, néanmoins, qu'ils aient été découverts quelques années auparavant par Simon Marius, qui leur donna d'ailleurs des noms : Io, Europe, Ganymède et Callisto.

Io a un diamètre de 3 630 kilomètres et sa révolution orbitale dure 1,77 jour, à une distance moyenne de 422 600 kilomètres. C'est le satellite de Jupiter qui a la plus forte densité, et sa surface est semée de nombreux volcans en activité. Europe est le plus petit des satellites galiléens, avec un diamètre de 3 140 kilomètres. Il est recouvert d'une couche de glace dont on évalue l'épaisseur à une centaine de kilomètres, et que parcourt tout un réseau de longues fissures.

Ganymède et Callisto sont également couverts de glace, mais comportent en outre de nombreux cratères. Ganymède est le plus gros satellite jovien et le plus gros de tout le système solaire : son diamètre de 5 276 kilomètres est plus élevé que celui de Mercure. Aux cratères qui marquent sa surface s'ajoutent des zones couvertes de cannelures. Callisto ressemble beaucoup à Ganymède, avec ses nombreux cratères d'impact, mais à cette différence qu'on n'y trouve aucune cannelure. Les sondes Voyager y ont photographié une vaste formation circulaire, parcourue de rides concentriques, sans doute due à l'impact d'une énorme météorite.

Les plus petits satellites

Avec quatre autres satellites plus petits (Metis, Adrastée, Amalthée, Thebe), les satellites galiléens gravitent à peu près dans le plan équatorial de Jupiter. Les huit autres satellites, qui sont les plus éloignés, tournent autour de la planète en deux formations distinctes. Les plans orbitaux de Léda, Himalia, Lysithea et Elara ont des inclinaisons de 24,8 à 29° par rapport à l'équateur jovien, et se situent entre 11 et 12 millions de kilomètres de la planète. Les orbites de Ananke, Carme, Pasiphae et Sinope ont des inclinaisons de 147 à 168°, et se situent à des distances de 21 à 24 millions de kilomètres.

SATURNE, LA PLANÈTE SPECTACULAIRE

Une simple lunette astronomique suffit pour découvrir la fascinante beauté de Saturne entouré de ses anneaux, un spectacle inoubliable. Certes, son image nous est familière, car ses représentations, photographiques ou autres, sont nombreuses, mais rien ne vaut l'observation directe de cette planète flamboyante se découpant sur le velouté d'un ciel nocturne.

Saturne est, par sa taille, la deuxième planète après Jupiter : son diamètre équatorial est de 120 000 kilomètres. Sa rapide période de rotation axiale de 10 h 13 mn 59 s (à l'équateur) lui vaut un très net aplatissement, supérieur à celui de Jupiter : son diamètre polaire n'est que de 108 600 kilomètres. La masse de Saturne représente 95 fois celle de la Terre et surpasse celle de toutes les autres planètes réunies, à l'exception de Jupiter. En revanche, l'une des particularités de Saturne est sa faible densité, de l'ordre de 0,7 g/cm^3, soit environ la moitié de celle de Jupiter. Cette densité est inférieure à celle de l'eau, ce qui signifie que Saturne doit être composé de matériaux légers. Sa révolution autour du Soleil s'effectue en 29,46 ans, à une distance moyenne de 1 427 millions de kilomètres.

Ci-dessus Trois des satellites de Saturne sont visibles sur cette image transmise par Voyager 2 : de haut en bas, Téthys, Dioné, Rhéa. L'ombre de Téthys forme un petit point sombre dans l'hémisphère Sud de Saturne.

Ci-dessus Cette image enregistrée par Voyager 1 à 717 000 kilomètres, et dont les couleurs sont modifiées, révèle la complexité du système des anneaux de Saturne.

L'intérieur de Saturne

Saturne est entouré d'une couche d'hydrogène comparable à celle de Jupiter, mais sans doute plus épaisse. Au-dessous se situe une région d'hydrogène métallique liquide, qui entoure elle-même un noyau rocheux que l'on présume beaucoup plus gros que celui de Jupiter. Ce noyau représente environ 21 p. cent de la masse totale de la planète (6 p. cent dans le cas de Jupiter).

Comme sur Jupiter, la couche extérieure visible de l'atmosphère saturnienne est traversée de bandes sombres et de bandes claires, mais leur conformation et leurs couleurs n'ont rien de comparable avec celles de Jupiter. La pesanteur joue, ici, un grand rôle. La puissante attraction gravitationnelle de Jupiter a compressé les masses nuageuses extérieures en une couche d'environ 75 kilomètres d'épaisseur. Or, sur Saturne, l'attraction gravitationnelle est beaucoup plus faible, de sorte que les couches atmosphériques sont moins compressées et atteignent une épaisseur d'environ 300 kilomètres.

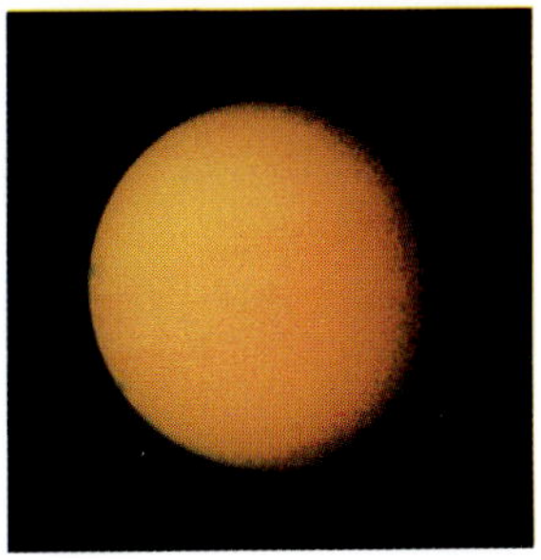

A gauche Titan est le seul satellite du système solaire dont l'atmosphère est très épaisse. Il est entouré d'une masse nuageuse rougeâtre qui masque complètement sa surface.

La constitution atmosphérique elle-même est différente : l'atmosphère de Jupiter comprend 82 p. cent d'hydrogène et 17 p. cent d'hélium, celle de Saturne respectivement 88 p. cent et 11 p. cent.

Les anneaux

Depuis la Terre, on peut distinguer les parties principales du spectaculaire système d'anneaux qui entoure Saturne : l'anneau A, l'anneau B, le plus brillant, et l'anneau C (appelé aussi « anneau de crêpe »), qui est très sombre. Lorsque les anneaux se présentent dans des conditions d'observation particulièrement favorables, on peut apercevoir aussi la division de Cassini, une zone sombre qui sépare les anneaux A et B. L'anneau A est lui-même sillonné par la division de Encke, découverte en 1838 par Johann Encke.

Les anneaux se composent d'une infinité de petits blocs de glace et de poussière dont les dimensions varient de plusieurs mètres à quelques microns. Les observations effectuées par les sondes spatiales ont en outre permis de découvrir que chacun de ces anneaux était constitué par des centaines de très minces annelets, juxtaposés en formation concentrique.

Les sondes spatiales ont également révélé l'existence de nouveaux anneaux, jusqu'alors inconnus. L'anneau F ne mesure que 100 kilomètres de large. L'anneau D est le plus proche de la planète : il s'étend entre l'anneau C et le sommet de la couche nuageuse. Les anneaux G et E, les plus extérieurs, sont très diffus et ne présentent pas la structure annelée qui caractérise les plus brillants.

Les satellites

Saturne a 21 satellites, dont le plus gros, Titan, a un diamètre de 5 150 kilomètres. L'atmosphère de Titan se compose essentiellement d'azote (90 p. cent), de méthane et d'argon. Elle est si épaisse qu'elle empêcha la sonde Voyager 1 de photographier le sol de ce satellite.

A la surface de Titan, la pression est 60 fois plus forte que celle de la Terre et la température est de – 177 °C. De telles conditions permettent d'imaginer un environnement tout à fait particulier, avec des « banquises » de méthane gelé dans les régions polaires, et de vastes étendues de méthane liquide aux latitudes inférieures. Peut-être même y trouve-t-on des pluies de méthane.

Six satellites sont de dimensions relativement importantes : Phoebe, Mimas, Encelade, Téthys, Iapetus et Rhéa, et la plupart des 14 autres satellites ont des formes irrégulières. Comme dans le cas de Jupiter, la disposition orbitale des satellites de Saturne rappelle, en plus petit, le schéma d'ensemble du système solaire.

A droite Ce schéma en coupe de l'atmosphère de Titan révèle une température au sol de 90 °K, c'est-à-dire de 96° au-dessus du zéro absolu (–177 °C). La ligne noire indique les modifications de température en fonction de l'altitude. Les conditions atmosphériques de la troposphère (au-dessus de 40 kilomètres) permettent de supposer la présence de nuages et de pluies de méthane, cet élément jouant ainsi dans la météorologie de Titan un rôle analogue à celui de l'eau dans l'environnement terrestre.

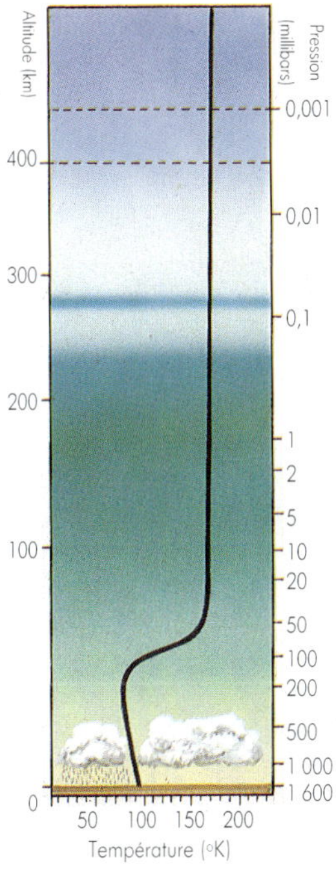

LES PLANÈTES LOINTAINES

Uranus

Au XVIIIe siècle, Saturne était encore la plus lointaine planète que l'on connaissait, et quand William Herschel en découvrit une septième, en 1781, Uranus, il doubla les dimensions du système solaire. En fait, il crut d'abord qu'il s'agissait d'une comète.

Bien qu'Uranus puisse être visible à l'œil nu, sa magnitude maximale n'est que de 5,6. Le fait que l'on ne s'y soit guère intéressé avant la découverte fortuite de Herschel n'a donc rien de surprenant. Au télescope, Uranus apparaît sous la forme d'un disque verdâtre dont le diamètre angulaire est inférieur à 4".

Essentiellement composé d'hydrogène et d'hélium, Uranus est une énorme planète gazeuse, d'un diamètre de 51 200 kilomètres. Sa révolution autour du soleil s'effectue en 84,01 ans, à une distance moyenne de 2 870 millions de kilomètres, et sa période de rotation axiale est de 17 h 14 mn. A sa surface, les températures sont de l'ordre de −210 °C.

L'une des caractéristiques les plus surprenantes d'Uranus est que son axe de rotation axiale a une inclinaison de 98° par rapport au plan de son orbite. Chacun des pôles fait donc alternativement face au Soleil. L'été boréal dure 42 ans, pendant lesquels le Soleil ne descend pas au-dessous de l'horizon de l'hémisphère Nord. Quant à l'hémisphère Sud, il demeure constamment plongé dans une longue nuit hivernale. La situation s'inverse pour les 42 années suivantes.

Sur les 15 satellites d'Uranus, 10 n'ont été découverts qu'en 1986, par Voyager 2. Cela s'explique sans doute par le fait qu'ils sont très petits, leur diamètre n'excédant pas quelques dizaines de kilomètres. Le plus grand de tous les satellites est Titania, qui a un diamètre de 1 610 kilomètres. Il fut découvert en 1787 par William Herschel, qui découvrit également Obéron la même année, puis un troisième satellite, Umbriel, en 1802.

Uranus est entouré de dix anneaux, qui furent observés pour la première fois depuis la Terre en 1977, à l'occasion de l'occultation d'une étoile par la planète. La lumière de l'étoile se mit à clignoter à plusieurs reprises avant, puis après son passage derrière le disque d'uranus, révélant ainsi la présence des anneaux. La distance entre ces derniers et le centre d'Uranus s'échelonne entre 42 000 et 52 000 kilomètres.

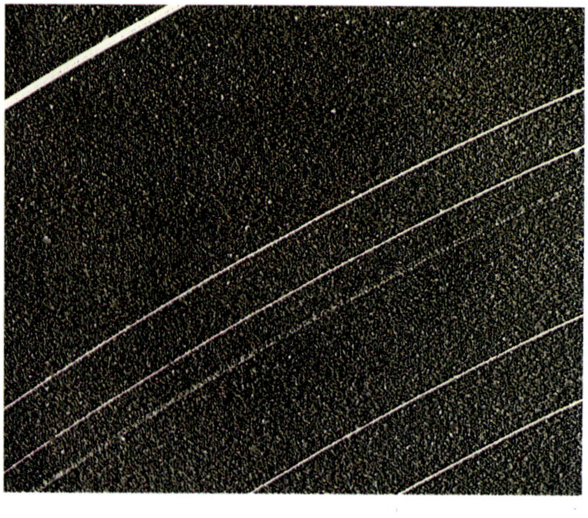

Ci-dessus Plusieurs des dix anneaux d'Uranus sont nettement visibles sur cette photographie prise par Voyager 2. Le 10e anneau, découvert par Voyager, est presque invisible ; il se situe entre les anneaux epsilon (en haut) et delta.

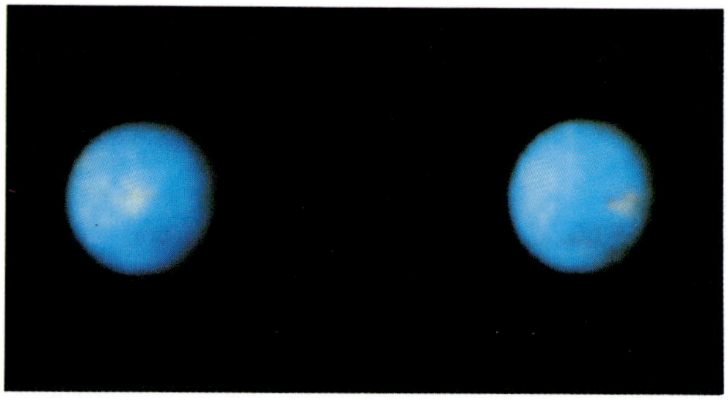

Ci-dessus Sur ces prises de vue, enregistrées à deux heures d'intervalle par Voyager 2, le 23 janvier 1989, une scintillante formation nuageuse traverse l'atmosphère de Neptune.

Neptune

Les observations effectuées sur Uranus dans les années qui suivirent sa découverte révélèrent une déviation de son orbite par rapport à la trajectoire logiquement prévue. On en déduisit que cette anomalie devait être due à l'action d'une autre planète plus lointaine, et encore inconnue. Un jeune astronome et mathématicien anglais, John Couch Adams, entreprit de calculer la position de cette planète. Il y réussit au terme de longs mois de travail et communiqua ses résultats à George Biddell Airy, de l'observatoire de Greenwich, lequel n'y prêta pas la moindre attention. Or, à la même époque, le mathématicien français Urbain Leverrier, inconnu d'Adams, effectua des calculs similaires et obtint les mêmes résultats, dont il fit part à l'observatoire de Berlin. Et c'est là que la mystérieuse planète fut enfin localisée, à peu près à l'emplacement prévu.

Neptune semble être une réplique d'Uranus, en légèrement plus petit. Son diamètre est de 48 600 kilomètres, et sa rotation axiale d'environ 18 h 26 mn. Il effectue sa révolution orbitale en 164,79 ans, selon une trajectoire presque circulaire dont la distance moyenne au Soleil est de 4 497 kilomètres. Au

Ci-dessus à gauche et à droite Ces photographies, prises à un jour d'intervalle, permettent de suivre le déplacement de Pluton.

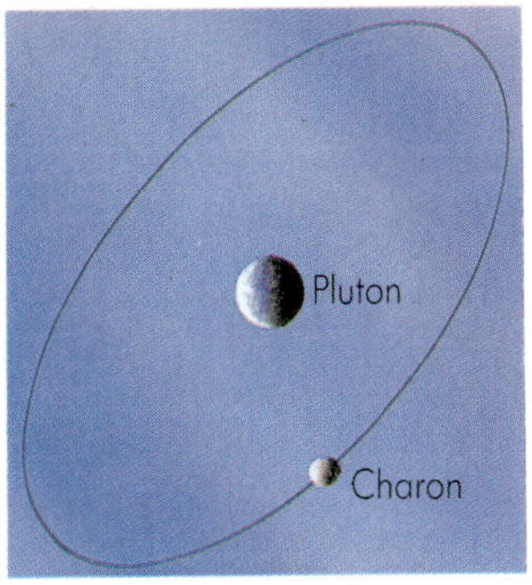

A gauche Comparaison des dimensions de Pluton et de Charon, et trajectoire orbitale du satellite.

A droite Neptune est soumis à de violentes perturbations atmosphériques. Les astronomes ont découvert, en effet, que sa surface est balayée par des vents atteignant 750 km/h et par des tempêtes qui peuvent durer des centaines d'années.

télescope, Neptune apparaît sous la forme d'un disque bleuté dont le diamètre angulaire maximal est de 2,3". Triton est le plus gros des 8 satellites de Neptune, avec un diamètre d'environ 3 500 kilomètres.

Pluton

La découverte de Neptune ne suffisant pas pour expliquer toute les anomalies observées dans les mouvements d'Uranus, on comprit qu'il restait encore une autre planète inconnue à découvrir. Après bien des années de recherches infructueuses, entreprises notamment par Percival Lowell, l'astre mystérieux fut enfin localisé, en 1930 (14 ans après la mort de Lowell), par le jeune astronome américain Clyde Tombaugh. On le baptisa Pluton, et son orbite se révéla la plus excentrique de toutes les planètes du système solaire. Pluton tourne autour du Soleil en 248 ans, à une distance moyenne de 5 900 kilomètres. Mais pendant 20 années de sa révolution, son orbite se situe à l'intérieur de celle de Neptune, comme c'est actuellement le cas depuis 1979 et jusqu'en 1999. Au cours de cette période, il se trouve donc plus proche du Soleil que Neptune.

Pluton est la plus petite des planètes du système solaire : son diamètre est approximativement de 2 300 kilomètres, soit environ le sixième de celui de la Terre. En 1978, James W. Christy, de l'US Naval Observatory, découvrit une légère élongation sur une image photographique de Pluton. D'autres astronomes ayant également remarqué cette élongation, on en conclut que Pluton avait un satellite. Nommé Charon, celui-ci tourne autour de la planète à une distance moyenne de 19 000 kilomètres en une période de 6 j 9 h 17 mn, ce qui est pratiquement identique à la période de rotation axiale de Pluton. La taille de ce satellite représente à peu près la moitié de celle de sa planète, aussi le système Pluton-Charon peut-il être considéré comme une planète double.

La découverte de Charon permit aux astronomes de calculer la masse de Pluton, qui est seulement de 0,003 par rapport à celle de la Terre. Quant à sa densité, elle est inférieure à la moitié de celle de l'eau, ce qui est logique pour une planète essentiellement composée de méthane gelé. Compte tenu de sa très faible masse, Pluton ne peut pas être responsable des perturbations que subissent Uranus et Neptune. Le mystérieux fauteur de trouble reste donc à découvrir, et l'on peut s'attendre à ce que les astronomes localisent un jour une autre planète plus lointaine que Pluton. La moindre déviation gravitationnelle d'un des satellites Pioneer ou Voyager, qui explorent les confins du système solaire, pourrait être le signe avant-coureur de cette découverte.

LES COMÈTES

Une grosse comète traversant le ciel comme une boule de feu, suivie d'une longue traînée d'étincelles, est un spectacle très impressionnant, bien qu'il s'agisse d'un astre minuscule dont la queue est constituée de poussière et de gaz, et l'on peut comprendre que de telles apparitions aient terrifié les peuples primitifs. D'ailleurs, aujourd'hui encore, le passage d'une comète fait toujours l'objet de croyances superstitieuses, même dans les grandes villes.

L'origine des comètes

Selon l'hypothèse la plus couramment admise, l'origine des comètes serait à rechercher dans un immense nuage de matériaux primitifs situés au-delà de l'orbite de Pluton, et qui s'étendrait jusqu'à 2 années de lumière du Soleil. L'astronome hollandais Jan Oort fut le premier, en 1950, à évoquer l'existence de ce nuage, qui pourrait s'être constitué à partir de particules abandonnées dans l'espace par les planètes en formation. On pense que le nuage de Oort entoure complètement le système solaire, et que les comètes s'échapperaient de là. Or, comme on découvre chaque année une douzaine de comètes nouvelles, on peut imaginer que les réserves du nuage de Oort sont considérables.

L'expulsion de matière par ce nuage est sans doute déclenchée par l'influence gravitationnelle d'une étoile de passage.

Ci-dessus La sonde européenne Giotto est l'une des cinq sondes qui furent envoyées à la rencontre de la comète de Halley, lors de son dernier passage dans notre ciel en 1985-86. Lancée le 2 juillet 1985, elle atteignit sa cible le 13 mars 1986.

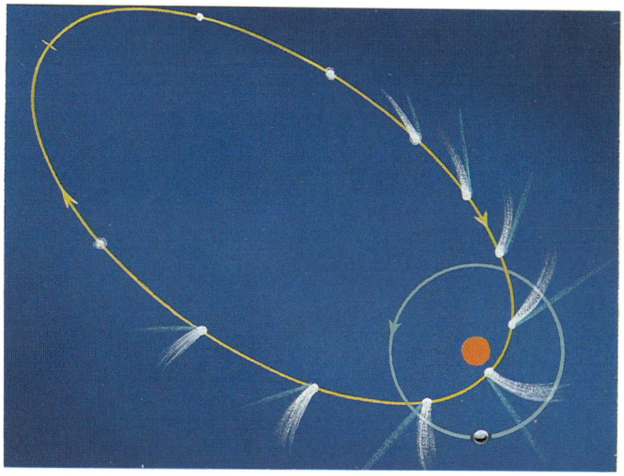

Ci-dessus Sous l'effet du vent solaire, la queue d'une comète pointe toujours à l'opposé du Soleil.

Ci-dessous La comète de Bennett, photographiée au-dessus de l'Arizona, le 5 avril 1970.

Certains de ces amas de particules sont alors éjectés à grande vitesse, tandis que beaucoup commencent par s'éloigner lentement vers l'intérieur du système solaire, avant d'accélérer progressivement leur course.

La structure d'une comète

En s'approchant du Soleil, l'astre se réchauffe, et ses éléments de glace se vaporisent. Un vaste nuage de gaz et de poussière, la chevelure, se forme alors autour de ce qui va devenir le noyau de la comète. Au fur et à mesure que la comète approche de son périhélie, sa plus courte distance au Soleil, cette nébulosité subit à la fois l'action du vent solaire et celle de la pression de rayonnement du Soleil. De la matière s'échappe alors de la tête de la comète (noyau + chevelure), dans la direction opposée à celle du Soleil, ce qui forme en général une double queue : l'une se compose d'atomes ionisés (des atomes qui ont perdu un ou plusieurs électrons), l'autre de poussières.

Une autre composante est invisible depuis la Terre. Il s'agit d'une énorme masse d'hydrogène atteignant des millions de kilomètres de diamètre et qui entoure le noyau de la comète. Cette enveloppe est formée par les gaz issus de la décomposition des molécules d'eau lorsque l'énergie solaire vaporise les particules de glace de la comète.

A partir du moment où la comète commence à s'éloigner du Soleil, sa queue disparaît progressivement. Ensuite, la comète elle-même s'amenuise, puis disparaît à son tour, son noyau de glace poursuivant seul sa course.

Après s'être approchée du Soleil, une comète peut repartir vers le nuage de Oort, mais, si elle passe à proximité d'une planète, elle peut se placer sur une orbite inférieure et revenir alors périodiquement dans notre voisinage.

L'orbite des comètes

Une comète perd une partie de sa masse chaque fois qu'elle traverse les couches inférieures du système solaire. Les comètes à très courte période se transforment ainsi rapidement, jusqu'à devenir à peine discernables au télescope. C'est le cas de beaucoup de comètes, comme celle de Encke, qui était encore parfaitement visible il y a environ 200 ans, lorsqu'on l'observa pour la première fois. Mais sa période orbitale est si courte (3,3 ans) qu'elle est presque constamment soumise au barrage de l'énergie solaire et perd une grande partie de sa substance dans l'espace.

De toutes les comètes connues, c'est celle de Encke qui a la plus courte période. Parmi les autres comètes du même type, on peut également citer celles de Tempel 2 (5,3 ans) et de Wirtanen (5,9 ans). (Une comète porte en général le nom de celui qui l'a découverte, mais parfois aussi celui de l'astronome ou du mathématicien qui fut le premier à en calculer la périodicité.)

D'autres comètes ont des orbites beaucoup plus longues et survivent plus longtemps, comme la comète de Halley (76 ans). Signalée dès l'Antiquité, son dernier passage à son périhélie a eu lieu en 1986.

Enfin, certaines comètes ont une période si longue qu'on ne parvient pas à la calculer avec précision et que leur passage crée parfois la surprise chez les astronomes. Tel fut le cas de la comète Daylight de 1910 (à ne pas confondre avec celle de Halley, qui apparut plus tard la même année), sans doute la plus brillante que l'on ait observée depuis le début de ce siècle.

Des comètes qui disparaissent

Il peut arriver qu'une comète perde rapidement sa substance, si elle passe très près de la surface solaire. Lorsqu'elle se désagrège ainsi, la comète est qualifiée de « sun-grazer » (« brouteuse de Soleil »).

Le meilleur exemple de destruction d'une comète par le Soleil est celui de la comète de Biela, dont on constata l'éclatement en deux fragments, en 1846. Ces fragments furent de nouveau perçus en 1852, mais plus jamais depuis. En 1872, année où ils étaient censés faire leur retour, on observa seulement une superbe pluie de météorites (étoiles filantes) dans la région du ciel où on les attendait. Or, on sait que les pluies de météorites sont formées par des débris de comètes désagrégées.

Sur cette photographie prise par la sonde Giotto, on distingue, en haut à gauche, la masse sombre du noyau de la comète de Halley, d'où s'échappent deux jets incandescents de gaz et de poussière.

MÉTÉORES ET MÉTÉORITES

La nuit, par temps clair, il n'est pas rare d'apercevoir un trait lumineux sillonner fugitivement le ciel : il s'agit d'un météore, ou étoile filante. Ce phénomène est dû à l'entrée dans l'atmosphère, sous l'effet de l'attraction gravitationnelle de la Terre, d'une minuscule météorite, particule de poussière provenant de l'espace interplanétaire. Compte tenu de sa vitesse – jusqu'à 70 km/s –, celle-ci s'échauffe au contact des molécules d'air et se consume. D'innombrables particules de ce type gravitent autour du Soleil, mais elles sont beaucoup trop petites pour que l'on puisse les repérer et elles ne deviennent visibles qu'en pénétrant dans l'atmosphère. La chaleur produite par l'effet de frottement les désagrège alors rapidement, les empêchant d'atteindre le sol. C'est seulement au début du siècle dernier que l'on a commencé à comprendre quelle était la véritable nature de ces étoiles filantes.

Le 10 août 1972, dans l'Ouest des États-Unis et du Canada, une boule de feu très brillante traversa le ciel en plein jour, à peu près à mi-distance du Soleil et de la pleine Lune, encore visible. Cette photographie a été prise dans le Parc national de Grand Teton (Wyoming).

Les pluies de météorites

Les météores se manifestent principalement sous deux formes : en pluies et en apparitions sporadiques. Les météores sporadiques peuvent apparaître à n'importe quel moment de l'année, en provenance de n'importe quel point de l'espace. Les pluies de météorites, en revanche, sont associées aux comètes : la pluie des Aquarides dépend de la comète de Halley, et celle des Perséides, l'une des plus actives, de la comète de Swift-Tuttle. Lors de leur passage dans les couches inférieures du système solaire, les comètes abandonnent derrière elles des fragments de leur substance, et, lorsque la Terre traverse l'orbite d'une comète, une partie de ces fragments pénètre dans son atmosphère sous la forme d'une quantité relativement importante de météorites.

Les particules parcourent l'orbite d'une comète selon des trajectoires parallèles, mais, par l'effet de perspective, les météores en pluies semblent tous provenir d'un même point de l'espace, appelé radiant. Les Aquarides ont leur radiant dans la constellation du Verseau (Aquarius), et les Perséides dans celle de Persée. La pluie des Quadrantides, observable en janvier, a son radiant dans une région du ciel où l'on situait autrefois une constellation dite du « Quadrant mural ».

L'intensité d'une pluie de météorites se mesure par son rythme horaire zénithal (RZH). Il s'agit du nombre de météorites que l'on peut observer pendant une heure dans des conditions idéa-

les, en visant le radiant au zénith. Toutefois, les conditions idéales ne sont jamais réunies, de sorte que le véritable rythme horaire est inférieur au RZH. La pluie annuelle la plus faible, les Perséides, a un RZH d'environ 70. On ne tient pas compte des météores invisibles à l'œil nu, qui sont très nombreux.

Les corps météoritiques

Les météorites de grande taille ne se désagrègent pas complètement dans l'atmosphère, et leurs fragments achèvent leur course à la surface de la Terre. Il existe trois sortes de météorites : les aérolithes, de composition essentiellement pierreuse, les sidérites, qui contiennent surtout du fer et du nickel, et les sidérolithes, qui sont un mélange des deux types précédents. Environ 95 p. cent des météorites observées sont des aérolithes, que l'on répartit en deux groupes : les chondrites et les achondrites. Le reste est surtout constitué de sidérites, qui se subdivisent en une douzaine de groupes ; quant aux sidérolithes, les plus rares, elles ne comptent que deux groupes.

Les très grosses météorites sont rares, et c'est une chance car elles peuvent provoquer des dégâts considérables. L'exemple le plus spectaculaire d'un impact de météorite sur notre planète est le Meteor Crater, dans l'Arizona, aux États-Unis. L'origine de ce cratère de 1 200 mètres de diamètre et de 200 mètres de profondeur remonte à des milliers d'années. Parmi les autres grands cratères météoritiques, on peut citer ceux de Wolf Creek en Australie, d'Odessa au Texas et de Campo del Cielo en Argentine.

L'origine des météorites

Les météorites gravitent autour du Soleil selon des orbites qui recoupent celle de la Terre. En étudiant leur trajectoire à rebours, au-delà du système solaire, on constate que beaucoup on dû se former à la suite de collisions qui se sont produites dans la ceinture des astéroïdes. L'analyse des météorites retrouvées à la surface de notre planète semble, d'ailleurs, le confirmer. Leur âge est évalué à environ 4 500 millions d'années, et l'on pense que leur origine remonte à la même époque que celle des autres membres du système solaire.

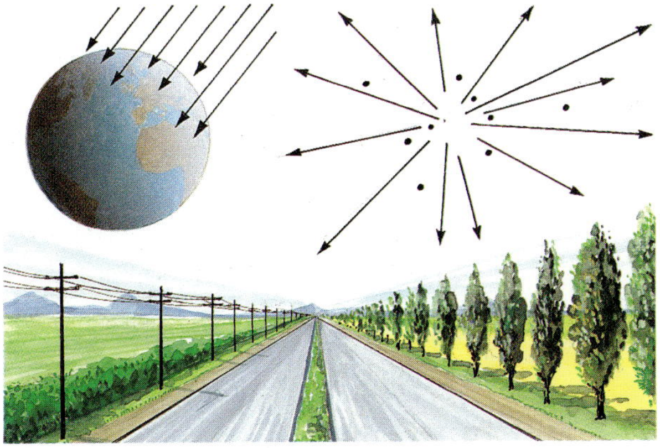

Ci-dessus Les pluies de météorites sont soumises au même effet de perspective que les lignes de fuite d'une route.

Ci-dessous La pluie de météorites des Géminides, ici photographiée le 14 décembre 1980. Chaque année, à la même époque, on peut l'observer.

Ci-dessous Trajectoires des orbites de trois grands essaims de météorites (Quadrantides, Géminides et Perséides) par rapport à celles de la Terre et de Jupiter. Certains essaims sont d'un type particulier : les Géminides sont associés à des comètes à courte période, les Perséides à des comètes de longue période.

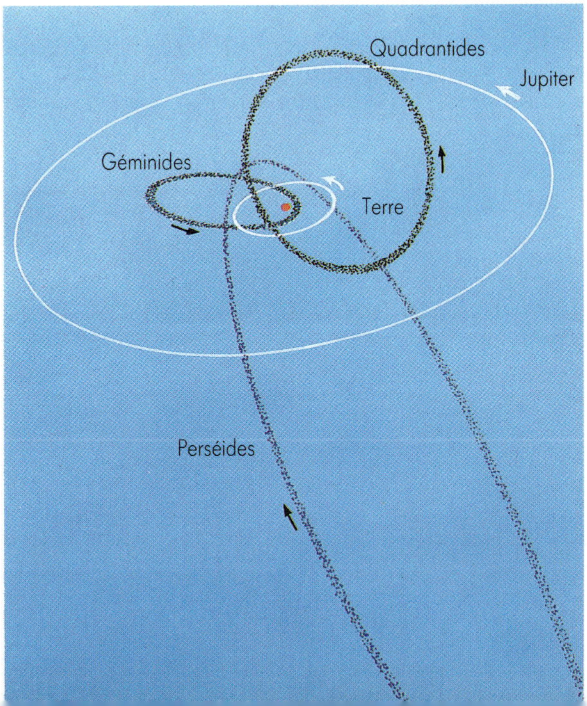

ÉCLIPSES ET OCCULTATIONS

Les éclipses solaires

La Lune est beaucoup plus petite que le Soleil, mais elle est aussi beaucoup plus proche de nous. De ce fait, le diamètre des deux astres nous apparaît à peu près identique, et, lorsque la Lune passe entre la Terre et le Soleil, celui-ci est totalement ou partiellement masqué. C'est une éclipse de Soleil.

Il y a éclipse totale lorsque le Soleil, la Lune et la Terre sont dans un alignement parfait, et que la Lune masque complètement le disque solaire. L'éclipse est partielle lorsqu'il y a un décalage dans cet alignement et qu'une partie seulement du Soleil est masquée. Enfin, lorsque l'alignement est parfait, comme dans le cas d'une éclipse totale, mais que la Lune est à sa distance orbitale maximale, son diamètre apparent est plus petit que celui du Soleil. On peut alors voir un mince anneau brillant du disque solaire autour de la forme sombre de la Lune, et l'on parle, dans ce cas, d'éclipse annulaire.

Ci-dessus Deux vues de l'éclipse solaire totale du 16 février 1980. On y voit la couronne solaire (en haut) et des protubérances (en bas) sur le pourtour du disque lunaire.

Au cours d'une éclipse solaire, l'ombre de la Lune balaie la surface de la Terre. Lorsqu'un tel phénomène se produit, on peut distinguer une zone centrale obscure et une zone périphérique plus claire (pénombre). Un observateur placé sur le passage de la zone centrale verra une éclipse totale, alors que s'il se trouve à la périphérie, il ne verra qu'une éclipse partielle.

Les éclipses lunaires

Une éclipse lunaire se produit lorsque la Lune passe dans l'ombre de la Terre. Dans ce cas, il est rare toutefois que la Lune soit complètement invisible, car une partie de la lumière solaire

Ci-dessus L'éclipse totale de la Lune du 6 juillet 1982. La coloration rougeâtre est due au fait que le satellite est éclairé par la lumière solaire réfractée par l'atmosphère terrestre.

est réfléchie sur elle par l'atmosphère terrestre, ce qui lui donne une teinte cuivrée.

Il y a éclipse totale de la Lune lorsque celle-ci traverse le centre de l'ombre terrestre. L'éclipse est partielle lorsqu'une partie seulement de la surface lunaire traverse cette ombre. Enfin, si la Lune traverse la zone périphérique plus claire de l'ombre terrestre (pénombre), il s'agit d'une éclipse pénombrale, difficilement discernable, car la différence de luminosité est alors très faible.

Il ne peut se produire que deux éclipses lunaires et cinq éclipses solaires par an. Ces dernières, toutefois, ne sont observables que dans les régions situées au centre ou à proximité de la zone d'ombre, tandis qu'une éclipse lunaire est visible de tous les points de l'hémisphère qui lui fait face. C'est pourquoi, dans le monde entier, les éclipses lunaires sont beaucoup plus courantes que les éclipses solaires.

Une éclipse solaire ne peut se produire qu'au moment de la nouvelle Lune, et une éclipse lunaire que lorsque la Lune est pleine. Mais, compte tenu de l'inclinaison de l'orbite lunaire par rapport à celle de la Terre autour du Soleil, c'est seulement lorsque la Lune est à proximité du point de son orbite où celle-ci recoupe le plan orbital terrestre que l'alignement des trois astres est suffisant pour produire une éclipse. La périodicité

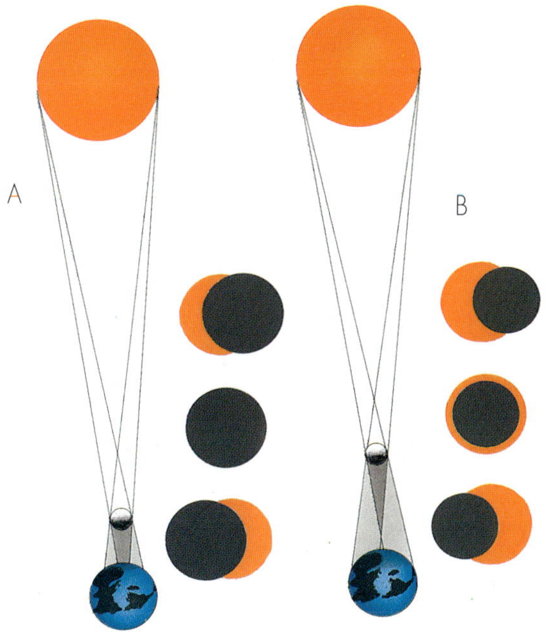

Ci-dessus Contrairement à une éclipse solaire totale (A), le diamètre apparent de la Lune, dans le cas d'une éclipse annulaire (B), ne suffit pas à masquer complètement le disque solaire.

Ci-dessous Une éclipse partielle du Soleil, photographiée le 21 juin 1982.

Ci-dessus Phases successives de l'éclipse annulaire du Soleil du 24 décembre 1974.

Ci-dessous En raison de l'inclinaison de son orbite, la Lune reste en général à l'écart de l'ombre de la Terre (A). Il n'y a éclipse (B) que lorsque la Lune traverse cette ombre.

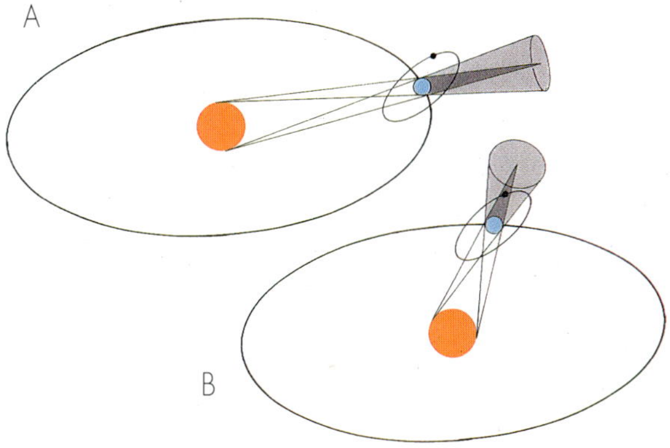

des éclipses est déterminée par un cycle d'environ 18 ans et 11 jours, appelé période de Saros.

Les occultations

On parle d'occultation lorsqu'un astre passe devant un autre, plus lointain, et le cache temporairement. Si l'éclipse solaire en est l'exemple le plus évident, il en existe beaucoup d'autres sortes. Ainsi, du fait de son grand diamètre apparent, la Lune occulte un grand nombre d'étoiles au cours de sa traversée de la voûte céleste, bien que très peu d'entre elles soient visibles à l'œil nu. Il peut arriver aussi que la Lune occulte une planète, alors que l'occultation d'une étoile par une planète est un phénomène très rare. L'observation systématique des occultations permet aux astronomes d'approfondir leur connaissance du déplacement orbital de la Lune.

Les occultations fournissent également aux astronomes d'autres indications. Elles permettent, par exemple, d'étudier l'atmosphère d'une planète lorsque celle-ci occulte une étoile : le limbe lumineux de cette étoile perd alors d'autant plus de son intensité que la densité atmosphérique de la planète est importante. Enfin, ces phénomènes peuvent être à l'origine de découvertes inattendues, comme ce fut le cas pour les anneaux d'Uranus, en 1977.

LES PHÉNOMÈNES LUMINEUX

Les aurores polaires

Les ceintures de radiations Van Allen entourent la Terre comme deux immenses couronnes dans lesquelles des protons et des électrons déversés par le vent solaire effectuent un va-et-vient perpétuel entre les pôles magnétiques. Les protons se concentrent dans la couronne interne, dont l'épaisseur est d'environ 3 000 kilomètres et qui s'étend approximativement jusqu'à 5 000 kilomètres de la surface terrestre. La ceinture externe est deux fois plus épaisse et s'étend jusqu'à plus de 19 000 kilomètres ; c'est là que se concentrent les électrons.

Dans les périodes d'éruptions solaires, le vent solaire augmente d'intensité. Il en résulte une saturation des ceintures de Van Allen et l'expulsion de particules chargées d'énergie dans la haute atmosphère. Précipitées à très grande vitesse, ces particules déclenchent des réactions dans les molécules atmosphériques, et l'excitation des atomes d'hydrogène et d'azote se traduit par une fluorescence dont la diffusion apparaît sous la forme d'une aurore polaire.

Ces aurores se produisent à une altitude comprise entre 100 et 1 000 kilomètres, et se manifestent sous des aspects très divers tels que couronne, arc, draperie ou ruban. Elles sont d'autant plus brillantes que le vent solaire est intense, et, bien qu'elles soient en général visibles à haute latitude, elles peuvent survenir au voisinage de l'équateur si l'activité du vent solaire est importante.

Ci-dessous Un sapin dresse sa silhouette solitaire sur l'éblouissante draperie d'une aurore polaire, photographiée près de Fairbanks, en Alaska. Ce type de phénomène s'observe surtout dans les régions de haute latitude.

Ci-dessus Nuage noctilucent photographié à Adélaïde, île de l'Antarctique. Il est constitué de cristaux de glace entourant des grains de poussière sans doute d'origine météorique.

Il arrive parfois qu'une aurore polaire fasse son apparition dans le ciel d'une grande ville. Le phénomène débute souvent par une simple lueur diffuse au-dessus de l'horizon, avant de se transformer en un arc immense qui s'étire d'est en ouest. Il peut aussi prendre l'aspect d'une juxtaposition de rayons parallèles ou divergents. Plus spectaculaires encore sont les draperies striées de multiples rayons, qui ressemblent à de gigantesques rideaux recouvrant le ciel. Tous ces rayons suivent les lignes de force du champ magnétique terrestre.

Une aurore polaire est un spectacle inoubliable qui justifierait à lui seul de passer des nuits entières à observer le ciel dans l'espoir de pouvoir en contempler une.

La lumière zodiacale

Se manifestant sous la forme d'un cône de lumière diffuse qui s'étire au-dessus de l'horizon, la lumière zodiacale est due à la réflexion des rayons du Soleil par de la poussière interplanétaire répandue le long du plan de l'écliptique.

On peut l'observer vers l'ouest après le crépuscule et vers l'est avant l'aurore, surtout au printemps et en automne, époques où l'écliptique se rapproche de la perpendiculaire par rapport à l'horizon dans les régions de latitude moyenne. Dans les régions tropicales, l'écliptique forme toujours un angle abrupt avec l'horizon, et la lumière zodiacale est parfaitement visible toute l'année. Près des pôles, en revanche, l'écliptique est toujours si proche de l'horizon que la lumière zodiacale n'est jamais visible.

La forme de la lumière zodiacale révèle l'inégale répartition de la poussière interplanétaire, qui se concentre surtout près du Soleil. La lueur que nous percevons provient de poussières irradiant de l'orbite de Mars, au-delà de laquelle celles-ci s'amenuisent considérablement.

La lumière zodiacale peut atteindre 20° de large à sa base et s'étendre jusqu'à 40 à 60° au-dessus de l'horizon. Dans les sites d'observation les plus obscurs, elle peut donner l'impression d'envahir complètement le ciel ; c'est ce que l'on appelle la bande zodiacale, dont la largeur est généralement de l'ordre de 5 à 10°.

Les grains de poussière interplanétaire ne restent pas indéfiniment à la même place. La force quasi imperceptible de la lumière solaire finit par repousser les plus petits dans l'espace interstellaire, tandis qu'elle freine les plus grosses particules et les attire jusqu'au Soleil. Cette poussière est sans cesse renouvelée, en grande partie par les débris des comètes.

Le Gegenschein

Le Gegenschein, ou lueur antisolaire, est une faible lueur qui apparaît dans le ciel en un point de l'écliptique opposé au Soleil. C'est sans doute le phénomène céleste le plus fugitif et le plus difficile à voir. Sa manifestation a la même origine que la lumière zodiacale : elle est due à la réflexion de la lumière par des particules de poussière interplanétaire, mais, ici, cette poussière se situe au-delà de l'orbite terrestre.

Le Gegenschein a une forme elliptique et mesure environ 10° × 20°. Il atteint son extension maximale vers minuit, et s'observe surtout entre février et avril, et de septembre à novembre.

Les nuages noctilucents

Ce sont des nuages lumineux nocturnes qui se forment à très haute altitude par congélation des particules d'eau autour d'un noyau de poussière, sans doute d'origine météorique. Ils ont l'aspect général d'un cirrus, avec, le plus souvent, une configuration onduleuse, que peuvent traverser des remous et des tourbillons provoqués par les courants atmosphériques.

Situés à des altitudes de 80 à 85 kilomètres, les nuages noctilucents sont visibles vers minuit en été, entre 45 et 70° de latitude. D'un blanc ou d'un bleu nacré, ils sont illuminés par le Soleil, qui se trouve entre 6 et 16° au-dessous de l'horizon par rapport à l'observateur. Ces nuages se déplacent très rapidement, à une vitesse pouvant atteindre plus de 500 km/h.

Les arcs-en-ciel

De tous les phénomènes atmosphériques à effets de couleurs, l'arc-en-ciel est celui qui nous est le plus familier. Il se produit lorsque les rayons du Soleil illuminent une averse : la lumière pénètre dans les gouttes d'eau, où elle est réfractée et réfléchie à l'intérieur, avant d'être de nouveau réfractée vers l'extérieur, puis elle en émerge dans toutes les directions, en se concentrant selon des angles précis. Si la lumière ne subit qu'une seule réflexion, elle forme un arc primaire. Dans le cas d'une double réflexion, il se produit un arc secondaire, que l'on peut en général voir à l'extérieur de l'arc primaire et dont la séquence des couleurs est inversée. Dans les deux cas, les arcs-en-ciel apparaissent dans la direction opposée au Soleil.

La Lune peut également donner lieu à des arcs-en-ciel, mais, nos yeux n'étant pas sensibles aux couleurs des basses fréquences lumineuses, ces arcs lunaires nous paraissent blancs. C'est pour la même raison, d'ailleurs, que les étoiles, à l'exception des plus brillantes, nous semblent blanches.

Couronnes solaires et couronnes lunaires

Une couronne solaire ou lunaire se présente sous la forme de cercles lumineux entourant le Soleil ou la Lune lorsque l'astre apparaît à travers un nuage dont toutes les gouttes d'eau ou tous les cristaux de glace sont de dimensions à peu près identiques. Elle se compose d'anneaux concentriques allant du bleu-vert à l'intérieur au rougeâtre à l'extérieur. Son diamètre est d'environ quatre fois celui du Soleil ou de la Lune. Des gouttes de dimensions semblables déterminent des couleurs pures : plus il y a de différences entre leurs diamètres, moins les couleurs sont distinctes.

Les couronnes solaires sont moins fréquentes que les couronnes lunaires, car l'éclat du Soleil empêche souvent de les distinguer. Elles ne sont réellement visibles que lorsque la couche nuageuse atteint une densité suffisamment importante ou que le disque solaire est masqué aux yeux de l'observateur par un obstacle, comme un poteau télégraphique. Il ne faut pas confondre ce type de couronne avec l'atmosphère du Soleil, qui porte également le nom de couronne.

Cette lumière zodiacale se diffuse au-dessus de l'horizon dans le secteur des Gémeaux, du Cocher et du Taureau.

LA NAISSANCE DES ÉTOILES

La durée de vie d'une étoile se mesure en milliards d'années, aussi n'est-il pas surprenant que les étoiles que nous voyons aujourd'hui ne présentent pas de différences avec celles des premiers répertoires astronomiques de l'Antiquité. On peut toutefois se demander comment les astronomes obtiennent des renseignements sur l'évolution des étoiles.

En fait, les étoiles n'ont pas toutes le même cycle de vie et ne sont pas nées en même temps. Il est donc possible de comparer celles qui se trouvent à des stades différents de leur évolution et d'essayer d'en déduire quel est le cycle de vie d'une étoile depuis sa première manifestation jusqu'à sa mort éventuelle.

Les nébuleuses

Le ciel est parsemé de vastes nuages interstellaires de gaz et de poussière, au sein desquels sont nées les étoiles, par un processus de contraction gravitationnelle. Ces nuages, ou nébuleuses, se composent principalement d'hydrogène, l'élément le plus abondant de l'univers, et la formation des étoiles dépend de la température qui y règne à l'intérieur. Si elle est trop élevée, les atomes s'y déplacent trop rapidement pour que le processus de contraction soit possible.

La première étape de la naissance d'une étoile est la formation d'amas de matière dans les zones les plus denses du nuage. Cette forte densité résulte d'une rupture de stabilité de la nébuleuse, peut-être sous l'effet des ondes de choc produites par les explosions d'une supernova, ou bien de la pression de radiation d'une jeune étoile.

Ces amas de matière ne cessent de se contracter, avec une augmentation constante de leur densité et de leur température. Lorsque leur pression interne compense l'effet de la pesanteur, la contraction se stabilise. Ainsi se forment, au sein de la nébuleuse, des zones stables, très chaudes et relativement denses, que l'on appelle protoétoiles. Les astronomes pensent avoir identifié un certain nombre de ces embryons d'étoiles. On a constaté que beaucoup de nébuleuses très brillantes renfermaient des petites nébulosités rondes, les globules, dont la silhouette sombre contraste avec la luminosité de leur environnement. Leur diamètre varie de 0,1 à 2 années de lumière et leur masse peut atteindre jusqu'à 200 fois celle du Soleil. Leur

En haut à droite Très spectaculaire par son éclat, qui lui permet d'être visible à l'œil nu, la nébuleuse d'Orion est l'une des régions du ciel où se forment des étoiles. Elle renferme notamment Thêta Orionis, une étoile multiple dont le rayonnement ultraviolet est la source d'énergie qui lui vaut de briller avec une telle intensité.

A droite Sur cette photographie, on voit bien l'éclat rougeâtre de la nébuleuse d'Orion (M 42), au centre, au-dessous des trois étoiles qui composent le Baudrier.

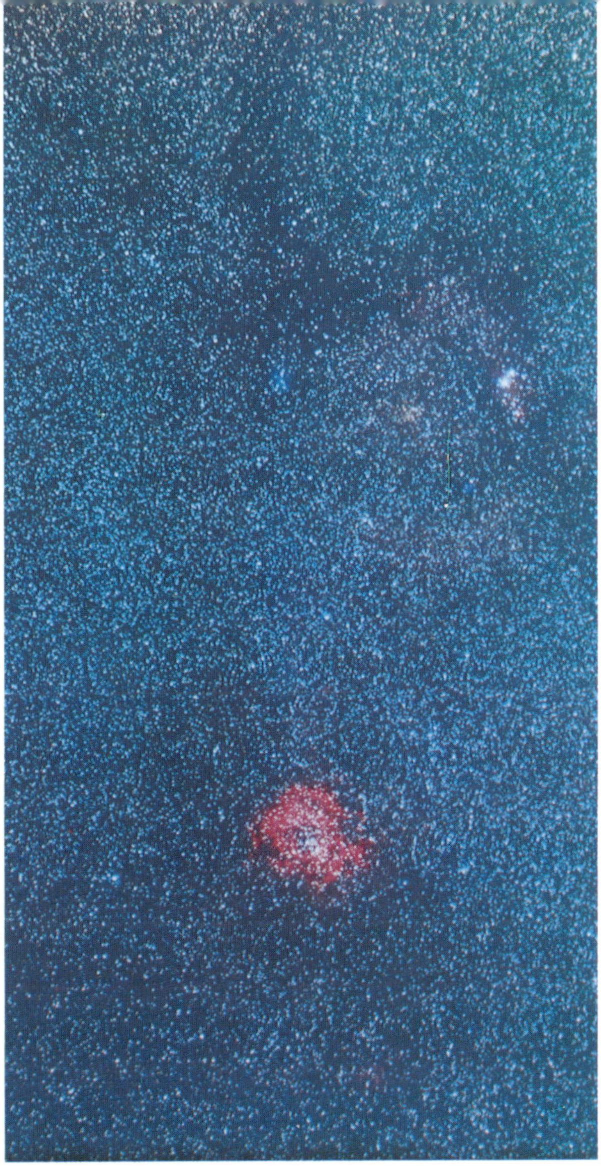

Ci-dessus La nébuleuse Rosette, dans la Licorne, est un énorme nuage de poussière et de gaz, situé à plus de 2 500 années de lumière et dont le diamètre est d'environ 55 années de lumière. On a découvert que cette nébuleuse renferme de nombreuses petites taches sombres, des globules, que les astronomes considèrent comme de nouvelles étoiles en cours de formation.

Ci-dessus à droite La nébuleuse à émission NGC 6357, dans le Scorpion, est aussi appelée nébuleuse Tête de Vampire. Elle est tout à fait caractéristique de ces nébuleuses qui englobent de jeunes étoiles à température élevée.

observation dans l'infrarouge a révélé que leur température interne est suffisamment basse pour permettre la formation de protoétoiles.

L'éclat d'une étoile

L'étape suivante du processus est déterminée par la masse de la protoétoile. Si cette dernière est comparable à celle du Soleil, des réactions nucléaires se déclenchent dans le noyau lorsque la température atteint environ 15 millions de degrés Celsius, transformant quatre atomes d'hydrogène en un atome d'hélium. Cet atome étant plus léger que ceux dont il est issu, la réaction s'accompagne d'une petite perte de masse, ce qui produit de l'énergie. Celle-ci se propage jusqu'à la surface de l'étoile, d'où elle s'échappe sous forme de chaleur et de lumière : l'étoile commence à briller. La pression de radiation liée à ce phénomène empêche toute nouvelle contraction gravitationnelle de se produire, et l'étoile devient stable.

DE LA SÉQUENCE PRINCIPALE A LA NÉBULEUSE PLANÉTAIRE

Les étoiles de masse solaire contiennent suffisamment d'hydrogène pour briller pendant une dizaine de milliards d'années avant de se modifier. Le Soleil a atteint environ la moitié de ce parcours.

Les étoiles de masse supérieure à celle du Soleil consomment leur énergie à un rythme beaucoup plus rapide : une étoile dont la masse est six fois supérieure à celle du Soleil peut épuiser son hydrogène en quelques dizaines de millions d'années seulement. Inversement, les étoiles peu massives ont une durée de vie plus longue.

La conversion de l'hydrogène en hélium occupe la plus grande partie de la vie d'une étoile. Au fur et à mesure que ce processus se ralentit, son aspect extérieur commence à se modifier légèrement. L'étoile devient plus brillante et plus rouge, et, lorsque ses réserves d'hydrogène sont épuisées, elle entame l'ultime étape de son évolution.

Le destin du Soleil

Dans 5 milliards d'années, le Soleil va augmenter de volume et se transformer en une géante rouge qui absorbera Mercure, Vénus et même la Terre. Sa température de surface chutera de 6 000 °C à 3 500 °C. Mais, à cause de son énorme taille, il deviendra des centaines de fois plus brillant, et toute vie sera éliminée sur terre avant que celle-ci ne soit absorbée.

Toute étoile comparable au Soleil est vouée au même sort. Lorsque ses réserves d'hydrogène s'épuisent, sa production d'hélium diminue, et il lui est alors difficile de soutenir ses couches extérieures, qui commencent à s'effondrer. Le noyau subit une pression légèrement plus forte et devient plus chaud. La consommation d'hydrogène se poursuit à la périphérie du noyau, et c'est cette région qui produit la plus grande partie de l'énergie de l'étoile.

Quelques millions d'années plus tard, l'hydrogène du noyau est épuisé. Celui-ci ne produisant plus de chaleur, la pesanteur est plus forte. Le noyau se contracte et sa température augmente, ce qui permet à l'étoile de contrebalancer les effets de la pression et, ainsi, de conserver son équilibre.

Les géantes rouges

A force de se contracter, le noyau finit par ne plus représenter qu'une faible proportion de son volume initial. Sa température et sa pression interne augmentent d'autant, avec pour conséquence une surproduction d'énergie qui détermine l'expansion

A gauche Les nébuleuses planétaires n'ont pas toutes une forme symétrique, comme en témoigne la nébuleuse NGC 6302, de la constellation du Scorpion.

Ci-dessous Sur cette photographie apparaît nettement l'étoile qui a projeté autour d'elle les gaz incandescents de la nébuleuse Helix (NGC 7293) du Verseau.

dans l'espace des couches extérieures de l'étoile. L'étoile se dilate ainsi jusqu'à atteindre plusieurs fois sa taille initiale, et ses couches extérieures se refroidissent en devenant rouges. Elle est devenue ce que l'on appelle une géante rouge, dont il existe de nombreux exemples, tels que Aldébaran, la plus brillante étoile du Taureau, et Arcturus, l'étoile dominante du Bouvier.

La température du noyau de la géante rouge s'élève jusqu'à près de 100 millions de degrés Celsius. A ce stade, de nouvelles réactions nucléaires se déclenchent, l'hélium du noyau se transformant en carbone. Lorsque l'hélium est épuisé, le noyau se contracte de nouveau. S'il s'agit d'une étoile de faible masse, il ne se produit plus aucune réaction : elle se contracte lentement en refroidissant, jusqu'à devenir une naine blanche. Les étoiles plus massives évoluent différemment : le noyau de carbone se contracte encore davantage, déterminant ainsi d'autres réactions nucléaires qui permettent à l'étoile de continuer de briller.

Les nébuleuses planétaires

Avant qu'une étoile se soit refroidie au point de devenir une naine blanche, la pression de radiation de son noyau peut faire éclater ses couches extérieures, en éjectant dans l'espace une sorte de coquille gazeuse en expansion : c'est ce que l'on appelle une nébuleuse planétaire. On a localisé plus de 1 000 nébuleuses de ce type, dont certaines sont célèbres, comme la nébuleuse en anneau M57 de la Lyre et la nébuleuse du Hibou, M97, de la Grande Ourse. A la surface de l'étoile ainsi dégagée de son enveloppe, la température peut atteindre plus de 100 000 °C. Le rayonnement ultraviolet de cette étoile ionise les gaz de la nébuleuse environnante en lui faisant émettre de la lumière.

La pression de radiation de l'étoile centrale provoque l'expansion de la nébuleuse, dont la matière va enrichir l'espace interstellaire. Les nébuleuses planétaires ont une vie relativement courte, dont la durée moyenne est de plusieurs dizaines de milliers d'années. On estime que 10 000 nébuleuses planétaires environ existent dans notre seule Galaxie, où plusieurs naissent chaque année.

Cette photographie des constellations de la Licorne et d'Orion permet de distinguer, au centre, l'éclat de Bételgeuse, une supergéante rouge. On y voit aussi la nébuleuse d'Orion, juste au-dessous des trois étoiles qui forment le Baudrier d'Orion, ainsi que la nébuleuse Rosette, tache de lumière rouge située en haut sur la gauche.

NAINES BLANCHES : ÉTOILES A NEUTRONS ET TROUS NOIRS

Les naines blanches

Après avoir été une géante rouge, une étoile qui meurt continue à se métamorphoser. Lorsque les réactions nucléaires cessent définitivement, la pesanteur est sa seule source d'énergie. Une étoile de masse inférieure à 1,4 fois celle du Soleil s'effondre et se transforme en une naine blanche très dense. Au cours de ce processus, ses atomes sont comprimés en une masse de matière si réduite que celle-ci atteint une densité considérable. Une étoile comparable au Soleil devient une sphère d'à peine quelques kilomètres de diamètre, avec une densité un million de fois plus élevée que celle de l'eau.

L'énergie gravitationnelle libérée dans cet effondrement se transforme en chaleur, et la naine blanche continue de briller. Mais cette énergie finit à son tour par s'épuiser, et l'étoile s'éteint en devenant une naine noire.

Une étoile de masse supérieure à 1,4 fois celle du Soleil peut se transformer en naine blanche uniquement si elle perd auparavant une partie de sa masse. C'est ce qui se produit lorsque ses couches extérieures se diffusent dans l'espace en donnant naissance à une nébuleuse planétaire.

Ci-dessus Sirius, de la constellation du Grand Chien, est l'une des plus brillantes étoiles du ciel. Elle a pour compagnon une naine blanche (invisible ici) appelée Sirius B, découverte en 1862. C'est la première que l'on ait identifié.

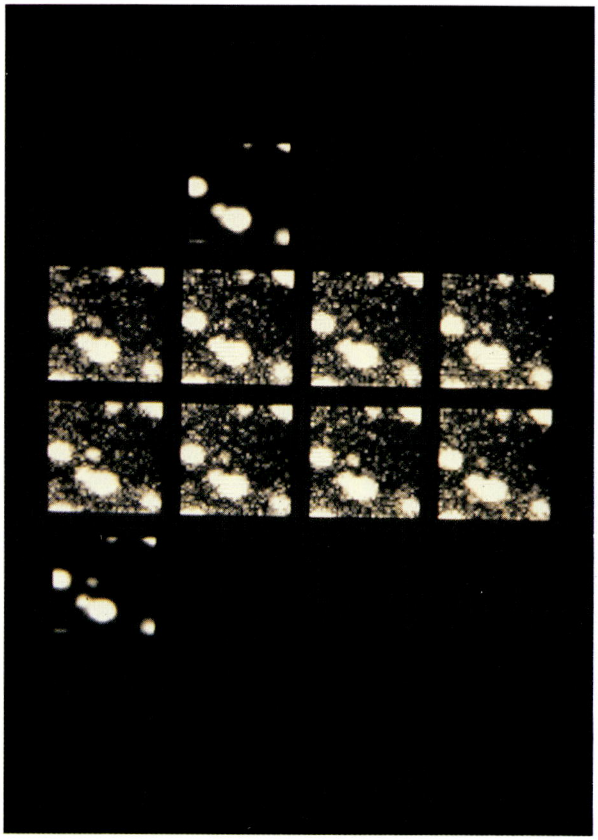

Ci-dessus Sur cette succession d'images, le pulsar de 24e magnitude de la constellation des Voiles apparaît sous la forme d'un point lumineux diffus, juste à gauche du centre. Son éclat se manifeste toutes les 0,089 secondes.

Étoiles à neutrons et pulsars

Une étoile dont la masse se situe entre 1,4 et 3 fois celle du Soleil s'effondre sans passer par le stade de naine blanche. Les protons et les électrons qui la constituent subissent une telle compression qu'ils se convertissent en neutrons. Ainsi se forme une étoile à neutrons, dont le diamètre n'excède pas quelques dizaines de kilomètres, avec une densité très élevée : la masse de 15 cm^3 de matière atteint environ 15 millions de tonnes.

On connaissait, en théorie, l'existence des étoiles à neutrons avant même d'en avoir identifié une, car on leur attribuait la phase terminale hypothétique des étoiles très massives. Pour en avoir la confirmation, il fallut attendre 1967, lorsque des astronomes localisèrent des impulsions radio dans une région du ciel où l'on ne trouvait aucune source visible. Ces signaux avaient une période extrêmement régulière de 1,337 109 seconde.

Deux photographies de la région de la nébuleuse NGC 2070, dite « de la Tarentule », dans le Grand Nuage de Magellan. La première fut prise avant l'apparition de la supernova 1987a, que l'on distingue nettement sur le cliché de droite, en haut à gauche. Cette photographie a été réalisée le 27 février 1989, quelques jours après la découverte de la supernova 1987a. Résultant de l'explosion d'une étoile supergéante, cette supernova était la première visible à l'œil nu depuis près de 400 ans.

On pensa aussitôt que ces signaux étaient émis par une étoile à impulsion, et l'on baptisa cet astre mystérieux du nom de pulsar. Par la suite, on en découvrit beaucoup d'autres, grâce à d'anciennes observations astronomiques.

En 1504, des astronomes chinois avaient noté l'apparition d'une nouvelle et très brillante étoile dans la constellation du Taureau. Il s'agissait en fait de l'explosion d'une supernova, cataclysme qui résulte du brusque effondrement d'une étoile très massive. Cet effondrement est si brutal qu'il s'accompagne d'une rapide augmentation de la température interne de l'étoile, et les violentes réactions nucléaires qui s'ensuivent font exploser l'étoile en éjectant dans l'espace environnant la plus grande partie de sa masse. Cette explosion peut illuminer toute la galaxie dont fait partie la supernova. Quant au noyau de matière qui subsiste, il se densifie sous la forme d'une étoile à neutrons.

La nébuleuse du Crabe est constituée des débris de la supernova de 1504, et le pulsar qu'elle renferme est une étoile à neutrons en rotation rapide sur elle-même. Ce dernier émet un flux d'ondes radio qui balaie la surface de la Terre à chacune de ses révolutions, à un rythme de 30 signaux par seconde.

Les trous noirs

Une étoile dont la masse est plus de 8 fois supérieure à celle du Soleil peut s'effondrer sans passer par le stade de naine blanche ni par celui d'étoile à neutrons. Sous l'effet d'une contraction gravitationnelle sans cesse croissante, elle devient de plus en plus petite et de plus en plus dense. Sa vitesse de libération augmente aussi, au point qu'elle finit par dépasser celle de la lumière. A ce stade, l'étoile devient invisible à l'observateur.

C'est l'étude des étoiles binaires qui offre le plus de chance de déceler l'existence de trous noirs. Un système binaire comprend une naine blanche, une étoile à neutrons ou un trou noir, et peut émettre des rayons X si de la matière est arrachée à l'étoile la plus grosse par son compagnon plus dense. Cette matière s'accumule en un anneau qui entoure l'étoile dense et tourbillonne jusqu'à sa surface en subissant une très forte chaleur qui déclenche une émission de rayons X. On a détecté des rayonnements de ce type en provenance de systèmes binaires dont l'un des composants est très massif. Dans la plupart des cas, il s'agit d'une étoile à neutrons, mais, pour certains de ces systèmes, on soupçonne plutôt l'existence d'un trou noir. C'est, par exemple, l'hypothèse retenue quant à la source de rayons X Cygnus X-1 de la constellation du Cygne.

CE QUE RÉVÈLE LA LUMIÈRE DES ÉTOILES

En passant à travers un prisme, la lumière stellaire se décompose en une série de couleurs, car la lumière est constituée d'ondes électromagnétiques de différentes longueurs, qui correspondent à des couleurs différentes. La longueur d'une onde se définit par la distance séparant l'un de ses sommets d'amplitude du suivant. Le spectre électromagnétique est l'ensemble de toutes ces ondes. La lumière visible n'en représente qu'une infime partie, qui va, des plus courtes aux plus grandes longueurs d'ondes, du violet au rouge, en passant par le bleu, le vert, le jaune et l'orange.

Les différents types de spectres

La lumière des gaz incandescents de forte densité du type de ceux qui composent une étoile produit une séquence de couleur ininterrompue, qu'on appelle un spectre continu. Mais si les gaz dont on examine la lumière sont de faible densité, comme ceux que l'on trouve dans une nébuleuse, le spectre forme une série de lignes distinctes. A chaque ensemble donné de ces lignes correspond un élément particulier, le spectre d'émission.

Si l'on pouvait observer isolément le gaz raréfié qui entoure la photosphère d'une étoile, il formerait une ligne distincte de spectre d'émission, mais ce gaz est superposé à l'ensemble beaucoup plus brillant du spectre continu de l'étoile. Il absorbe donc la lumière dont les longueurs d'ondes auraient été très précisément celles de son émission lumineuse. Il en résulte la formation d'un spectre de raies sombres qui apparaissent en

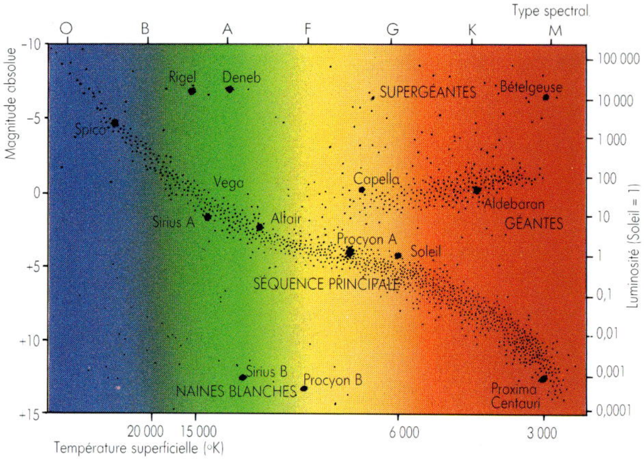

Ci-dessus Le diagramme de Hertzsprung-Russell (H-R) prend en compte le type spectral et la température superficielle des étoiles (horizontalement), par rapport à leur magnitude absolue et à leur luminosité (verticalement). Les étoiles sont ainsi regroupées en plusieurs zones, la plupart se situant le long d'une bande étroite appelée séquence principale, dont fait partie le Soleil.

Ci-dessus En traversant un prisme, la lumière blanche (lumière visible) se décompose en plusieurs couleurs, qui constituent son spectre dans l'ordre suivant : rouge, orange, jaune, vert, bleu, indigo, violet.

Ci-dessous Un double arc-en-ciel traverse le ciel au-dessus des antennes du radiotélescope VLA de Socorro (Nouveau-Mexique). Les gouttes d'eau d'un arc-en-ciel font office de prismes et décomposent la lumière en restituant les différentes couleurs de son spectre.

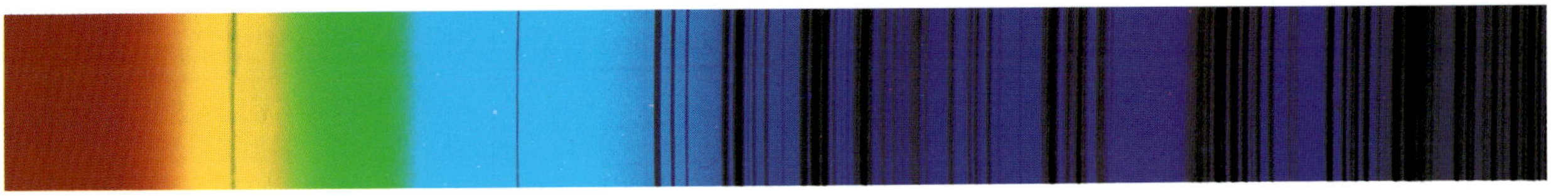

Le spectre de la lumière solaire fait apparaître un certain nombre de raies d'absorption. Il en existe environ 20 000, dont les principales seulement sont visibles ici.

surimpression sur le spectre continu de l'étoile, chacune de ces raies correspondant à la présence d'un élément particulier dans l'atmosphère de l'étoile observée.

L'étude du spectre des étoiles et d'autres corps célestes constitue ce que l'on appelle la spectroscopie. Ces spectres s'obtiennent à l'aide d'un spectroscope, instrument relié au télescope et qui décompose la lumière stellaire en ses différentes longueurs d'ondes. Le spectroscope n'est pas équipé d'un prisme, mais d'un miroir plan ou d'une plaque de verre que sillonne une grille de lignes très minces, de sorte que la lumière, filtrée, apparaît sous la forme décomposée de son spectre.

Les classes spectrales

Au début du siècle, Annie Jump Cannon et ses collègues de l'observatoire de Harvard établirent une classification des spectres, que l'on utilise encore aujourd'hui. Les étoiles y sont identifiées en fonction de leur température, ce qui permet de les répartir en plusieurs classes spectrales. Chacune est désignée par l'une des lettres O, B, A, F, G, K et M, auxquelles on ajouta par la suite R, N et S. Les étoiles les plus chaudes, celles dont la température superficielle dépasse 35 000 °C, sont classées O, les moins chaudes, celles dont la température peut être inférieure à 3 000 °C, étant classées par ordre décroissant M, R, N ou S. A cette classification de base s'ajoute une subdivision numérotée de 1 à 9 derrière la lettre : le Soleil, par exemple, est classé G2.

La couleur des étoiles

Les étoiles les plus chaudes, de types O, B et A, sont blanches ou d'un blanc bleuté, comme Iota d'Orion (O9), Épi (B1) et Delta du Cygne (A0). Viennent ensuite les étoiles jaunes des classes spectrales F et G, comme l'étoile Polaire (F8) et le Soleil (G2), puis les étoiles orange de type K, telles que Dubhe de la Grande Ourse (K10). Enfin, les étoiles les moins chaudes (M, R, N et S) sont de couleur rouge, comme Antarès du Scorpion (M1) et Bételgeuse d'Orion (M2).

La lumière des étoiles inférieures à la première magnitude n'est pas assez puissante pour que leur couleur soit visible à l'œil nu : des jumelles ou un télescope sont nécessaires, qui permettent, par exemple, de découvrir la belle couleur du Mu d'Andromède (M2), que William Herschel avait surnommée « l'étoile grenat ».

Le diagramme de Hertzsprung-Russell

En 1905 et en 1914, l'Américain Henry Norris Russell et le Danois Ejnar Hertzsprung découvrirent, chacun de leur côté mais à peu près simultanément, que, en établissant un inventaire graphique des magnitudes et des couleurs de l'ensemble des étoiles, il en résultait un tracé régulier. Dans les versions modernes de leur diagramme, les étoiles chaudes se regroupent vers la gauche, et les plus froides vers la droite, les plus brillantes se situant vers le haut et les moins brillantes vers le bas.

La plupart des étoiles (le Soleil notamment) se regroupent en une bande nettement distincte, qui traverse le diagramme de Hertzsprung-Russell (H-R) en diagonale depuis le haut à gauche jusqu'en bas à droite : c'est ce que l'on appelle la séquence principale. Vers le bas à droite se situent les supergéantes, dont la luminosité est intense en raison de leur très grande taille, bien que certaines, comme Antarès et Bételgeuse, aient une température relativement faible. Le diamètre des supergéantes peut atteindre près de 1 000 fois celui du Soleil. Certaines d'entre elles, comme Rigel d'Orion (B8) et Déneb du Cygne (A2), ont également une température superficielle très élevée, ce que révèle leur position dans le diagramme.

Juste au-dessous des supergéantes rouges se trouvent les géantes rouges dont la température superficielle est identique, mais qui sont plus petites et, par conséquent, moins brillantes. Leur diamètre est de l'ordre de 10 à 100 fois celui du Soleil. Aldébaran (K5), la plus brillante étoile du Taureau, en est un exemple caractéristique. Dans la partie inférieure gauche du diagramme se regroupent les naines blanches. Elles ont une forte température superficielle, mais sont peu brillantes, à cause de leur petite taille.

LA MESURE DES DISTANCES STELLAIRES

Pour étudier les étoiles ou d'autres corps célestes, pour les situer dans notre Galaxie ou dans l'ensemble de l'univers, il est indispensable de pouvoir déterminer les distances qui nous en séparent. La méthode la plus simple consiste à mesurer la parallaxe de l'astre considéré, c'est-à-dire son déplacement apparent sur le fond du ciel, tel que l'on peut l'observer à partir de deux points différents de l'orbite terrestre.

On connaît depuis très longtemps le principe de la parallaxe trigonométrique, mais on a su en tirer parti pour déterminer la distance d'une étoile seulement au siècle dernier. Cette méthode, toutefois, ne peut s'appliquer que dans le cas des étoiles situées à moins d'une centaine d'années de lumière.

Le déplacement des amas stellaires

On peut élargir l'échelle des distances en étudiant le mouvement des amas ouverts. Pour des raisons pratiques, on considère que les membres d'un même amas suivent des parcours parallèles, mais, sous l'effet de la perspective, on a globalement l'impression qu'ils convergent ou divergent en direction ou à partir d'un même point. Leurs mouvements propres (déplacements angulaires) peuvent se déterminer à partir d'observations effectuées pendant un certain nombre d'années. On parvient ainsi à localiser, par projection dans un sens ou dans l'autre, le point du ciel vers lequel, ou à partir duquel, les étoiles semblent se déplacer. Il est également possible de calculer la vitesse radiale de chaque étoile (la projection de sa vitesse dans la ligne de visée de l'observateur) en mesurant le décalage des raies de son spectre selon l'effet Doppler (voir p. 47). Pour calculer la distance d'une étoile, on combine donc sa vitesse radiale avec sa vitesse angulaire et la véritable direction de son mouvement.

Pour aller encore plus loin dans les distances astronomiques, il faut recourir à d'autres méthodes. Par exemple, on peut établir des comparaisons entre une étoile inconnue et une autre du même type dont on connaît la distance. En effet, dans la mesure où il est établi que deux étoiles de même type ont une égale luminosité, il est possible de calculer la distance de l'étoile la plus lointaine en comparant son éclat apparent avec celui de la plus proche. D'autres méthodes seront évoquées plus loin.

L'éclat des étoiles

Environ 150 ans av. J.-C., l'astronome grec Hipparque conçut un système de classification des étoiles d'après leur luminosité. Il les répartit en six classes, la première regroupant les étoiles dont l'éclat est le plus intense et la sixième celles dont l'éclat est le plus faible.

Le système que nous utilisons aujourd'hui est basé sur le

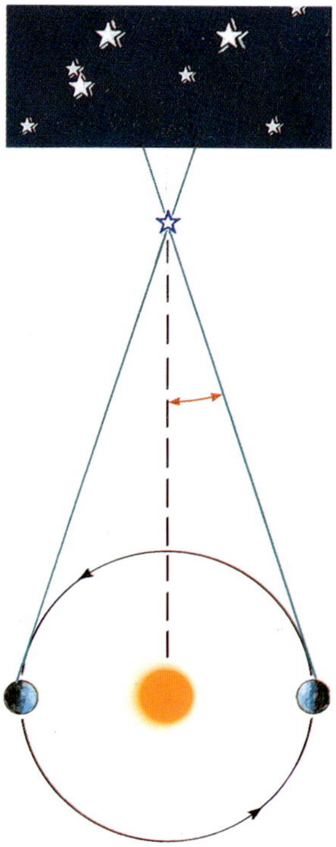

A gauche Si l'on considère une étoile depuis deux points opposés de l'orbite terrestre, on peut calculer sa distance dès lors que l'on connaît le rayon de l'orbite terrestre et l'angle du déplacement apparent de l'étoile sur le fond du ciel.

Ci-dessous Les étoiles d'une même constellation sont souvent très éloignées les unes des autres par rapport à la Terre. C'est le cas, par exemple, de la Croix du Sud, dont les principales étoiles se situent à des distances qui vont de 59 années de lumière pour Epsilon à 434 pour Bêta.

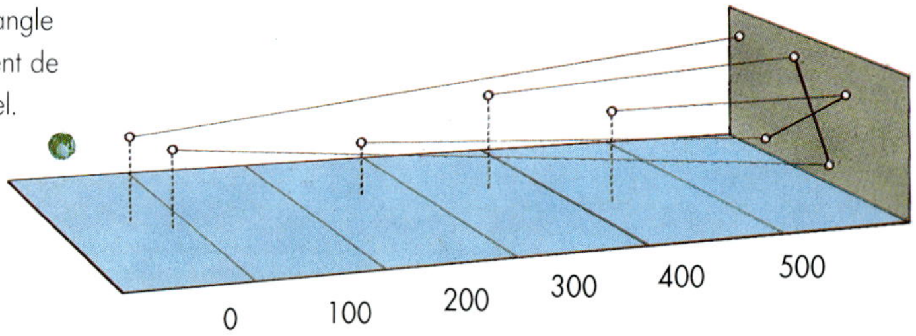

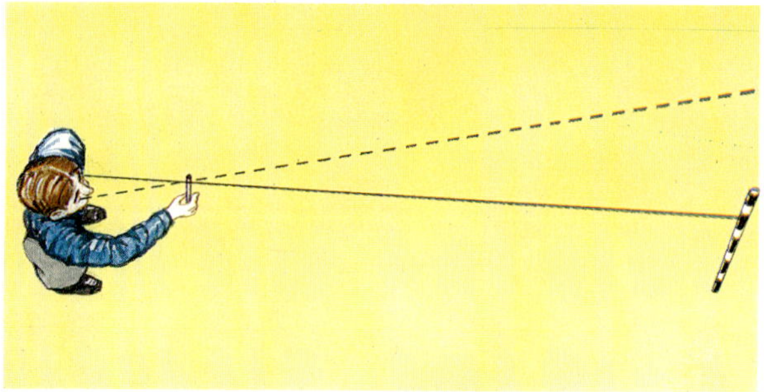

A gauche Lorsqu'on regarde alternativement un crayon d'un œil, puis de l'autre, il semble se déplacer par rapport à l'arrière-plan. Il en va de même pour les étoiles les plus proches par rapport à la Terre. C'est ce que l'on appelle la parallaxe.

A droite L'astronome allemand Friedrich Wilhelm Bessel fut le premier à déterminer la distance d'une étoile en appliquant le principe de la parallaxe trigonométrique.

même principe, mais avec des procédés techniques permettant de mesurer jusqu'à 0,01 d'une magnitude. Plus un objet céleste est brillant, plus sa magnitude est faible, les plus fortes luminosités étant désignées par des magnitudes négatives : Sirius, qui a une magnitude de −1,42, est l'étoile la plus brillante du ciel, suivie par Canopus (−0,72) et Alpha du Centaure (0,27).

Une étoile de 1re magnitude se définit comme 100 fois plus brillante qu'une étoile de 6e magnitude. Le rapport entre les deux magnitudes successives est donc de 2,512 : une étoile de magnitude 2,00 est 2,512 fois plus brillante qu'une étoile de magnitude 3,00, et ainsi de suite.

On a mesuré la magnitude de tous les objets célestes. Ainsi, celle du Soleil est de −26,8 et celle de la pleine Lune est en moyenne de −12,7. Vénus, la planète la plus brillante, peut atteindre −4,4, et Uranus, avec une magnitude de 5,6, est tout juste visible à l'œil nu. Pluton, en revanche, a une magnitude maximale d'environ 14 en opposition.

Les objets célestes les moins lumineux que l'on peut photographier aujourd'hui, à l'aide des télescopes les plus puissants, ont une magnitude d'environ 26. Avec une bonne paire de jumelles de 7 × 50, on peut distinguer des étoiles de 9e magnitude, tandis qu'un télescope à objectif de 60 mm permet d'atteindre des magnitudes beaucoup plus faibles.

Les magnitudes absolues

La magnitude absolue d'un astre correspond à la magnitude apparente qui serait la sienne s'il était considéré à une distance standard de 10 parsecs (un parsec est la distance d'un astre dont la parallaxe établie sur une année serait de 1"), soit 32,6 années de lumière.

Comme on l'a vu, l'étoile dont la magnitude visuelle est la plus forte (le Soleil mis à part) est Sirius, qui présente un décalage de 0,7 par rapport à la magnitude de Canopus. Toutefois, Canopus se trouve à une distance de 1 170 années de lumière, alors que Sirius est à 8,7 années de lumière plus loin. Si les deux étoiles étaient également situées à une distance de 10 parsecs, la magnitude visuelle de Sirius serait de +1,4, et celle de Canopus atteindrait −8,5, soit une luminosité 600 fois supérieure !

La magnitude bolométrique

Magnitude apparente et magnitude absolue définissent l'éclat d'une étoile par rapport à son dégagement de lumière visible. Or, certains astres qui semblent très peu lumineux, si l'on s'en tient à leurs longueurs d'onde visibles, peuvent émettre d'autres rayonnements plus puissants. C'est pour cette raison que les astronomes établissent aussi la magnitude bolométrique des étoiles et d'autres objets célestes. Il s'agit d'une mesure qui prend en compte l'ensemble des rayonnements de toutes les longueurs d'onde provenant d'un astre, et pour laquelle on utilise l'échelle des magnitudes stellaires. Différents types d'appareils sont utilisés pour détecter ces rayonnements. Par définition, la magnitude bolométrique d'un astre est sa magnitude apparente, déterminée par la mesure de toutes les longueurs d'onde enregistrées au-delà de l'atmosphère.

A droite Sur cette photographie de la constellation du Cygne, la flèche indique la position de 61 Cygni, une étoile binaire située à un peu plus de 11 années de lumière. C'est une étoile historique, car elle fut la première dont Bessel réussit à déterminer la distance par la mesure de sa parallaxe.

LES ÉTOILES DOUBLES ET MULTIPLES

Le Soleil est une étoile solitaire, mais la plupart des étoiles que nous voyons s'inscrivent dans des systèmes multiples dont l'importance numérique varie des amas stellaires aux étoiles doubles.

Bien qu'il existe un grand nombre de systèmes stellaires dont les membres sont liés physiquement, il arrive souvent que des étoiles paraissant très proches n'aient en réalité aucune relation entre elles. Il s'agit, alors, d'un effet de perspective, deux étoiles pouvant se trouver associées aux yeux de l'observateur terrestre par une coïncidence de leur alignement. C'est le cas, par exemple, de la fausse double formée par Alpha-1 et Alpha-2 du Capricorne : les deux étoiles semblent être très proches, alors que l'une (Alpha-1) se trouve en réalité à une distance considérable de l'autre.

Ces trois photographies, prises en 1908, 1915 et 1920, permettent de suivre tous les changements de position d'une étoile binaire, Krueger 60. Ce système binaire, situé à 13,1 années de lumière et à peu près à 1° au sud de Delta Cephei, est l'un des plus proches de nous. Les deux naines rouges qui le composent effectuent leur double révolution en 44,46 ans. Sa composante secondaire fait partie de ce que l'on appelle les variables à éclats, un type d'étoiles qui connaissent de brusques augmentations d'éclat, sans doute liées à des activités éruptives analogues à celles du Soleil.

On a longtemps cru que toutes les étoiles doubles correspondaient ainsi à un effet de perspective, et c'est à William Herschel que l'on doit la découverte de véritables systèmes binaires. Ses observations l'amenèrent à conclure, en 1802, que « ...beaucoup d'entre elles (les étoiles doubles) avaient effectivement changé de position l'une par rapport à l'autre, selon un processus régulier impliquant une révolution périodique et réciproque ». Un système binaire se compose de deux étoiles tournant autour de leur centre de gravité commun. Leur période de révolution peut durer de moins de 1 heure à des milliers d'années. La plus courte période orbitale est celle de la binaire X-1820-303, de l'amas globulaire NGC 6624, situé à près de 30 000 années de lumière dans le Sagittaire. Dans ce système, la révolution des deux étoiles ne dure que 11 mn 25 s !

A l'opposé, les deux composantes de Delta Serpentis ont une période orbitale évaluée à 3 000 ans. Les révolutions d'une telle durée sont très difficiles à mesurer, de sorte qu'il est impossible de dire quel est le système binaire dont la période est la plus longue. Dans les systèmes dont les composantes sont séparées par une très grande distance, la période de révolution peut atteindre des millions d'années.

Les binaires spectroscopiques

Il existe un grand nombre de systèmes binaires dont les deux composantes sont nettement visibles au télescope, mais, dans beaucoup de cas, les étoiles sont si proches l'une de l'autre que même les télescopes les plus puissants sont incapables d'en opérer la résolution. Le seul moyen de les identifier est la spectroscopie.

Un spectre stellaire est formé par la superposition des raies spectrales sur un spectre continu (voir p. 42). Selon qu'une étoile se rapproche ou s'éloigne de nous, les raies d'émission se déplacent vers le bleu ou vers le rouge du spectre. Dans le

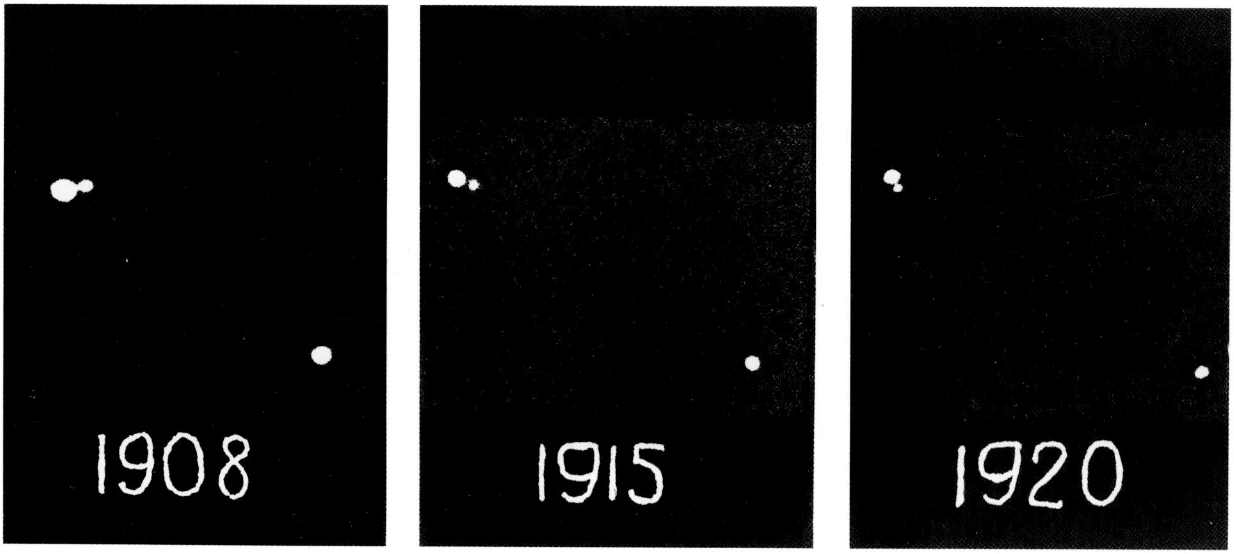

cas d'une étoile qui s'éloigne, les longueurs d'onde de la lumière s'allongent légèrement, ce qui détermine un déplacement des raies spectrales vers l'extrémité rouge, celle des grandes longueurs d'onde. Inversement, les raies d'une étoile qui se rapproche se déplacent vers l'extrémité bleue, celle des courtes longueurs d'onde. Ces déplacements sont, en outre, révélateurs de la vitesse à laquelle l'étoile se rapproche ou s'éloigne de nous : plus le décalage spectral est important, plus grande est la vitesse de l'étoile. Ce phénomène est une application de l'effet Doppler, qui doit son nom à un physicien du XIXe siècle, Christian Johann Doppler.

Dans le cas d'un système binaire dont le plan orbital est à peu près dans l'alignement de la Terre, l'un des composants peut se rapprocher de nous, tandis que l'autre s'éloigne. Lorsque cela se produit, les raies spectrales de l'étoile qui s'approche se déplacent vers le bleu du spectre, et celles de l'autre étoile vers le rouge. C'est ce décalage qui permet de distinguer les deux composants de ce système binaire. En revanche, quand les deux étoiles traversent la ligne de visée, les raies spectrales se confondent.

En 1650, l'astronome italien Giovanni Riccioli découvrit un compagnon optique à Mizar, de la Grande Ourse, qui fut la première étoile double identifiée au télescope. Ses deux composantes, Mizar A et Mizar B, sont généralement séparées de 14,4''. Leurs positions respectives se sont très peu modifiées depuis leur découverte, ce qui implique une période orbitale représentant des milliers d'années. En 1889, l'astronome américain Edwards Charles Pickering remarqua que les raies spectrales de Mizar A se dédoublaient périodiquement. Il en conclut que Mizar A était constituée de deux composantes trop proches pour que leur résolution soit à la portée d'un télescope. La période orbitale du système Mizar A est de 20,5386 jours, la distance de ses composants étant de l'ordre de 30 millions de kilomètres. Mizar A fut la première étoile binaire découverte par spectroscopie.

Les systèmes d'étoiles multiples

On découvrit par la suite que Mizar B était également une binaire spectroscopique, ses deux compagnons tournant autour de leur centre de gravité commun en 175,55 jours. Quant à l'étoile voisine Alcor, une autre binaire spectroscopique, elle est associée à Mizar, puisque toutes deux font partie d'un groupe d'étoiles de la Grande Ourse qui se déplacent ensemble dans l'espace. La distance qui sépare Alcor de Mizar est d'à peu près un quart d'année de lumière.

Parmi les autres systèmes multiples, on peut citer le Castor, dans les Gémeaux, et Alpha du Centaure, la plus proche étoile que l'on puisse distinguer à l'œil nu. Alpha du Centaure est un système triple dont les deux principales composantes, que l'on considère comme le plus beau système binaire du ciel, ont une période orbitale de 79,9 ans.

Le système d'Alpha du Centaure est complété par la naine rouge Proxima Centauri, de magnitude 10,7. Cette étoile est située à environ un sixième d'année de lumière des deux autres, autour desquelles sa révolution orbitale s'effectue en un demi-million d'années. Proxima Centauri fut découverte en 1915 par l'astronome écossais Robert Thorburn Ayton Innes. C'est l'étoile la plus proche de la Terre.

Des compagnons invisibles

Parfois, le compagnon d'une étoile n'est pas directement décelable, mais sa présence se révèle cependant par les diverses perturbations qu'il provoque dans le déplacement visible de l'étoile.

L'étoile de Bernard, par exemple, le troisième système stellaire le plus proche de nous, manifeste certaines « trépidations » durant son parcours céleste. Des analyses ont permis de conclure que cette étoile avait deux compagnons ; il s'agit sans doute de planètes, car leur masse est analogue à celle de Jupiter.

A droite La détermination visuelle d'une étoile double tient compte de l'écart de ses deux composantes et de leur angle de position par rapport au nord dans un plan orienté vers l'est.

A l'extrême droite
L'angle de position et l'écart d'un système binaire se modifient constamment, en raison du mouvement orbital, selon que celui-ci est rétrograde ou direct.

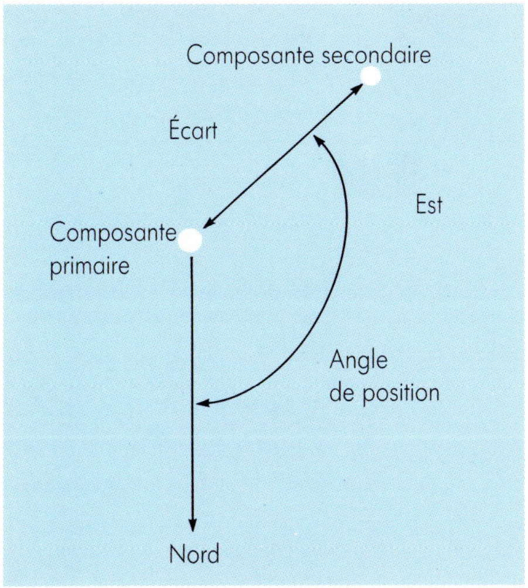

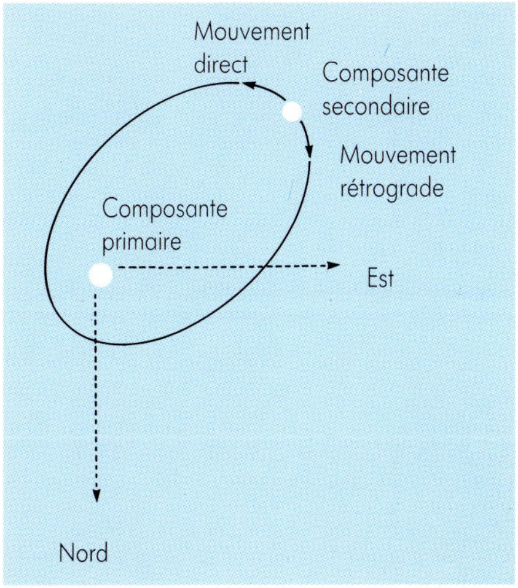

LES ÉTOILES VARIABLES

La plupart des étoiles ont une luminosité constante, mais certaines d'entre elles connaissent des modifications de leur éclat pendant de courtes périodes. Ces étoiles variables peuvent se répartir en deux groupes principaux : les variables extrinsèques, dont les fluctuations d'éclat sont dues à un autre corps céleste (étoile, nuage de gaz et de poussière), et les variables intrinsèques, qui produisent elles-mêmes les causes de leurs fluctuations (pulsions, éruptions).

Les variables font l'objet d'autres termes techniques : la courbe de lumière est un graphique indiquant les modifications d'éclat pour un temps donné ; l'amplitude est la différence entre le minimum et le maximum de magnitude, et, enfin, on appelle période le cycle complet de variations intervenant entre deux maximums d'éclat.

En bas La courbe de lumière de Delta Cephei se caractérise par une rapide augmentation d'éclat, suivie par une diminution progressive. La période de Delta Cephei est de 5,37 jours. Celle des autres céphéides peut aller de quelques heures à 50 jours et plus. Le diamètre et la température d'une céphéide se modifient avec son éclat.

Ci-dessous Schéma du système d'Algol (Bêta Persei). Le plan orbital est à peu près dans l'alignement par rapport à nous, si bien que les deux étoiles s'éclipsent mutuellement. L'intensité lumineuse diminue également lorsque l'étoile la plus brillante passe devant l'autre.

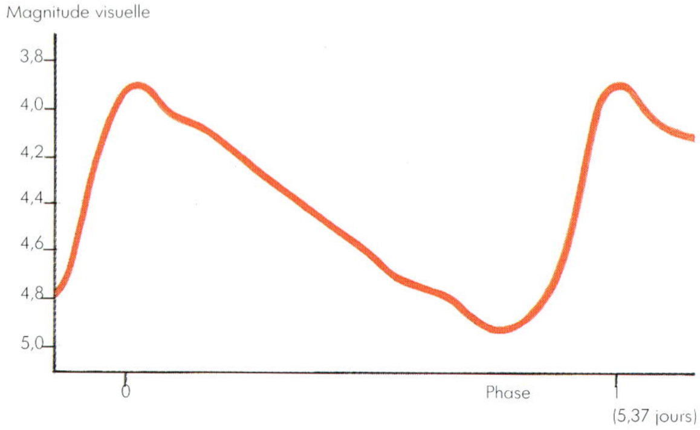

Ci-dessus La flèche indique la position d'Algol. Cette étoile double est la première binaire à éclipses que l'on découvrit, et son nom sert à désigner l'ensemble des étoiles de ce type.

Les variables extrinsèques

Cette catégorie inclut les binaires à éclipses et les variables nébulaires. Une binaire à éclipses comprend deux composantes, qui tournent autour de leur centre de gravité commun. Comme leur plan orbital est dans l'alignement de la Terre, chaque étoile masque alternativement l'autre. Ces éclipses font ainsi varier l'éclat global du système.

Algol, ou Bêta Persei, est la binaire à éclipses la plus connue. Son plan orbital est si incliné que sa composante la moins brillante s'interpose entre l'autre composante et nous tous les 2,87 jours. Les variables du type Algol se caractérisent par une très nette diminution d'éclat, suivie d'une seconde diminution, moins importante celle-là.

Dans le cas des binaires à éclipses du type Bêta Lyrae, la courbe de lumière est différente. Les deux composantes sont si proches l'une de l'autre que leurs atmosphères s'interpénètrent en provoquant une distorsion ellipsoïdale des deux étoiles. Les variations d'intensité lumineuse sont continues, avec des alternances de minimums dont les différences globales sont inférieures à deux magnitudes.

A droite Photographie de la région de Delta Cephei, que l'on voit en bas à gauche (flèche). Cette étoile est le prototype des variables pulsantes, auxquelles on donne le nom de céphéides. C'est la première de ce type que l'on découvrit.

On retrouve des caractéristiques semblables chez les systèmes W Ursae Majoris, dont les composantes subissent également des distorsions gravitationnelles. Leurs périodes durent, en général, moins d'un jour, avec des amplitudes inférieures à une magnitude. Le système T Tauri est le prototype des variables nébulaires. On pense qu'il s'agit de très jeunes étoiles en contraction, entourées de nuages de gaz et de poussière. Comme on peut l'imaginer, les variations d'intensité lumineuse que provoquent les mouvements de ces nuages sont imprévisibles. T Tauri peut ainsi passer de la 9e à la 13e magnitude en quelques semaines seulement, mais sa magnitude peut aussi demeurer constante pendant des périodes relativement longues.

Les variables intrinsèques les plus connues sont les céphéides. Elles doivent leur nom à Delta Cephei, la première étoile de ce type, qui fut identifiée, en 1784, par l'Anglais John Goodricke. Les céphéides sont des étoiles pulsantes à courtes périodes et d'une très grande luminosité. On en connaît des centaines, dont les périodes se situent entre 1 et 55 jours. Delta Cephei a une période de 5,36634 jours, au cours de laquelle sa magnitude varie de 3,6 à 4,3. Ces fluctuations d'intensité s'accompagnent de modifications spectrales allant de F5 à G3 environ, et sa température peut avoisiner 1 500 °C. Toutes les céphéides

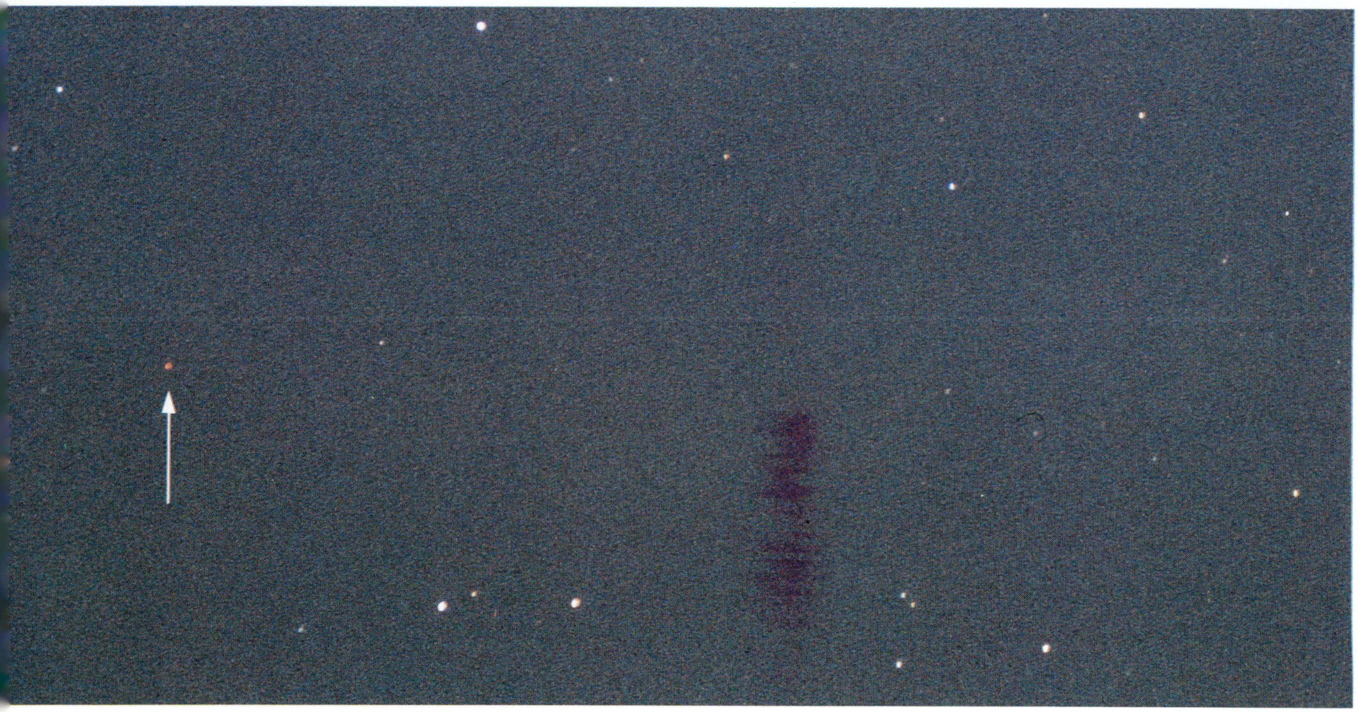

Deux photographies comparatives de la célèbre étoile variable à longue période Mira (Omicron Ceti). La période de cette étoile est de 331 jours. Un rougissement est nettement visible sur le cliché du bas, où l'éclat de Mira est plus faible. Celui-ci a été pris le 26 novembre 1986, tandis que cette étoile était à la magnitude 7 et que sa luminosité était en augmentation. Le cliché du haut date du 29 janvier 1987. Mira était alors de magnitude 3,2, quelques jours avant d'atteindre le maximum de son éclat.

céphéides ont une courbe de lumière analogue, marquée par une inflexion vers le minimum toujours plus lente que la remontée vers le maximum. Généralement, l'augmentation de leur éclat est constante, tandis que son déclin est plus irrégulier. Dans la plupart des cas, ces fluctuations ne dépassent pas 1 de magnitude, mais atteignent parfois 1,5.

Le rapport période-luminosité

En 1912, l'astronome américaine Henrietta Swan Leavitt découvrit qu'il existait une relation entre la luminosité des variables du type céphéides et leur période. En étudiant des photographies des céphéides du Petit Nuage de Magellan, elle constata que les plus brillantes étaient toujours celles dont la période était la plus longue. Comme toutes les céphéides observées se trouvaient à peu près à la même distance de la Terre, leur éclat apparent devrait correspondre à leur éclat réel. Elle en déduisit que celles dont la période était la plus longue étaient effectivement les plus puissantes. Cela signifiait que l'on pouvait parfaitement connaître la distance d'une céphéide en mesurant sa période. Une fois déterminé l'éclat absolu de l'étoile, il suffisait de le comparer à son éclat apparent pour calculer sa distance.

Les céphéides sont réparties en deux grandes classes : celles de la population I se situent dans les bras spiralés des galaxies, celles de la population II, du type de l'étoile W Virginis, dans les galaxies elliptiques, les amas globulaires et le halo des galaxies spirales. Leur rapport période-luminosité est différent : les céphéides de la population I ont une luminosité intrinsèque, dont la magnitude est une fois et demie moins forte que celles de la population II.

Les variables à longue période

Le prototype des variables à longue période est Mira (Omicron Ceti), qui doit son nom latin (« la merveilleuse ») à l'intensité de son éclat lorsque celle-ci est à son maximum. Comme chez toutes les autres variables à longue période, les minimums et les maximums de Mira ne sont pas constants : les fluctuations de son éclat vont d'une magnitude 3 ou 4 à une magnitude comprise entre 8 et 10. En de rares occasions, Mira a atteint la magnitude 2 et même une fois, en 1779, la magnitude 1. Sa période est de l'ordre de 331 jours, mais elle est sujette à des variations, au même titre que l'amplitude.

Les variables à longue période sont particulièrement nombreuses : on en a répertorié près de 4 000, qui présentent certaines caractéristiques communes. Ce sont toutes des géantes rouges, dont 90 p. cent de classe spectrale M. Les autres se répartissent pour la plupart entre les classes N et S, quelques-unes étant de la classe R. Elles subissent d'importantes modifications de luminosité, avec des périodes moyennes de 200 à 400 jours, mais un cycle peut cependant être tout à fait différent du suivant.

Autres types de variables

Parmi les nombreux autres types de variables, il faut d'abord citer les étoiles Bêta Canis Major, qui sont très lumineuses, avec de légères variations d'éclat sur de très courtes périodes. Les étoiles RV Tauri sont également très lumineuses. Leur courbe de lumière présente des alternances de minimum d'intensités différentes, mais sans rythme régulier. Les étoiles de ce type comprennent deux sous-groupes : l'un, dont fait partie RV Tauri elle-même, présente de courtes fluctuations se superposant à un cycle beaucoup plus long, qui s'étend sur environ 3 ans ; l'autre groupe ne présente pas ce phénomène de cycle parallèle.

Les variables éruptives

Cette classe de variables comprend les novae, des étoiles chaudes dont l'éclat augmente brusquement, avant de diminuer ensuite très lentement, pour redevenir normal. Certaines novae ont été particulièrement spectaculaires, telle Nova Aquilae, découverte le 8 juin 1918. Au moment de sa découverte, cette étoile était de magnitude 1, mais, en quelques heures, elle atteignit un éclat proche de celui de Sirius.

En examinant des photographies de cette région du ciel prises avant l'apparition de la nova, les astronomes s'aperçurent que, avant le 3 juin, Nova Aquilae avait été de magnitude 11. L'augmentation de son éclat jusqu'à son maximum n'avait duré que 6 jours. En revanche, sa diminution fut beaucoup plus longue : en mars 1919, Nova Aquilae était encore parfaitement discernable à l'œil nu.

Certaines novae, dites « récurrentes », se manifestent à plusieurs reprises. Leurs augmentations d'éclat ne sont cependant jamais aussi intenses que chez les novae ordinaires, et leur retour à la normale est plus rapide. La très brillante étoile T Coronae Borealis en est l'exemple type. La seule autre nova récurrente visible à l'œil nu est RS Ophiuchi.

Les novae naines, telles que SS Cygni, connaissent également des augmentations d'éclat périodiques, mais beaucoup moins brutales. SS Cygni passe ainsi plusieurs fois par an de la magnitude 12 à une magnitude d'environ 8, pour des périodes de quelques jours seulement. Le retour au minimum ne dure que quelques semaines, l'intervalle entre deux explosions étant en moyenne d'une cinquantaine de jours.

Toutes les novae ont un point commun : ce sont des systèmes binaires très rapprochés. La composante qui devient une nova est généralement une naine blanche sur laquelle se concentre de la matière libérée par l'autre composante, plus grosse et moins chaude. Ces nouvelles couches s'accumulent à la surface de la naine blanche, jusqu'à ce que la température et la pression y déterminent une réaction nucléaire.

L'identification des étoiles variables

Un code est utilisé pour identifier chaque étoile variable d'une même constellation. Il commence par la lettre R, que l'on attribue à la première variable découverte dans cette constellation. La deuxième est désignée par la lettre S, et ainsi de suite jusqu'à Z. Ensuite débute une autre série : RR, RS et cela jusqu'à RZ, et l'on continue avec une série allant de SS à SZ, jusqu'à ce que l'on arrive à ZZ. Les variables sont ensuite appelées AA, AB... AZ, puis BB, BC... BZ, et ainsi de suite jusqu'à QZ, qui est donc la 334e variable de la constellation (il faut signaler que la lettre J n'est jamais utilisée). A partir de là, on attribue à chaque nouvelle variable un numéro précédé de la lettre V (pour variable) : V 335, V 336, V 337, etc. Chacune de ces désignations est suivie par le génitif du nom latin de la constellation considérée.

LES NÉBULEUSES

Des petites taches de lumière diffuse sont parfois visibles dans certaines régions du ciel : ce sont des nébuleuses. Rares sont celles que l'on peut distinguer à l'œil nu, la plupart ne pouvant s'observer qu'avec des jumelles ou un télescope. Il s'agit d'énormes nuages de gaz et de poussière résultant de la concentration de matière interstellaire dispersée dans les bras spiralés de la Galaxie. Elles n'ont pas toutes le même aspect, car celui-ci dépend de leur nature. Les unes se présentent sous la forme d'une tache sombre sur un fond lumineux, les autres comme des taches lumineuses très brillantes. On distingue trois principaux types de nébuleuses : les nébuleuses à émission, les nébuleuses à réflexion et les nébuleuses obscures.

Les nébuleuses à émission

Les nébuleuses de ce type renferment de jeunes étoiles très chaudes, dont le rayonnement ultraviolet ionise le nuage de gaz environnant. Il en résulte une émission de lumière visible. Les régions dont les gaz produisent une telle fluorescence sont appelées régions H II, dont la nébuleuse d'Orion (M 42) est l'un des exemples les plus connus. Visible à l'œil nu sous la forme d'une tache de lumière scintillante, M 42 doit son éclat au rayonnement ultraviolet d'un groupe d'étoiles qu'on appelle le Trapèze. La nébuleuse de l'Aigle (M 16), dans le Serpent, en est un autre exemple. Les nébuleuses de ce genre sont une pépinière d'étoiles naissantes, les observations ayant révélé la présence de nombreux petits globules sombres, ces régions que l'on considère comme des protoétoiles de formation récente. On y trouve aussi beaucoup de variables de type T Tauri, que l'on suppose en cours de contraction gravitationnelle.

Les nébuleuses à réflexion

Ces nébuleuses sont généralement d'un moins bel aspect que les nébuleuses à émission. Comme leur nom l'indique, en effet, leur luminosité n'est pas directe, mais produite par la réflexion de la lumière d'étoiles voisines par les particules de poussière du nuage. Parfaitement caractéristique de ce phénomène est la nébuleuse qui entoure les étoiles de l'amas des Pléiades, dans le Taureau. Cette nébulosité à réflexion est tout ce qui reste du nuage originel à partir duquel les étoiles des Pléiades se sont formées.

Les nébuleuses obscures

Une nébuleuse de ce type se présente sous la forme d'une tache sombre se découpant sur la luminescence d'un fond étoilé ou d'une nébuleuse à émission. Il s'agit d'un nuage qui ne renferme aucune étoile et qui masque l'objet céleste devant lequel il s'interpose. Tel est notamment le cas de la célèbre nébuleuse Tête de Cheval, située légèrement au sud d'Alnitak, l'étoile la plus orientale du Baudrier d'Orion.

Les très belles nébuleuses NGC 6589 et 6590 du Sagittaire. Les formations rougeâtres de gaz ionisés contrastent avec le bleu éclatant des nébuleuses à réflexion que l'on voit en bas à gauche.

La constellation de la Licorne offre un autre exemple spectaculaire de nébuleuse obscure. Il s'agit de la nébuleuse du Cône, située au sud du grand amas d'étoiles NGC 22674. Cette immense masse de matière se détache sur un fond luminescent où sa silhouette sombre atteint la nébulosité qui entoure les étoiles NGC 2264.

Beaucoup d'autres nébuleuses obscures ont été répertoriées, notamment le célèbre « Sac à charbon » de la Croix du Sud et la nébuleuse Serpent d'Ophiucus. L'astronome américain E. E. Barnard s'était spécialisé dans l'étude des nébuleuses de ce type, dont il a établi un inventaire. C'est pourquoi nombre d'entre elles sont désignées par leur numéro dans le catalogue de Barnard : la Tête de Cheval, par exemple, est B 33.

Les débris stellaires

On distingue deux autres types de nébuleuses, dont la formation correspond à un stade avancé de la vie d'une étoile. Une nébu-

A droite Une nébuleuse à émission (A) est illuminée par le rayonnement d'une étoile très chaude, tandis qu'une nébuleuse obscure (B) masque la lumière des étoiles situées derrière elle. Une nébuleuse à réflexion (C) réfléchit la lumière d'une étoile voisine.

Située à une distance de 5 700 années de lumière, la nébuleuse à émission NGC 6334 du Scorpion renferme aussi des nuages sombres, dont certains sont visibles sur cette photographie.

leuse planétaire se présente sous l'aspect d'une sphère gazeuse entourant une étoile très chaude. Elle s'est formée à partir des couches extérieures de cette étoile, lorsque celle-ci s'est effondrée pour devenir une naine blanche, en projetant dans l'espace une partie de sa matière. Des centaines de nébuleuses planétaires ont été répertoriées, dont beaucoup sont célèbres, comme la nébuleuse Haltère (ou Dumb-Bell) du Petit Renard et la nébuleuse Saturne du Verseau.

D'autres types de débris stellaires sont liés à l'agonie d'étoiles très massives. On a pu observer beaucoup d'explosions de supernovae dans d'autres galaxies, mais quelques-unes seulement dans la nôtre. La plus célèbre fut celle de 1054. Cette gigantesque explosion d'une étoile à la fin de sa vie projeta dans l'espace une quantité considérable de matière, dont une partie des débris a constitué la nébuleuse du Crabe. La plus récente supernova fut 1987a, qui fit pour la première fois son apparition en février 1987, dans le Grand Nuage de Magellan.

Contrairement aux étoiles peu massives, dont la fin est moins spectaculaire, les étoiles très massives disposent d'une telle quantité de matière qu'il s'y déclenche une série de réactions nucléaires. Chacune de ces réactions détermine la fusion des débris de la réaction précédente en un élément plus lourd. Ces réactions en chaîne ne cessent que lorsque la réduction du silicium finit par former un noyau de fer, lequel ne peut fournir le combustible nécessaire à d'autres réactions.

La mort d'une étoile

Le noyau ne cesse de recevoir du fer, issu de la transformation du silicium qui l'entoure. Aussi sa masse augmente-t-elle constamment, et il commence à s'effondrer avec une rapide élévation de sa température. Brusquement, la pression devient si forte que l'effondrement s'interrompt. Aussitôt, les couches extérieures de l'étoile, qui ne sont plus soutenues par des réactions nucléaires, sont précipitées sur le noyau à une vitesse colossale. Leur collision avec le noyau détermine une augmentation de chaleur et de pression considérable qui fait rebondir toute cette matière vers la surface de l'étoile. Au cours de sa remontée, cette onde de choc rencontre une résistance de plus en plus faible, de sorte qu'elle ne cesse d'accélérer. Lorsqu'elle finit par atteindre la surface, les couches extérieures de l'étoile sont projetées dans l'espace en une violente explosion à laquelle on a donné le nom de supernova.

On distingue deux types de supernovae, qui diffèrent par l'origine de leur formation. Les supernovae du type II résultent de l'effondrement d'une étoile très massive tel qu'on vient de le décrire. Les supernovae de type I sont produites par un système binaire comprenant une géante rouge et une naine blanche riche en carbone. La naine blanche « capture » de la matière émanant des confins vaporeux de sa voisine géante, et s'entoure ainsi d'une couche gazeuse de plus en plus épaisse. Sous l'effet de cette accumulation de matière, la masse de la naine blanche finit par devenir supérieure à 1,4 fois celle du Soleil, le carbone se consume et l'étoile est détruite en très peu de temps.

Selon sa masse, le résidu d'une supernova peut se contracter soit en une étoile à neutrons, soit en un trou noir. Les éléments lourds projetés dans l'espace s'incorporent au milieu interstellaire et vont enrichir des nébuleuses qui donnent finalement naissance à des étoiles. Les éléments produits par des étoiles massives et que les explosions de supernovae libèrent dans l'espace peuvent ainsi contribuer à la formation des systèmes planétaires.

A

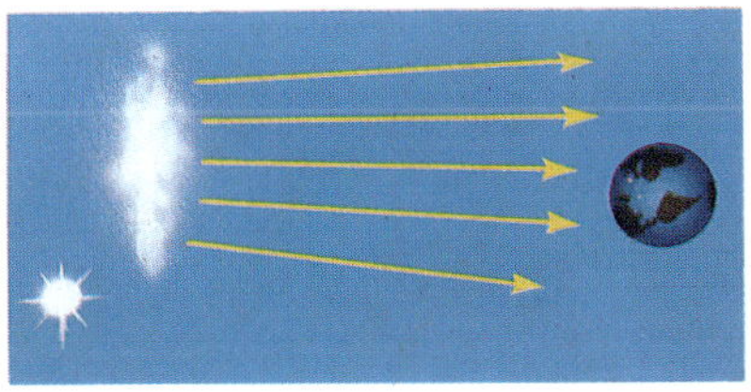

B

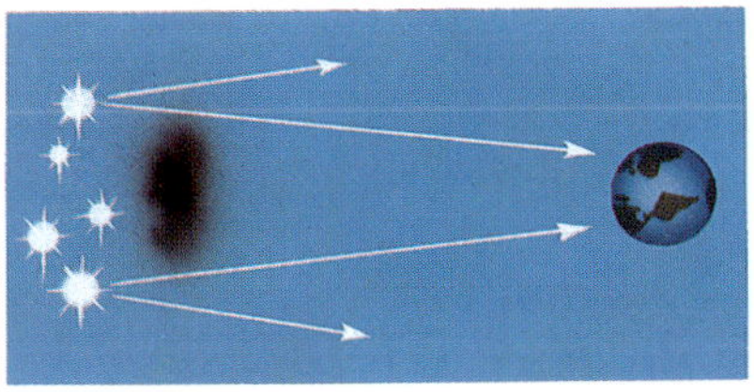

C

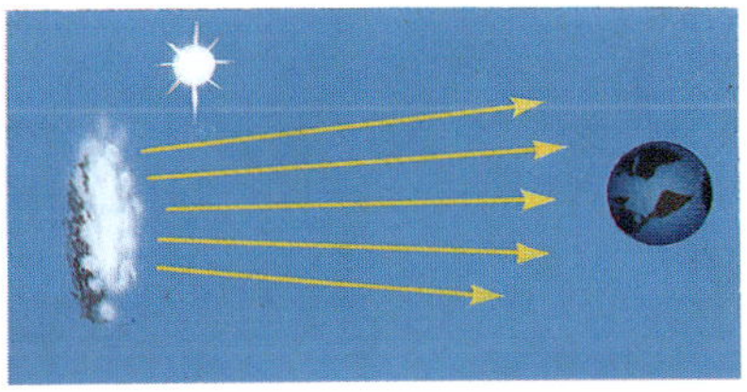

LES AMAS STELLAIRES

Dans beaucoup de régions du ciel apparaissent des concentrations d'étoiles qui forment des petits groupes compacts. Un certain nombre de ces amas stellaires sont visibles à l'œil nu, notamment les Hyades et les Pléiades du Taureau, les amas jumeaux H et Khi de Persée, et la Boîte à bijoux de la Croix du Sud, mais la plupart ne peuvent s'apercevoir qu'avec des jumelles ou un télescope.

Les amas ouverts

On distingue deux principaux types d'amas stellaires, qui se différencient par leur composition, leur forme et leur localisation : les amas ouverts et les amas globulaires. Les premiers sont situés dans les bras spiraux de notre Galaxie, c'est pourquoi on les appelle amas galactiques. Ils sont de forme irrégulière et leur diamètre ne dépasse pas quelques dizaines d'années de lumière. Leur composition est très variable, puisqu'elle peut aller d'une douzaine d'étoiles à des milliers. Il s'agit généralement de jeunes étoiles très chaudes de Population I, telles qu'on en trouve dans tous les bras spiraux de la Galaxie. Ces amas renferment souvent des traces de la nébulosité originelle à partir de laquelle ces étoiles se sont formées.

On a répertorié plus d'un milliers d'amas ouverts, dont les deux plus connus sont les Hyades et les Pléiades. Situé à une distance d'environ 400 années de lumière, l'amas des Pléiades est très jeune : son âge est évalué à environ 20 millions d'années. Toutes les étoiles de ce groupe se sont formées à partir du même nuage interstellaire, dont les vestiges sont encore visibles aux alentours. Cet amas est parfois appelé la Poussinière, ou encore les Sept Sœurs, ce dernier nom étant dû au fait que, à l'œil nu et dans des conditions particulièrement favorables, on peut distinguer tout au plus six ou sept étoiles. Or, il y en a bien davantage. Une simple paire de jumelles permet déjà d'en individualiser au moins une trentaine, et, avec un puissant télescope à large champ optique, on en découvre plusieurs centaines. Les plus récentes observations astronomiques ont révélé que les Pléiades se composaient de plus de 3 000 étoiles.

L'amas des Hyades, situé approximativement à 12° au sud-est des Pléiades, présente l'intérêt d'être le plus proche objet céleste de ce type : sa distance est estimée à environ 145 années de lumière. Ce groupe comprend au moins 400 étoiles, dont un certain nombre ont un très faible éclat, de magnitude 16, avec une luminosité réelle qui représente moins de 2/1 000 de celle du Soleil. Normalement, il n'est guère possible de distinguer des étoiles aussi peu brillantes, mais les Hyades, en raison de leur relative proximité, nous permettent d'étudier ainsi un ensemble diversifié des composantes d'un amas ouvert.

Contrairement aux Pléiades, les Hyades sont des étoiles relativement anciennes, puisqu'on évalue leur âge à plus de 400 millions d'années. Les plus vieux amas ouverts connus sont le riche et compact M 67 du Cancer et l'amas NGC 188 de Céphée, nettement plus dispersé. Formé d'environ 500 étoiles, M 67 est situé à une distance de 2 500 années de lumière, et l'on pense qu'il a près de 10 milliards d'années. L'amas NGC 188 est situé deux fois plus loin que M 67, et son âge est

Ci-dessus Des amas globulaires ont également été observés dans beaucoup d'autres galaxies, notamment dans la galaxie elliptique géante M 87 de la Vierge. M 87 comprend un très grand nombre d'amas globulaires : on en a répertorié plus de 500, sur un total évalué à près de 4 000. Plusieurs sont visibles ici, sous la forme de petites taches floues autour de la galaxie.

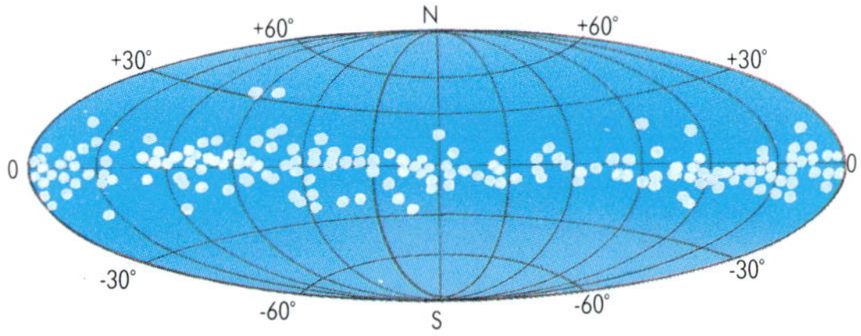

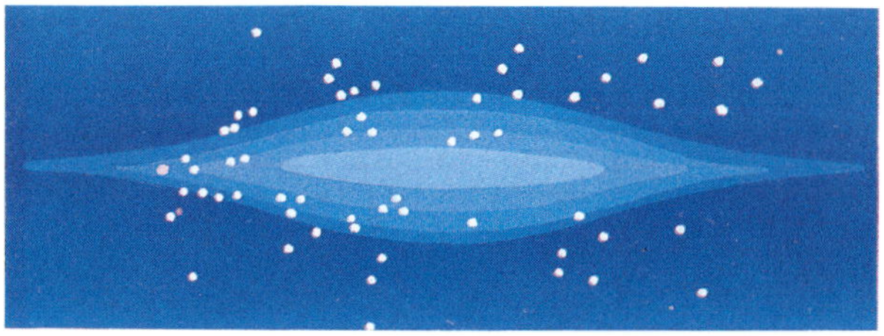

En haut Constitués d'étoiles relativement jeunes, les amas ouverts se situent pour la plupart près du plan galactique.

Ci-dessus Constitués d'étoiles plus anciennes, les amas globulaires se répartissent en un halo qui entoure la galaxie.

A gauche L'amas globulaire NGC 104 du Toucan est l'un des plus beaux objets célestes de ce type que l'on puisse apercevoir, car c'est l'un des plus proches. Situé à une distance de l'ordre de 16 000 années de lumière, il a un diamètre d'environ 210 années de lumière.

estimé entre 12 et 14 milliards d'années. Il s'agit là de deux amas ouverts dont la population stellaire s'apparente davantage à celle des amas globulaires, lesquels sont en général beaucoup plus vieux que leurs équivalents galactiques. Ces deux amas ont également en commun leur éloignement du plan de la Galaxie : 1 500 années de lumière pour M 67 et 1 800 années de lumière pour NGC 188.

Ci-dessus La Boîte à bijoux de la Croix du Sud (NGC 4755) est l'un des plus jeunes amas ouverts connus. Situé dans une région particulièrement riche de la Voie lactée, ce superbe ensemble d'étoiles est l'un des fleurons du ciel austral. 3 500 années de lumière environ nous en séparent.

Les amas globulaires

Les amas globulaires diffèrent des amas ouverts non seulement par leur forme et leurs dimensions, mais aussi par leur répartition. Comme leur nom l'indique, il s'agit de regroupements d'aspect sphérique, qui comprennent des centaines de milliers d'étoiles. Celles-ci composent un ensemble suffisamment compact pour y déterminer une puissante attraction gravitationnelle qui les empêche de se disperser, en conservant ainsi à ce type d'amas sa forme caractéristique.

Tandis que les amas ouverts se situent dans les bras spiraux de la Galaxie et gravitent autour du centre galactique selon des trajectoires à peu près circulaires, les amas globulaires se répartissent en un vaste halo sphérique qui entoure la Galaxie, et ils gravitent autour du centre galactique selon des orbites excentriques à forte inclinaison. On en a répertorié environ 200, dont beaucoup sont concentrés près du centre de notre Galaxie. Leur diamètre peut aller de quelques dizaines d'années de lumière à plusieurs centaines. Ils se composent de vieilles étoiles de Population II, du type de celles qu'on trouve dans les noyaux galactiques.

Comme leurs équivalents galactiques, un certain nombre d'amas globulaires sont visibles à l'œil nu. Les deux plus brillants, Oméga Centauri et NGC 104, sont situés dans le ciel austral. Beaucoup considèrent Oméga Centauri comme le plus beau spécimen d'amas globulaire. Situé à une distance d'environ 17 000 années de lumière, il fut signalé pour la première fois par l'astronome grec Ptolémée, au IIᵉ siècle de notre ère. NGC 104, que l'on appelle également 47 Toucan, est lui aussi un superbe amas globulaire, situé juste à l'ouest du Petit Nuage de Magellan.

Le plus beau spécimen d'amas globulaire de l'hémisphère boréal est M 13, de la constellation d'Hercule. Dans de parfaites conditions de visibilité, on peut l'apercevoir à l'œil nu, sous l'aspect d'une petite tache lumineuse sphérique. Situé à une distance légèrement supérieure à 20 000 années de lumière, son diamètre apparent est à peu près le même que celui de 47 Toucan.

NOTRE GALAXIE

Le Soleil n'est que l'une des quelque 100 milliards d'étoiles du vaste système spiral qui constitue notre Galaxie. Celle-ci comprend en outre d'énormes concentrations de gaz et de poussière interstellaires dispersées dans l'ensemble de ses bras spiraux, là où de nouvelles étoiles sont constamment en formation.

Notre Galaxie comprend trois grandes régions : le bulbe central, le disque et le halo. Les bras spiraux qui rayonnent à partir du bulbe sont, en partant du centre : les bras de la Règle, du Sagittaire, d'Orion et de Persée. Le système solaire se situe dans le disque, entre le bras d'Orion et celui de Persée, à environ 30 000 années de lumière du centre galactique.

Bien que les limites extérieures du disque galactique ne puissent être déterminées avec précision, on estime que son diamètre est de l'ordre de 100 000 années de lumière, avec une épaisseur moyenne d'environ 3 000 années de lumière. Les étoiles situées à l'intérieur du disque gravitent autour du centre selon des trajectoires à peu près circulaires, les plus proches du centre ayant une période orbitale moins longue que les plus éloignées. Il faut environ 225 millions d'années (une année cosmique) au Soleil pour achever sa révolution orbitale.

De nombreuses autres galaxies sont beaucoup plus grandes que la nôtre, notamment la galaxie spirale d'Andromède, qui fait également partie du Groupe local. Il en existe des milliards dans l'ensemble de l'univers. (Signalons que seule notre Galaxie s'écrit avec un G majuscule.)

La Voie lactée

Le ciel nocturne est traversé par un immense ruban lumineux formé par la juxtaposition d'innombrables étoiles : la Voie lactée. On le trouve dans les légendes du monde entier : chez les Grecs et les Arabes, comme chez les Chinois et les Indiens d'Amérique. D'ailleurs, les noms qui lui ont été attribués sont révélateurs des croyances qui s'y attachent : Fleuve céleste, Voie du Ciel, Chemin de l'au-delà... Grâce à sa lunette, Galilée fut le premier à pouvoir établir avec certitude qu'il s'agissait d'un vaste ensemble d'étoiles, ce que Pythagore et Démocrite avaient déjà soupçonné il y a plus de 2 000 ans.

La Voie lactée n'est pas un ensemble homogène, comme on peut le constater à l'œil nu. Ses régions les plus brillantes sont celles du Cygne et de l'Aigle dans l'hémisphère Nord, et celles du Scorpion et du Sagittaire dans l'hémisphère Sud. Ses zones les plus faibles se trouvent dans la Licorne, où elles contrastent avec les scintillantes concentrations d'étoiles du Sagittaire. La largeur de la Voie lactée est très variable : elle est en moyenne de 15°, mais atteint 30° en certains endroits. Son plan est incliné d'un peu plus de 60° sur l'écliptique ; il passe par Cassiopée et à proximité d'Alpha Crucis, les deux points où il se rapproche jusqu'à 27° des pôles célestes Nord et Sud.

Vue en coupe de notre Galaxie. La flèche indique l'emplacement du Soleil, à environ 30 000 années de lumière du centre.

Deux divisions de la Voie lactée sont nettement visibles : l'une dans la constellation des Voiles, près de la brillante étoile Canopus ; l'autre, plus longue, s'étend entre les constellations du Cygne et de l'Aigle. Cette division Cygne-Aigle est parfois désignée sous le nom de Grand Rift. Une autre rupture spectaculaire du champ lumineux de la Voie lactée se trouve dans la Croix du Sud : c'est le Sac à charbon, un nuage sombre de gaz et de poussières qui masque la lumière des étoiles situées à l'arrière-plan, donnant ainsi l'impression d'un trou dans le ciel. Ces interruptions de la Voie lactée sont dues, en réalité, à la présence de nébuleuses obscures qui interfèrent entre les étoiles et nous.

Le centre galactique

Contrairement au disque galactique, dont les bras spiraux sont formés d'étoiles jeunes, dites de Population I, le bulbe central se compose d'étoiles beaucoup plus vieilles, de Population II. Les régions centrales de la Galaxie renferment aussi un peu de gaz et de poussières interstellaires. Le bulbe central a un diamètre d'environ 20 000 années de lumière et son épaisseur est de l'ordre de 10 000 années de lumière.

Le centre de la Galaxie se situe dans la direction du Sagittaire, mais il est invisible aux longueurs d'onde optiques, du fait de l'absorption produite par les gaz et les poussières le long du plan galactique. Les observations radioastronomiques et aux infrarouges ont toutefois permis d'étudier la structure générale de ces régions, et l'on a pu déterminer que le centre de la Galaxie coïncide avec la puissante radiosource Sagittaire A. Il s'agit de la première source céleste d'ondes radio que l'on ait découverte : elle fut détectée au tout début des années 30, par Karl Jansky.

Quant au halo, c'est un énorme nuage sphérique d'étoiles qui entoure complètement la Galaxie. Comme le bulbe central, il se compose de vieilles étoiles de Population II, dont la plupart se concentrent en amas globulaires qui gravitent autour du centre selon des trajectoires elliptiques.

A gauche La Voie lactée dans le Scorpion, avec les deux amas ouverts M6 (NGC 6405) et, au-dessous, M7 (NGC 6475), nettement visibles vers la gauche. Les deux brillantes nébuleuses à émission du centre sont NGC 6357 (à gauche) et NGC 6334, celle que l'on aperçoit près du bord droit de la photographie étant IC 4628. On peut voir aussi, juste à droite (au sud) de IC 4628, le bel amas ouvert NGC 6231 et, au sud de celui-ci, l'étoile double Zêta Scorpii, visible à l'œil nu. La composante la plus brillante est Zêta 2, une sous-géante orange de magnitude 3,6, dont la couleur contraste avec le blanc bleuté de Zêta 1, une supergéante de magnitude 4,8.

A gauche Sur cette photographie (le nord étant en haut), la Voie lactée traverse la Croix du Sud, que l'on voit juste à gauche du centre. On distingue la nébuleuse du Sac à charbon, en bas à gauche de la constellation, et Bêta Centauri, l'étoile brillante située vers le bas, à gauche de l'image. A droite de la photographie se trouve Eta Carina (NGC 3372), la nébuleuse à émission la plus lumineuse de la Voie lactée. A peu près à mi-chemin entre l'extrémité méridionale de la Croix du Sud et NGC 3372 apparaissent les zones de nébulosité qui entourent l'amas ouvert IC 2948.

LES AUTRES GALAXIES

Aussi loin que puissent porter nos observations au-delà de notre système galactique, l'univers apparaît peuplé d'un nombre infini de galaxies. Leur diamètre varie de quelques milliers d'années de lumière à plus de 100 000, et chacune d'entre elles se compose de milliards d'étoiles.

Les différents types de galaxies

Les galaxies peuvent prendre divers aspects, dont la forme en spirale de la nôtre n'est qu'un exemple. On trouve également des spirales barrées, dont les bras spiraux partent des extrémités d'une barre qui traverse la galaxie. Quant aux galaxies elliptiques, ce sont les plus nombreuses. Elles sont dépourvues de bras et, comme leur nom l'indique, leur forme est celle d'une ellipse.

Composées, en général, de vieilles étoiles, froides et massives, auxquelles s'ajoute un peu de matière stellaire, elles ressemblent sur beaucoup de points à d'énormes amas globulaires. Ces trois principaux types de galaxies comportent eux-mêmes des subdivisions : les spirales et les spirales barrées peuvent avoir des bras étroitement enroulés autour d'un petit ou d'un gros bulbe central, ou présenter des enroulements beaucoup moins serrés autour d'un centre très petit, et les elliptiques varier de forme, depuis les presque sphériques jusqu'aux très aplaties.

On distingue encore deux autres catégories de galaxies : les irrégulières, dont les étoiles se répartissent sans forme définie, et les lenticulaires, qui ressemblent au centre aplati d'une galaxie spirale qui aurait perdu ses bras.

L'évolution des galaxies

Il semble que les galaxies spirales et les elliptiques soient l'aboutissement d'évolutions différentes. Toutes ont pour origine la condensation de vastes amas localisés de matière relativement dense peu de temps après le Big Bang. Les galaxies elliptiques se sont formées très rapidement, en épuisant la totalité de la matière présente pour en faire des étoiles.

La formation des galaxies spirales est différente. Leur bulbe central s'est sans doute constitué de la même façon que celui

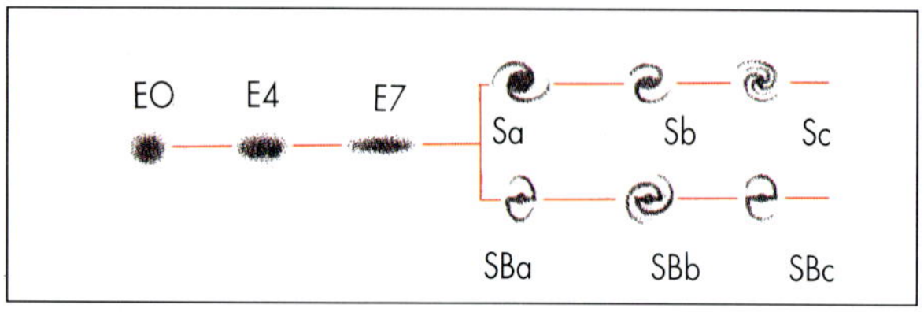

Ci-dessus Le système de classification élaboré par Edwin Hubble répartit les galaxies en trois catégories : ellipses (E0 et E7), spirales (Sa, Sb ou Sc) et spirales barrées (SBa, SBb ou SBc).

Ci-dessus La grande galaxie spirale M 83 (NGC 5326) de l'Hydre est l'une des plus brillantes du ciel. Située à une distance d'environ 10 millions d'années de lumière, M 83 a un petit noyau très brillant d'où rayonnent des bras nettement dessinés, renfermant de nombreuses étoiles géantes, une nébulosité très lumineuse et d'importantes traînées de poussières obscures.

des elliptiques, par transformation de matière interstellaire en étoiles. Mais, ensuite, un disque de matière excédentaire s'est accumulé autour de ce noyau. Quant au processus de formation des bras spiraux, il n'est, à ce jour, pas encore complètement élucidé.

On sait seulement que ceux-ci ne peuvent exister par eux-mêmes. Si tel avait été le cas, ils se seraient fragmentés, tôt ou tard, en tournant autour du centre de leur galaxie. Il s'agit donc d'ondes de densité, produites par l'interaction gravitationnelle des étoiles composant le disque galactique. Ces ondes provoquent des contractions de gaz et de poussières au sein du disque, et ces régions de densité accrue finissent par s'effondrer en formant de nouvelles étoiles. Celles-ci illuminent les nuages de gaz et de poussières environnants, ce qui se manifeste sous l'aspect de bras spiraux dans les zones récemment traversées par les ondes de densité. Une grande quantité d'étoiles peuplent néanmoins les régions situées entre les bras de ces galaxies.

Les galaxies émettent continuellement des impulsions radio, essentiellement produites par leurs gaz interstellaires. La longueur d'onde de ces émissions varie selon chaque type d'atomes. L'hydrogène, par exemple, produit des émissions radio dont la longueur d'onde est de 21 centimètres. En réglant leurs récepteurs sur cette fréquence, les astronomes sont ainsi en mesure de localiser les nuages d'hydrogène de notre Galaxie ou d'une autre. Les émissions radio des galaxies ordinaires

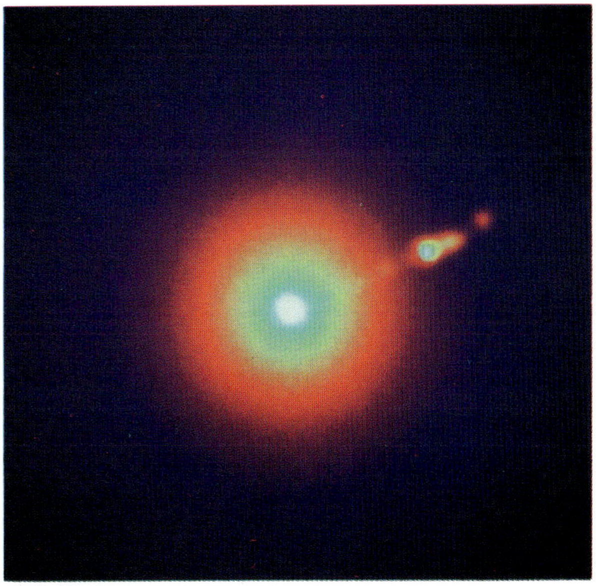

Ci-dessus Une projection de matière incandescente est ici émise par la galaxie elliptique M 87 (NGC 4486). On pense que ce phénomène provient du noyau extrêmement actif, où l'on soupçonne la présence d'un trou noir.

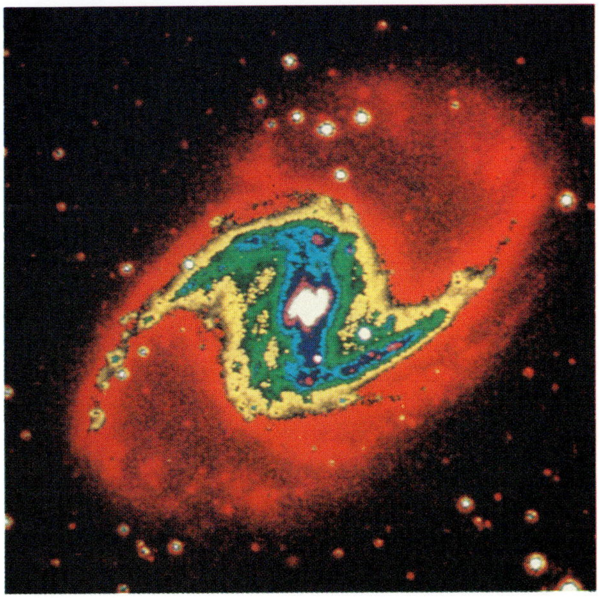

Ci-dessus Cette photographie retouchée détaille la structure de NGC 1365, un superbe exemple de galaxie en spirale barrée. On distingue parfaitement, sur ce cliché, la barre qui traverse toute la partie centrale de la galaxie, de bas en haut.

proviennent de régions qui sont à la portée des moyens d'observation optiques.

Les radiogalaxies

Bien différentes sont les émissions radio provenant de ce que l'on appelle des radiogalaxies, car leur intensité dépasse de très loin l'énergie émise par les galaxies ordinaires. Toutes ces radiogalaxies ont un aspect elliptique. Leur émission radio émane d'électrons soumis à une accélération très forte et provient de deux énormes lobes, disposés symétriquement à l'extérieur de la galaxie elle-même. Ces lobes semblent être le résultat d'une explosion qui les aurait éjectés de de la galaxie. La radiogalaxie Centaurus A (NGC 5128) en est un exemple type. Située à près de 15 millions d'années de lumière, c'est la plus proche de nous et la plus étudiée. Ses lobes s'étendent jusqu'à 1,5 année de lumière de son centre.

Les galaxies de Seyfert

Les galaxies de Seyfert sont des galaxies spirales aux bras peu développés, et à petit noyau très brillant d'aspect quasi stellaire. Leur émission radio est relativement puissante par rapport à celles des galaxies ordinaires. Elles produisent d'importants rayonnements dans l'infrarouge et l'ultraviolet, et sont parfois des sources très intenses de rayons X.

La spirale M 77 (NGC 1068) de la Baleine est un bon exemple de galaxie de Seyfert. Les observations ont révélé dans les régions centrales de ce système la présence de nuages de gaz se déplaçant à plusieurs centaines de kilomètres par seconde. On suppose que ces nuages ont été éjectés de la zone nucléaire, et leur masse est estimée à plusieurs millions de fois celle du Soleil. La vitesse considérable de ces nuages pourrait être due à l'influence gravitationnelle d'un objet massif situé au centre de la galaxie, un trou noir par exemple, lequel serait la source d'énergie de tout le noyau galactique.

LES AMAS GALACTIQUES

Les galaxies ont tendance, pour la majorité d'entre elles, à se regrouper en amas, immenses assemblages d'univers s'organisant sous l'influence gravitationnelle d'un ou de plusieurs membres dominants. Le Groupe local, dont fait partie notre Galaxie, en est un bon exemple. Il réunit deux douzaines de galaxies réparties sur quelques millions d'années de lumière. Les trois principaux membres du Groupe local sont la Voie lactée, la spirale d'Andromède (M 31) et la spirale du Triangle (M 33), la plupart des autres étant des galaxies naines de type elliptique. La Voie lactée et la spirale d'Andromède occupent chacune le centre d'un sous-groupe galactique. Les deux Nuages de Magellan sont des satellites de la Voie lactée, tandis que de nombreuses petites galaxies tournent en orbite autour de la spirale d'Andromède.

Le fait que des galaxies se répartissent à peu près dans la même direction ne signifie pas obligatoirement qu'elles sont associées. Pour le savoir, il faut déterminer leur distance.

Dans la constellation de Pégase se trouve un groupe de galaxies qui se répartissent approximativement dans la même direction. Il s'agit du Quintette de Stephan, qui comprend NGC 7317, NGC 7318a et 7318b, NGC 7319 et NGC 7320. Or, le spectre de cette dernière présente un décalage vers le rouge beaucoup plus réduit que chez ses voisines. Cela voudrait dire qu'elle est beaucoup plus proche de nous (voir p. 62) et ne fait donc pas partie de ce groupe. Pourtant, les observations photographiques semblent bien prouver que NGC 7320 est reliée à ses voisines par des flux gazeux. A l'évidence, on ne saurait être trop prudent quant à l'interprétation de ce décalage spectral vers le rouge.

Le groupe de galaxies le plus proche du nôtre est celui du Sculpteur, qui se situe à une distance à peine inférieure à 8 millions d'années de lumière. Le membre dominant en est la grande spirale NGC 253, que découvrit Caroline Herschel, en 1783. Beaucoup d'autres membres du groupe du Sculpteur sont de grandes spirales de faible luminosité.

A peine plus éloigné de nous, le groupe Grande Ourse-Girafe se compose d'une douzaine de membres. Ceux-ci se concentrent autour de la superbe galaxie spirale M 81 et de M 82, dont la forme insolite attire particulièrement l'attention, toutes deux découvertes par Johann Bode, en 1774.

Un groupe de galaxies est toujours dominé par l'influence gravitationnelle de ses principaux membres. Il semble, en tout cas, que les naines qui en font partie n'aient guère d'influence, sinon aucune, sur l'ensemble de leur structure et sur leur évolution.

Les grands amas galactiques

Beaucoup plus importants que les regroupements évoqués ci-dessus, les véritables amas galactiques rassemblent des centaines, voire des milliers de galaxies. Tel est le cas de l'amas de la Vierge, situé à une distance de 40 à 70 années de lumière. Les observations photographiques n'ont permis d'en identifier qu'environ 2 000 membres, mais la population de cet amas est sans doute beaucoup plus importante, si l'on tient compte du fait que les galaxies naines, trop faibles pour être décelables, y sont majoritaires, comme c'est le cas dans le Groupe local.

Le Groupe local se compose d'environ deux douzaines de galaxies, dont deux sont visibles ici. Le Grand Nuage de Magellan (à gauche) et le Petit Nuage de Magellan (à droite) sont deux systèmes nains irréguliers qui gravitent autour de notre Galaxie. Ils doivent leur nom au navigateur portugais Fernand de Magellan, qui fut le premier à en faire la description au cours de sa circumnavigation du globe, en 1519.

L'amas de la Vierge est souvent appelé amas Virgo-Coma, car il se situe à peu près à la frontière de la Vierge et de la Chevelure (*Coma* en latin) de Bérénice, ses membres se répartissant plus ou moins entre ces deux constellations. Cet amas renferme notamment la galaxie elliptique géante M 87 (NGC 4486). C'est l'une des galaxies les plus massives que l'on connaisse, et sa luminosité est supérieure à celle de la spirale d'Andromède. Encore plus grand que l'amas de la Vierge, l'amas Coma est distant de 350 années de lumière. Il comprend des milliers de membres, dominés par les deux galaxies géantes NGC 4874 et NGC 4889. Chacune de ces géantes, dont le diamètre est d'environ 2 millions d'années de lumière, est entourée par un très grand nombre de galaxies de dimensions plus normales.

Les superamas

L'amas de la Vierge occupe le centre d'un vaste ensemble de galaxies, le superamas local, dont le diamètre est de l'ordre de 100 millions d'années de lumière. On y trouve de nombreux groupes de galaxies, dont fait partie le Groupe local, situé à sa périphérie, ainsi que des galaxies solitaires, dispersées entre les principaux groupes.

Des dizaines d'autres superamas ont été répertoriés. Chacun se compose de nombreux amas plus petits, éparpillés dans des régions de l'espace qui se mesurent en dizaines de millions d'années de lumière. C'est le cas, par exemple, des vastes ensembles d'Hercule et de Persée. Le superamas de la Vierge n'est formé que d'un seul amas très dense, celui de la Vierge. Les autres en renferment généralement davantage.

De même que les étoiles sont les éléments constitutifs des galaxies, celles-ci sont elles-mêmes, avec les amas et les superamas, les constituants essentiels de l'univers dans son ensemble.

A gauche Image à effet optique de l'amas galactique Pavo 5 du Paon. Les teintes correspondent à un code de couleurs établi en fonction de l'intensité lumineuse de cet amas. Les sources les plus intenses, vers le centre des galaxies, présentent une dominante rose. Les moins intenses sont bleues et coïncident avec les formations gazeuses diffuses qui entourent les galaxies.

Ci-dessous Le Groupe local se compose de 20 à 30 galaxies, dont la nôtre est l'une des plus vastes. Les plus proches sont le Grand Nuage et le Petit Nuage de Magellan. Le Groupe local n'a pas de centre apparent, mais il est dominé par deux amas principaux, dont l'un s'organise autour de notre Galaxie et l'autre autour de la spirale d'Andromède. Le disque bleu de ce schéma est centré sur le plan de notre Galaxie, au-dessus et au-dessous de laquelle des lignes indiquent la position d'autres galaxies du Groupe local.

Ci-dessous Abell 1060, un amas galactique à rayons X de la Balance. Situé à 200 millions d'années de lumière, cet amas est dominé par les deux galaxies elliptiques que l'on voit au milieu de cette photographie. Les satellites d'observation ont détecté des rayons X en provenance de cet amas, et dont l'origine pourrait être les gaz très chauds qui remplissent l'espace intergalactique. On pense que la grande galaxie spirale NGC 3312 (sur la gauche) perdrait une partie de sa matière en traversant les formations gazeuses avoisinantes.

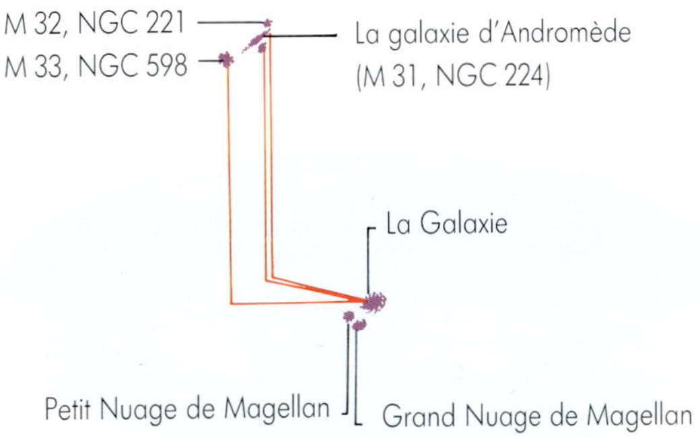

L'UNIVERS EN EXPANSION

L'univers est né d'une gigantesque explosion primordiale, et les galaxies sont les débris de cette explosion qui les a projetés à travers l'espace où ils poursuivent leur course. Tel est le scénario que retient la cosmologie actuelle.

Le spectre d'une galaxie correspond à la combinaison du spectre de toutes les étoiles dont cette galaxie se compose, mais les principales raies spectrales sont identifiables, et chez toutes les galaxies, à l'exception de nos proches voisines du Groupe local, on décèle la présence d'un décalage vers le rouge. Cela signifie que toutes ces galaxies s'éloignent de nous et que l'univers est en expansion.

On a découvert, par ailleurs, que le décalage vers le rouge des galaxies les plus éloignées est plus accentué que celui des plus proches, ce qui implique une vitesse de fuite nettement supérieure. L'astronome américain Edwin Hubble fut le premier à mettre en évidence ce rapport de proportionnalité entre la distance et la vitesse de récession.

La théorie du Big Bang

Bien des théories ont été proposées pour expliquer la formation de l'univers. L'idée d'une explosion originelle fut avancée pour la première fois en 1927, par un mathématicien belge, l'abbé Georges Lemaître. Des astronomes la reprirent ensuite à leur compte, et la développèrent en lui donnant le nom de théorie du Big Bang. En 1946, George Gamow émit l'hypothèse que les éléments chimiques s'étaient tous formés à partir de l'hydrogène présent dans les minutes qui suivirent l'explosion originelle.

En 1965, Arno Penzias et Robert Wilson firent une découverte qui confirmait que le stade initial de la formation de l'univers avait été marqué par une température et une densité extrêmement fortes. En cherchant à localiser des émissions radio extérieures au plan principal de notre Galaxie, ils détectèrent un rayonnement radio qui semblait se diffuser uniformément à travers le ciel : quel que fût le point de l'espace vers lequel ils orientaient leur antenne, ce rayonnement demeurait sensible. On pense aujourd'hui qu'il s'agit d'une sorte de rayonnement fossile correspondant au vestige refroidi du rayonnement cosmique produit par le Big Bang.

Les quasars

Au début des années 60, la recherche d'astres lointains conduisit à la découverte d'objets qui, d'après leurs caractéristiques radio, paraissaient se situer à des distances considérables. Leur identification optique, effectuée par comparaison avec des photographies prises à l'aide du télescope du mont Palomar, laissa supposer, dans un premier temps, que l'on avait affaire à des étoiles bleues faisant partie de la Voie lactée. Toutefois, lorsqu'on examina le spectre d'un de ces objets, désigné par la codification 3C 273 (273e objet du 3e catalogue des radiosources de Cambridge), on y découvrit un très important décalage vers le rouge. L'étude du spectre d'autres spécimens du même type révéla qu'il s'agissait en réalité d'une classe tout à fait nouvelle d'objets, dont beaucoup s'avérèrent avoir une vitesse de récession atteignant la moitié de la vitesse de la lumière !

A Holmdel, dans le New Jersey, cette antenne de 15 mètres de long des Bell Laboratories permit à Arno Penzias et à Robert Wilson de détecter pour la première fois le rayonnement cosmique du fond du ciel.

Ces objets furent appelés « quasars », une abréviation de l'anglais *quasi-stellar objects*. Se fondant sur le rapport vitesse de récession/distance, auquel sont soumises les galaxies, la plupart des théoriciens considèrent que ces objets sont très éloignés. Ce sont les objets les plus lumineux de l'univers. En dépit de leur éloignement considérable, ils ont une magnitude relativement élevée, certains émettant même davantage de lumière que notre Galaxie ! Pourtant, les observations révèlent que leur diamètre est très réduit — il est inférieur à une année de lumière. Comment ces objets sont ils capables de diffuser une telle quantité d'énergie ? Les astronomes se perdent en conjectures. Il semblerait néanmoins que ces quasars soient les noyaux de galaxies très actives, et il n'est pas exclu qu'ils soient alimentés en énergie par des trous noirs.

Le plus lointain répertorié à ce jour est Q0000-26, situé entre le Sculpteur et la Baleine. La lumière de cet objet de magnitude 17,5 a été émise tandis que l'univers n'en était qu'à environ 10 p. cent de son âge actuel. L'étude de ce quasar, ou d'autres aussi éloignés, offre aux astronomes une vertigineuse remontée dans le temps, jusqu'à une époque correspondant à peu près à 2 milliards d'années après le Big Bang.

Ce type d'observation a toutefois ses limites. Q0000-26 s'éloigne de nous à une vitesse qui est d'environ 93 p. cent de celle de la lumière. Or, à partir du moment où un tel objet finit par atteindre la vitesse de la lumière, il échappe au cadre de l'univers observable et nous devient à jamais invisible.

A droite Image radio du quasar 3C 273. Les zones de plus forte intensité radio sont en rouge, suivies, en ordre décroissant, par le jaune, le vert et le bleu. L'aspect allongé de 3C 273 est dû à l'énergie émise par les deux lobes radio situés de chaque côté du quasar.

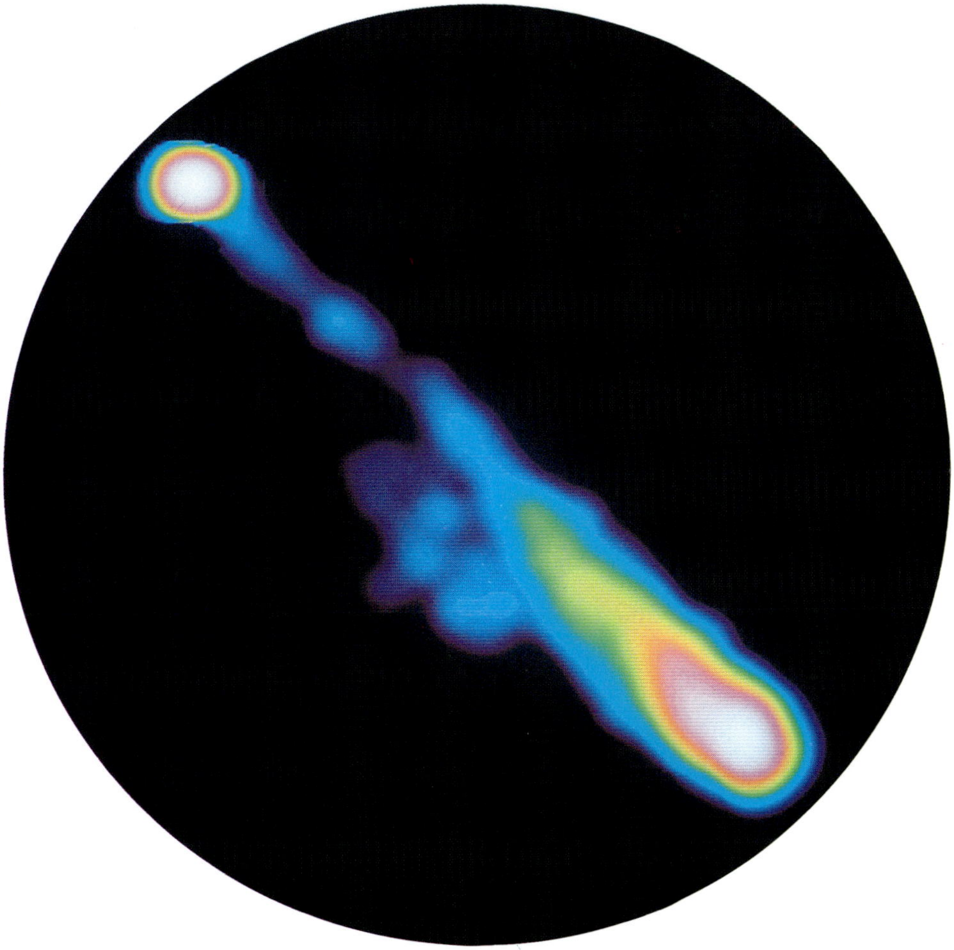

Ci-dessous Tableau comparatif du spectre et de la vitesse de récession de cinq galaxies photographiées à la même échelle et présentées (de haut en bas) par ordre croissant de leur distance. Leur spectre (à droite) renferme d'importantes raies de calcium, dont le décalage vers le rouge est d'autant plus grand que la galaxie est éloignée. La vitesse de récession (en km/s) se calcule en fonction de l'importance de ce décalage.

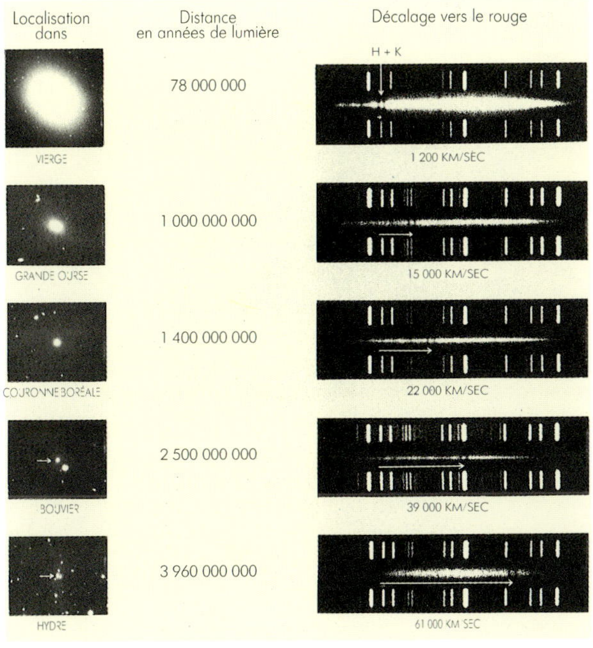

Le destin de l'univers

On a émis l'hypothèse que l'univers pourrait être assujetti à un système oscillatoire. L'expansion à laquelle nous assistons actuellement devrait cesser un jour, et l'univers devrait alors s'effondrer sur lui-même. Cette contraction déboucherait sur un autre Big Bang, suivi par une nouvelle expansion. Selon cette théorie, ce cycle recommencerait à peu près tous les 80 milliards d'années.

Toutefois, le principal obstacle auquel se heurte cette idée tient au fait que, pour mettre un terme à l'expansion, il faut une force de gravité capable de vaincre l'élan récessif des galaxies. Or, la densité moyenne de la matière dans l'univers ne semble pas assez puissante pour déterminer une contraction gravitationnelle.

Beaucoup d'astronomes pensent, toutefois, que d'énormes quantités de matière invisible sont répandues dans l'espace et que l'on n'a pas encore été en mesure de les découvrir. Si une telle masse de matière existe bien, il est alors parfaitement envisageable que la gravité prenne le dessus et puisse mettre un terme à l'expansion de l'univers.

LES MOUVEMENTS DE LA TERRE

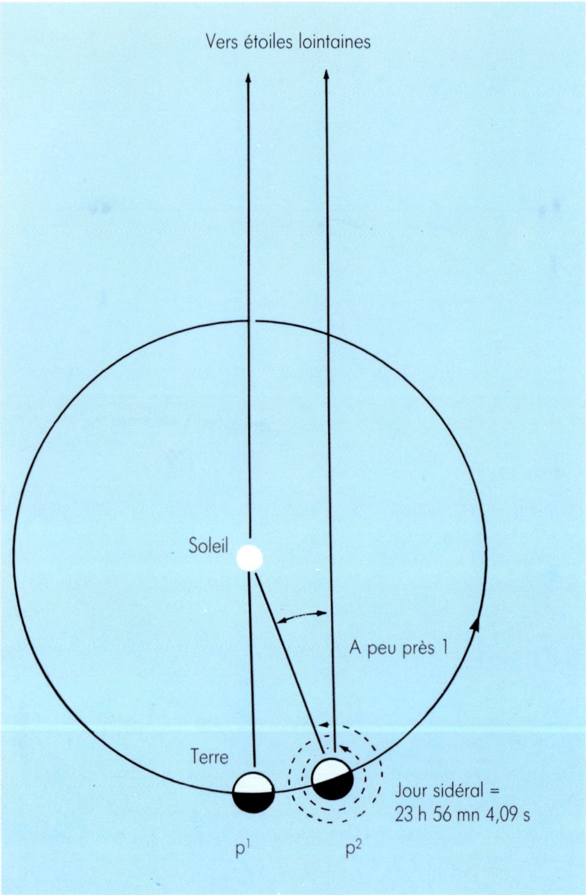

A gauche
Pour les astronomes, le mot « jour » a deux significations. Un jour *sidéral* est l'intervalle qui sépare deux passages consécutifs d'un même point de la Terre au méridien d'une étoile. Il correspond à la période réelle de rotation de la Terre (23 h 56 mn 4,09 s). Un jour *solaire* est ce même intervalle, mais par rapport au Soleil. Or, en cours d'année, le Soleil semble se déplacer dans le ciel par rapport aux étoiles de l'arrière-plan. Ce déplacement est de 1° par jour. Aussi le jour solaire est-il légèrement plus long que le jour sidéral. Toutefois, le mouvement du Soleil dans le ciel n'est pas uniforme, et cela pour deux raisons : la Terre ayant une orbite elliptique, sa vitesse orbitale n'est pas uniforme, et, le Soleil se déplaçant lui-même en suivant l'équateur elliptique plutôt que l'équateur céleste, il en résulte des variations de son mouvement angulaire en ascension droite.

Ci-dessous Le rythme des saisons n'est pas déterminé par les légères variations de distance entre la Terre et le Soleil, mais par l'inclinaison de l'axe de la Terre par rapport au plan de son orbite autour du Soleil. En juin, l'hémisphère Nord est incliné vers le Soleil : pour un habitant de cet hémisphère, le Soleil apparaît plus haut dans le ciel à midi qu'il ne le sera en décembre, quand l'hémisphère Nord est incliné dans la direction opposée au Soleil. De ce fait, les jours sont plus longs en juin qu'en décembre, parce que le Soleil reste plus longtemps dans le ciel. En mars et en septembre, les jours et les nuits ont à peu près la même durée, car le Soleil se trouve à la verticale de l'équateur.

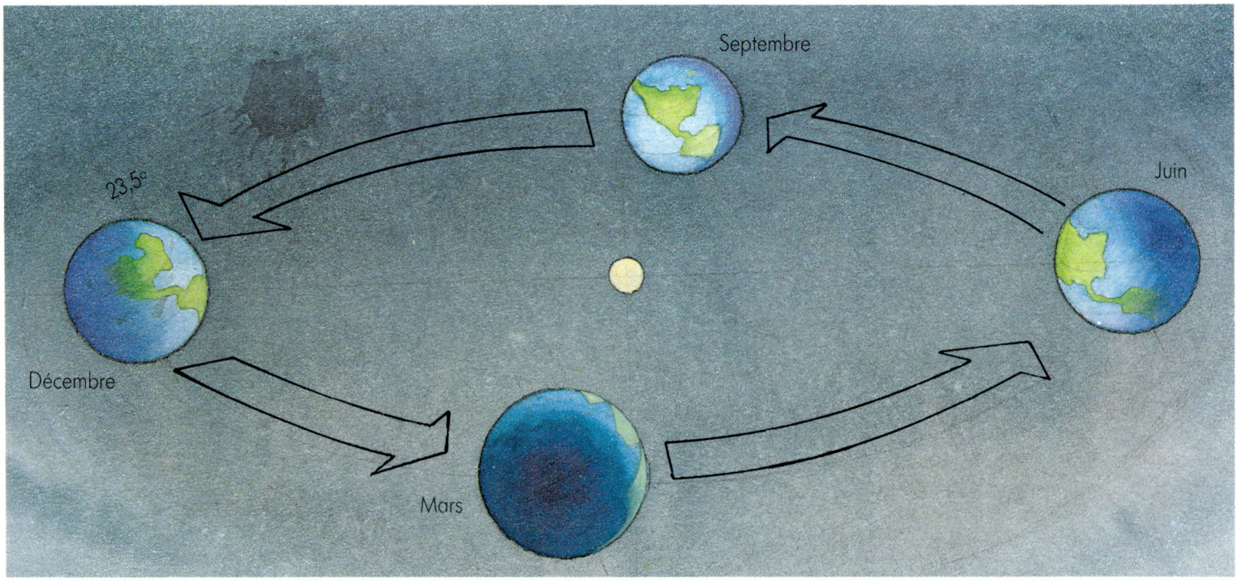

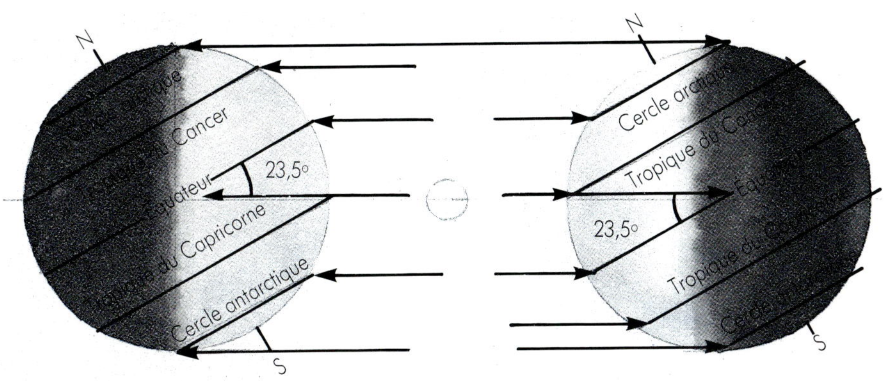

A gauche L'inclinaison maximale de l'axe de la Terre est de 23,5° et les latitudes les plus élevées où le Soleil peut être vu à la verticale sont 23,5° N (tropique du Cancer) ou 23,5° S (tropique du Capricorne). Les cercles polaires se situent à 23,5° des pôles ; ils délimitent des régions qui connaissent des jours ou des nuits de 24 heures aux solstices.

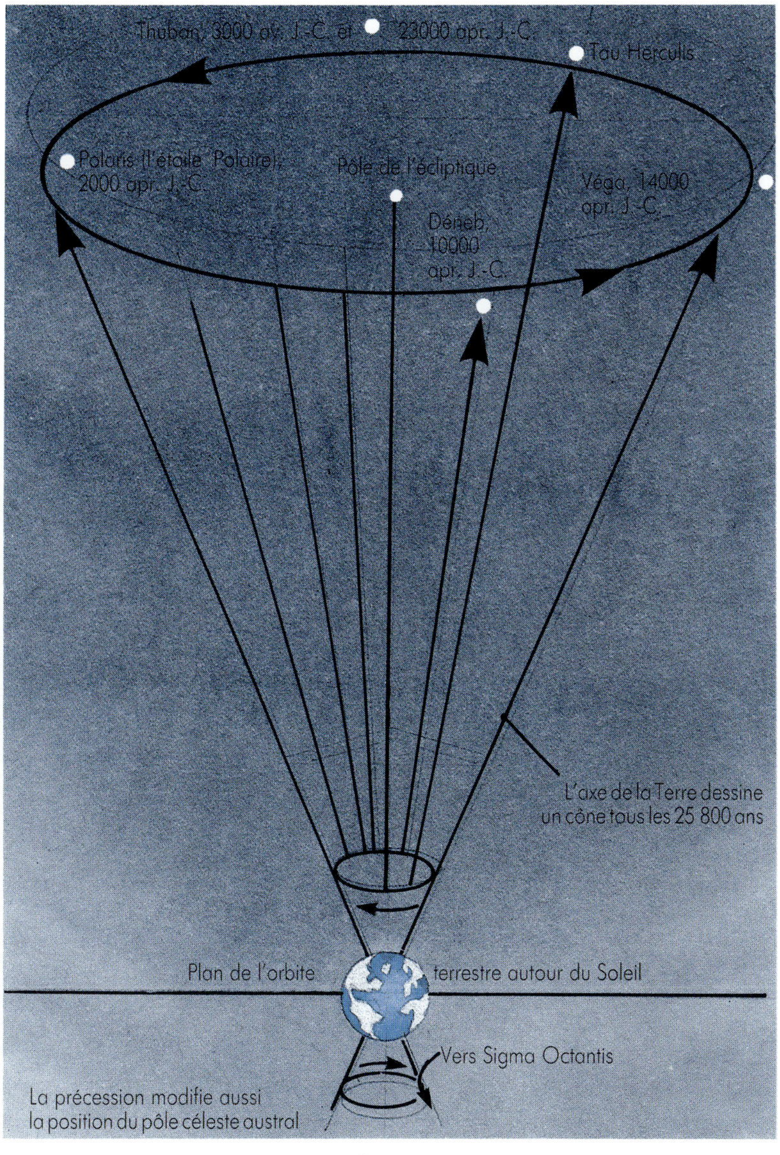

A gauche Si l'on projette l'axe de la Terre dans l'espace, il traverse la sphère céleste en deux points situés directement au-dessus des pôles célestes. Actuellement, la position du PCB (pôle céleste boréal) se situe à moins de 1° de l'étoile Polaire (Polaris) et celle du PCA (austral) à environ 1° de Sigma Octantis. Mais, sous l'effet des forces que le Soleil et la Lune exercent sur le renflement équatorial de la Terre, l'axe de celle-ci est soumis à une oscillation conique semblable au mouvement d'une toupie. Ce phénomène, appelé précession, a pour conséquence que les pôles célestes changent constamment de position. Chaque rotation de l'axe de la Terre s'accomplit en 25 800 ans, au cours desquels chacun des deux pôles célestes décrit un cercle dans le ciel, selon une trajectoire qui demeure à la verticale du centre de l'orbite terrestre autour du Soleil. Vers 2500 av. J.-C., le PCB se situait près de Thuban (Alpha du Dragon), et le mouvement de précession le ramènera au voisinage de cette étoile autour de l'an 23 000 de notre ère.

LA SPHÈRE CÉLESTE

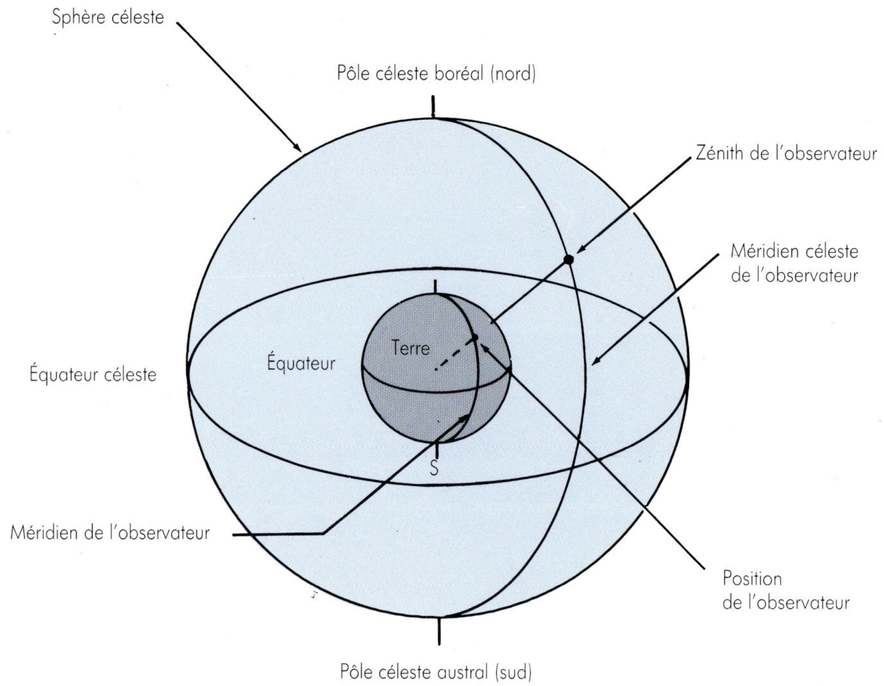

A gauche Le ciel peut se représenter comme l'intérieur d'une boule creuse dont notre planète occupe le centre. C'est ce que l'on appelle la sphère céleste, dont certaines zones de référence se définissent par rapport à celles de la Terre : les pôles célestes se situent à la verticale des pôles terrestres, et l'équateur céleste est parallèle à celui de notre planète. D'autres éléments se définissent par rapport à l'observateur. Le méridien céleste est un cercle qui passe par les pôles célestes et le zénith.

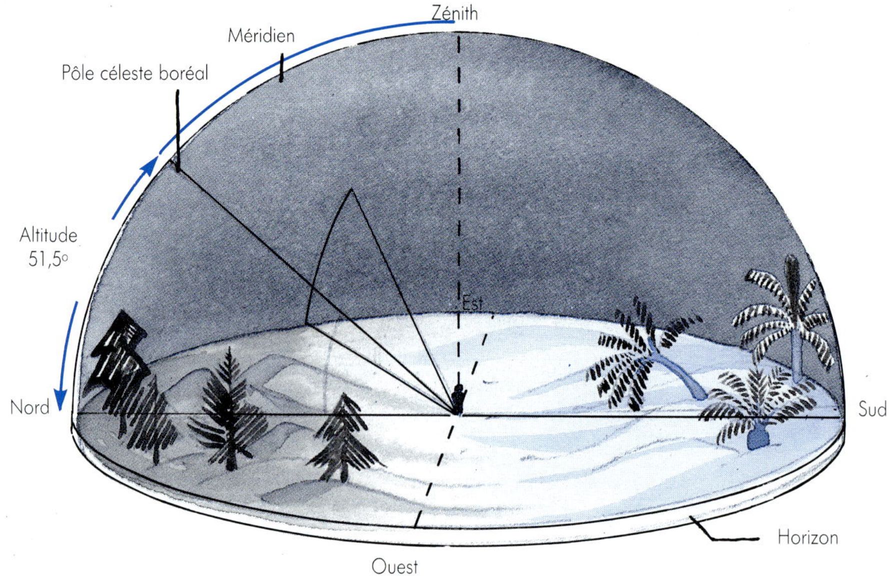

A gauche Vu de n'importe quel point de la Terre, le ciel ressemble à l'intérieur d'un dôme immense. Pour un observateur placé au milieu des latitudes nord, comme c'est le cas ici, le pôle céleste boréal (PCB) occupe une position immuable au-dessus de l'horizon septentrional. Du fait de la rotation de la Terre d'ouest en est, tous les objets célestes semblent se déplacer d'est en ouest en tournant autour du PCB. L'angle que forme un astre par rapport à l'horizon est son « altitude » au moment de l'observation.

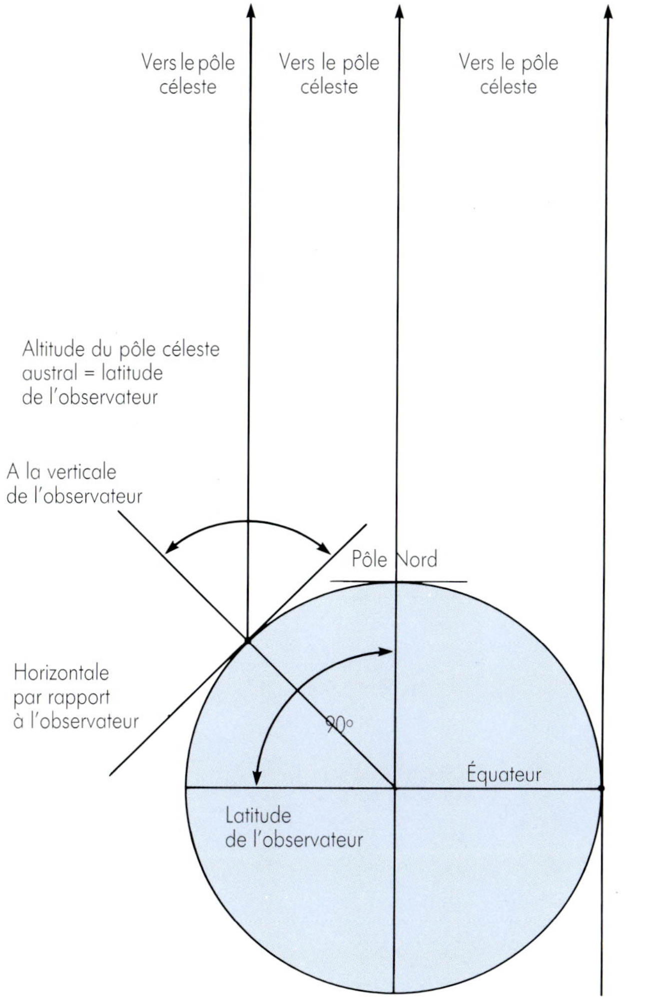

A gauche L'altitude du PCB au-dessus de l'horizon nord est égale à la latitude de l'observateur. Par exemple, au pôle Nord (90° de latitude nord), l'altitude du PCB est de 90° (au zénith). Vu de Philadelphie (40° de latitude nord), il a une altitude de 40°, et à l'équateur (0° de latitude), son altitude est de 0° (au ras de l'horizon). Le même système s'applique dans l'hémisphère Sud, où c'est Sigma Octantis qui fait office d'étoile Polaire pour le PCA (pôle céleste austral). Celui-ci se situe à la verticale du pôle Sud, alors que, à l'équateur, il est au ras de l'horizon méridional. Vu de Durban, en Afrique du Sud (30° de latitude sud), le PCA est à 30° au-dessus de l'horizon. Par ailleurs, l'altitude de l'équateur céleste à La Nouvelle-Orléans (30° de latitude nord) est de 90° – 30° = 60°.

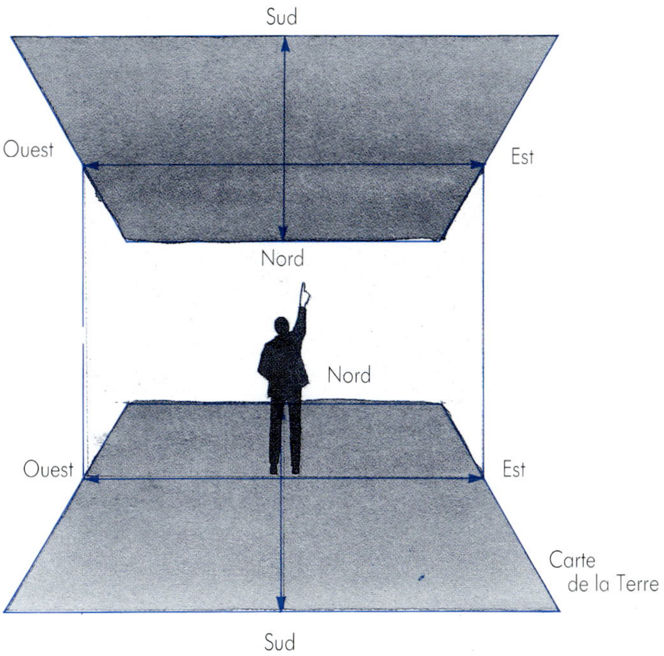

A gauche L'est et l'ouest semblent s'inverser par rapport aux cartes terrestres sur lesquelles l'est est placé à droite. Cela tient au fait que les cartes terrestres représentent la planète sur laquelle nous sommes, alors que les cartes du ciel représentent la voûte céleste située au-dessus de nous. Si l'on place une carte du ciel au-dessus de notre tête, en orientant sa partie nord vers l'horizon septentrional, l'est et l'ouest retrouvent leur place, de même que le sud.

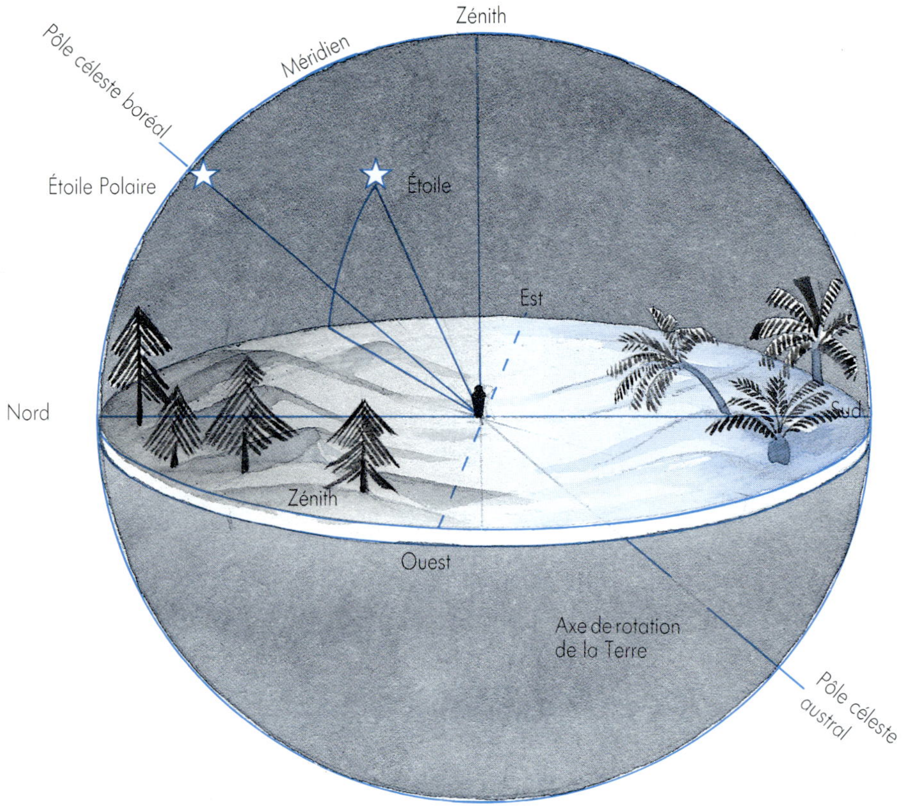

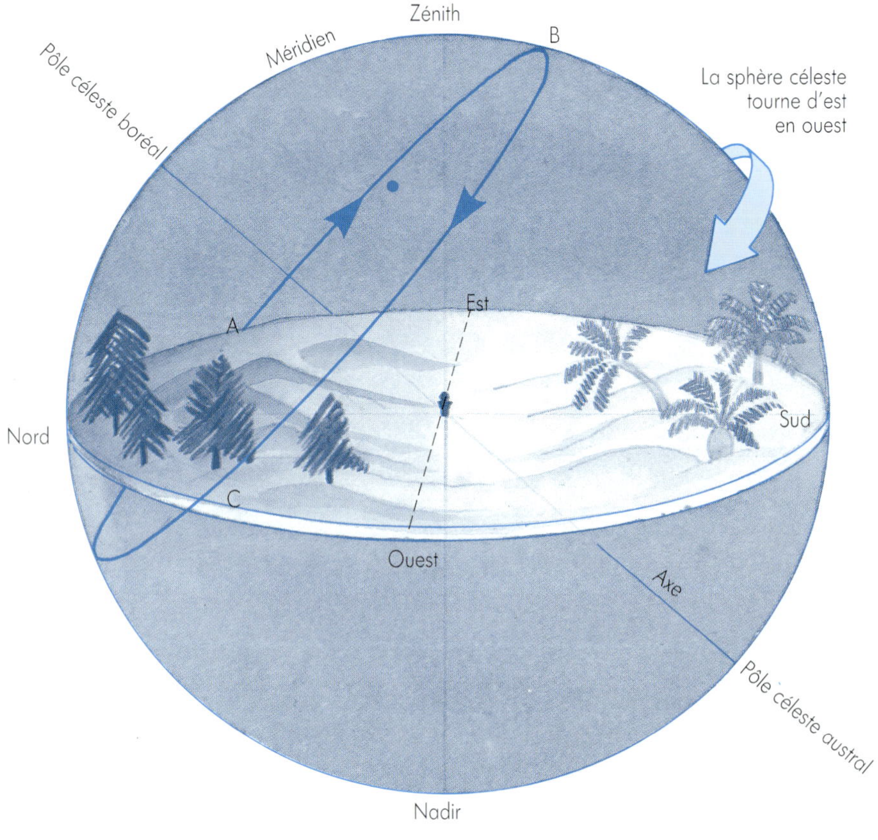

A gauche en haut On voit ici le méridien qui forme un cercle complet autour de la sphère céleste, en passant par le PCA et le PCB. On voit aussi l'étoile Polaire, représentée à l'emplacement du PCB. En réalité, sa position est légèrement décalée par rapport au PCB, mais, pour simplifier, il n'en a pas été tenu compte. Sur ce diagramme figure également une autre étoile, dont nous allons étudier le mouvement.

A gauche en bas Avec la rotation de la sphère céleste, une étoile se lève (A), traverse le méridien (B) et se couche (C). Entre son coucher et son lever, cette étoile disparaît au-dessous de l'horizon. Elle est dite « en culmination » lorsqu'elle traverse le méridien et qu'elle atteint alors son altitude la plus élevée au-dessus de l'horizon sud. Le nadir est également indiqué. C'est le point du ciel situé directement à l'opposé du zénith.

Page de droite en haut L'étoile A ne descend jamais au-dessous de l'horizon de l'observateur, car une étoile dont la distance angulaire du PCB est inférieure à l'altitude de ce dernier ne se couche jamais. Les étoiles de ce type sont dites « circumpolaires ». L'étoile B passe plus de temps au-dessus de l'horizon qu'au-dessous, comme toutes celles qui se situent au nord de l'équateur céleste. Quant aux étoiles qui suivent l'équateur céleste (C), elles passent un temps égal au-dessus et au-dessous de l'horizon, et celles qui se situent entre l'équateur céleste et l'horizon sud (D) passent plus de temps au-dessous de l'horizon qu'au-dessus. Plus leur position est méridionale, moins elles sont visibles longtemps. Enfin, les étoiles les plus proches du PCA (E) ne se lèvent jamais pour un observateur de l'hémisphère Nord.

Ci-dessous Pour déterminer une position sur la sphère céleste, on applique un système semblable à celui des latitudes et des longitudes auquel on se réfère sur le globe terrestre. L'une des coordonnées utilisées est la déclinaison, qui correspond à la distance angulaire d'un astre au-dessus ou au-dessous de l'équateur céleste. C'est l'équivalent de la latitude, qui s'exprime en degrés (°), minutes (') et secondes (") d'un arc. Avec la rotation de la sphère céleste, un astre décrit un cercle imaginaire dans le ciel. Plusieurs cercles horaires sont représentés ici : l'étoile A se situe sur le cercle de 0 heure, l'étoile B sur celui de 6 heures. Au total, il existe ainsi 24 cercles horaires, échelonnés de 0 à 23 heures, le 24e coïncidant avec celui de 0 heure. Les intervalles entre ces cercles se subdivisent en minutes et en secondes. D'ouest en est, on utilise, parallèlement au cercle de 0 heure de l'équateur céleste, un système équivalant à celui des longitudes, auquel on donne le nom d'ascension droite (AD). Si les positions stellaires se définissent en heures, minutes et secondes plutôt qu'en degrés, c'est parce que l'AD d'une étoile correspond à la différence de temps entre la culmination de l'équinoxe vernal (0 heure) et la culmination de cette étoile.

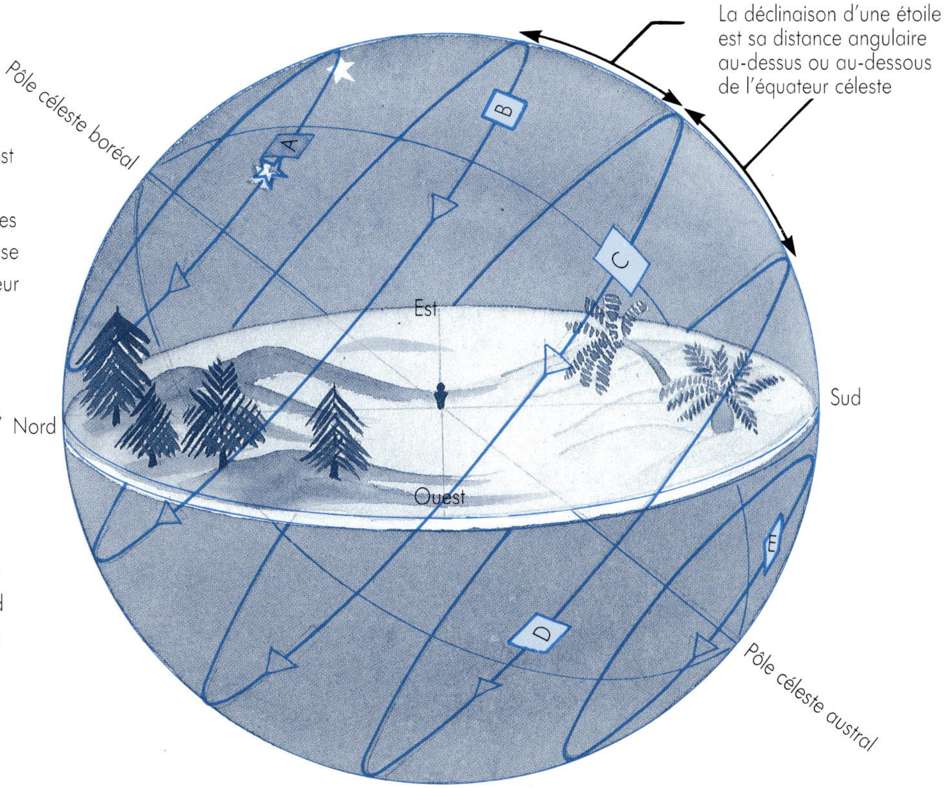

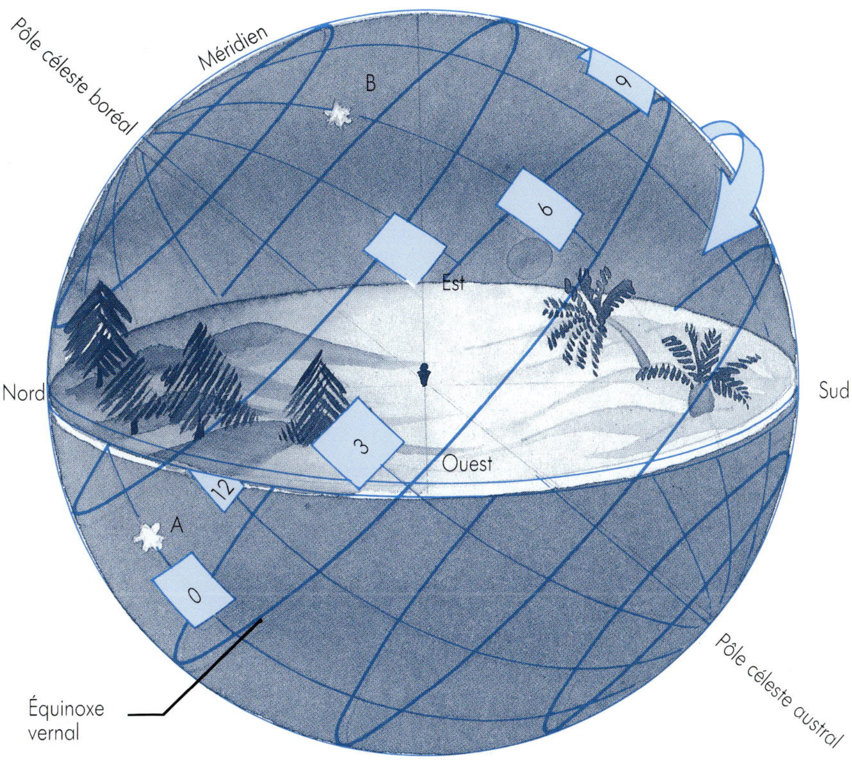

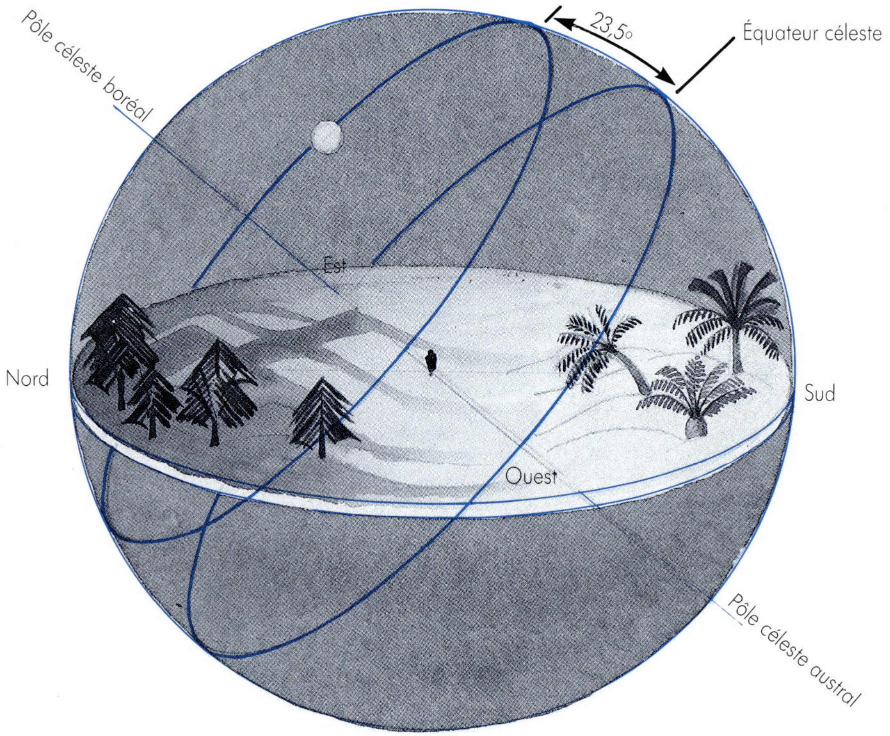

A gauche Trajectoire du Soleil par rapport à l'équateur céleste, au moment du solstice boréal. Le Soleil est alors à 23,5° N au-dessus de l'équateur céleste, ce qui correspond au jour le plus long et à la nuit la plus courte dans l'hémisphère Nord. A la latitude de Londres (51,5° N), l'altitude du Soleil le 21 juin à midi est égale à la somme de l'altitude de l'équateur céleste au-dessus de l'horizon méridional (38,5°) et de la distance angulaire du Soleil au-dessus de l'équateur céleste (23,5°) = 62°.

Parcours du Soleil le 21 juin, solstice d'été, dans l'hémisphère Nord. Il atteint sa distance angulaire maximale (23,5°) au-dessus de l'équateur céleste.

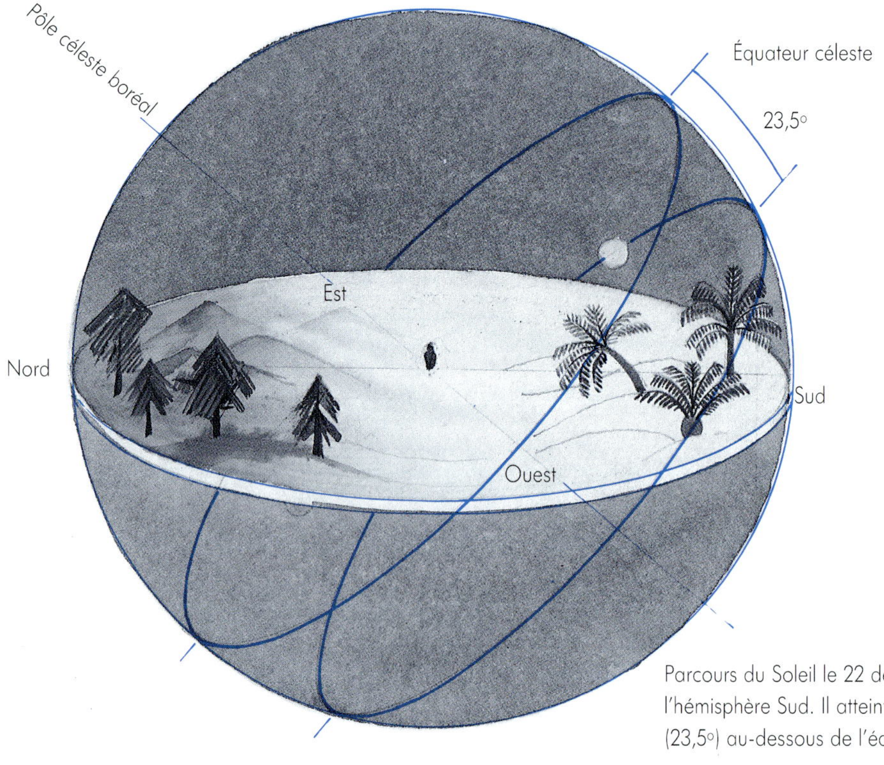

A gauche Trajectoire du Soleil par rapport à l'équateur céleste au moment du solstice austral. Il atteint alors sa plus basse altitude à midi pour les observateurs de l'hémisphère Sud, qui connaissent le jour le plus court et la nuit la plus longue de l'année. A Wellington, en Nouvelle-Zélande (41°S), l'altitude du Soleil le 22 décembre à midi est égale à la somme de l'altitude de l'équateur céleste au-dessus de l'horizon septentrional (49°) et de la distance angulaire du Soleil par rapport à l'équateur céleste (23,5°) = 72,5°.

Parcours du Soleil le 22 décembre, solstice d'hiver, dans l'hémisphère Sud. Il atteint sa distance angulaire maximale (23,5°) au-dessous de l'équateur céleste.

A droite Parcours du Soleil aux équinoxes de printemps et d'automne, quand il coupe l'équateur céleste. A ces dates, le jour et la nuit sont d'égale durée. La durée des jours (et des nuits) les plus longs de l'année dépend de la latitude, les différences étant proportionnelles à l'éloignement de l'équateur. Dans les régions équatoriales, le jour et la nuit ont la même durée. A la latitude de Londres, le jour le plus long est d'environ 16 heures, et le plus court d'environ 8 heures. Au voisinage des cercles polaires (situés à 23,5° des pôles), le jour dure 24 heures au milieu de l'été : c'est le moment du Soleil de minuit. La nuit la plus longue dure également 24 heures. Aux pôles, le jour et la nuit ont une égale durée de 6 mois.

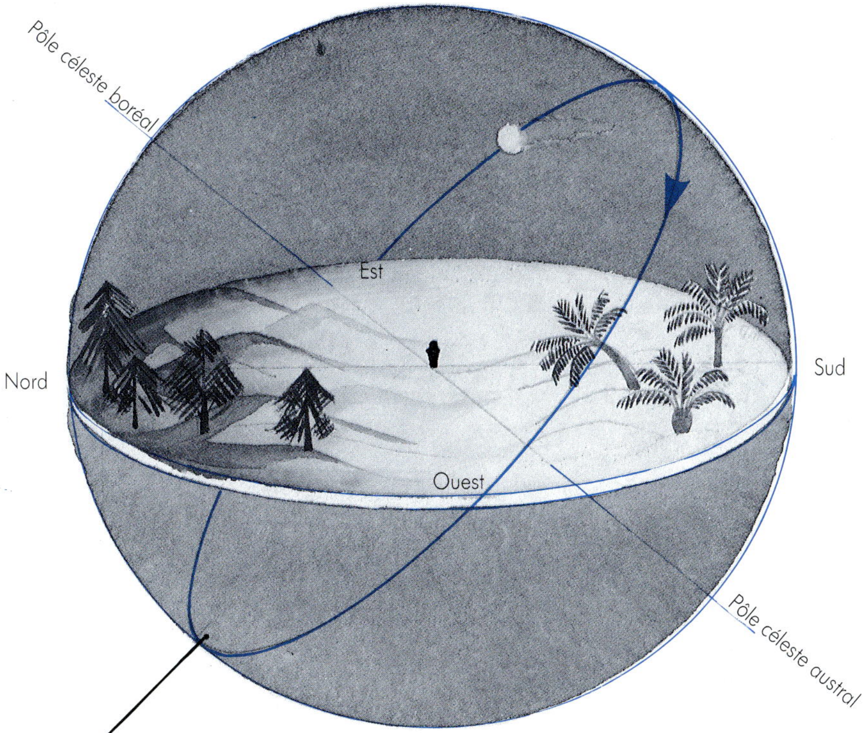

Trajectoire du Soleil le 21 mars et le 23 septembre, aux équinoxes de printemps et d'été, dans les deux hémisphères. Le Soleil suit l'équateur céleste.

A droite Au cours de la rotation annuelle de la Terre autour du Soleil, la position apparente de celui-ci se modifie légèrement de jour en jour. Le Soleil semble ainsi traverser le ciel en faisant le tour de la sphère céleste. Cette trajectoire apparente du Soleil porte le nom d'écliptique, et la bande de ciel dans laquelle elle s'inscrit est ce que l'on appelle le zodiaque. Du fait de l'inclinaison de l'axe de la Terre par rapport au Soleil, celui-ci coupe l'équateur céleste en deux points au cours de l'année, respectivement appelés équinoxe vernal (ou de printemps) et équinoxe d'automne.

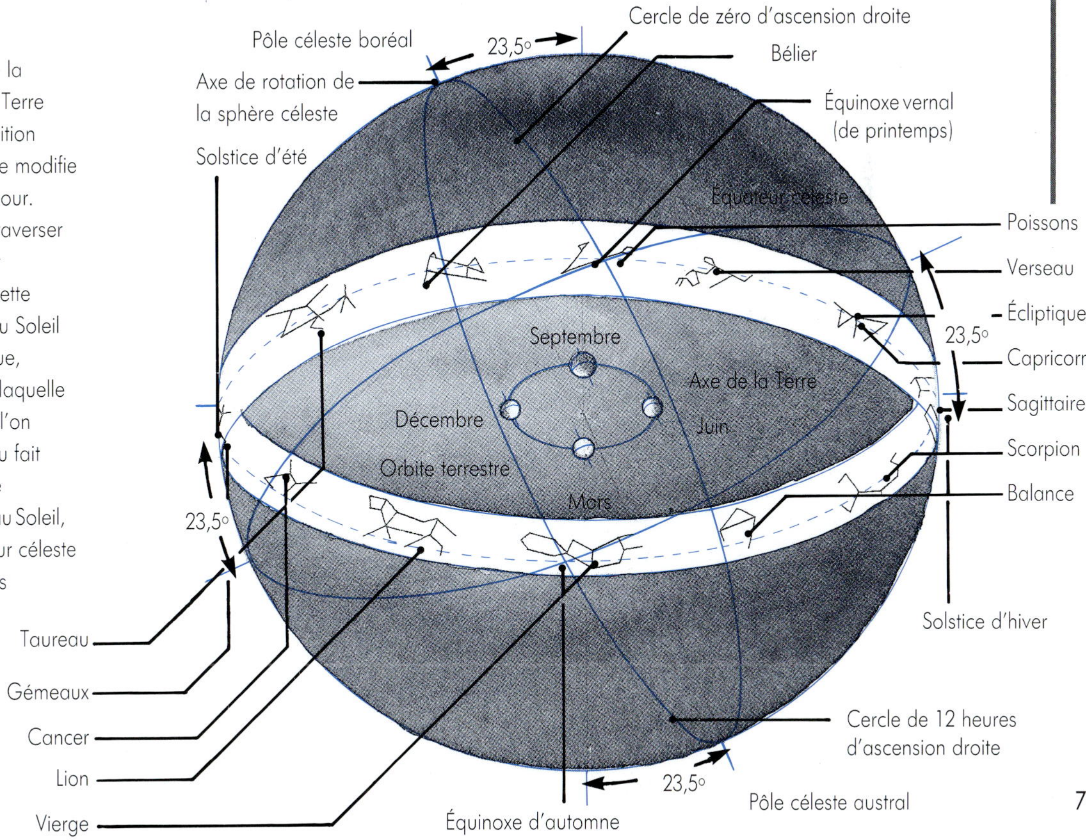

LE CHOIX DES JUMELLES

Une bonne paire de jumelles est ce qui convient le mieux à un observateur débutant. C'est un instrument moins onéreux qu'un télescope, plus facile à utiliser et dont on peut se servir dans d'autres domaines que l'astronomie.

Même les observateurs chevronnés recourent aux jumelles, qui font partie intégrante de leur panoplie. Elles permettent, en effet, de distinguer de nombreux détails du relief lunaire, ainsi que beaucoup d'astres lointains, et elles ont joué un rôle fondamental dans la découverte de comètes et de novae.

Les jumelles se composent essentiellement de deux petites lunettes, ce qui évite d'avoir à fermer un œil. Leur taille réduite tient au fait que le parcours de la lumière y est infléchi par des prismes, ce qui permet ainsi d'utiliser des tubes très courts.

Ce qui compte le plus dans le choix de jumelles, c'est leur ouverture, c'est-à-dire le diamètre de leur objectif. Celui-ci doit être aussi grand que possible, pour laisser pénétrer un maximum de lumière et permettre de distinguer les objets les plus ténus. Il faut savoir néanmoins que les jumelles à très gros objectif sont lourdes et difficiles à maintenir parfaitement immobiles.

Chaque type de jumelles est caractérisé par deux éléments chiffrés désignant son grossissement et son diamètre d'ouverture : 8 × 40, par exemple, correspond à un instrument qui grossit 8 fois, avec une ouverture de 40 mm. Là encore, plus le grossissement est important, plus les jumelles sont difficiles à maintenir immobiles. On s'en tient, en général, à un grossissement 7 ×, bien que certains observateurs préfèrent 10 × ou même 12 ×. Le meilleur modèle pour un usage courant est 7 × 50.

Un autre avantage du modèle 7 × 50 est que sa « pupille de sortie » coïncide avec le diamètre de la pupille de l'œil dilatée dans l'obscurité. La pupille de sortie d'un système optique est la largeur du faisceau lumineux qui en émerge. Elle se calcule en divisant l'ouverture par le grossissement. Dans le cas d'un 7 × 50, on a donc 50 mm : 7 = un peu plus de 7 mm. Or, l'ouverture de la pupille de l'œil dilatée représente environ 7 mm, ce qui permet de capter la totalité du faisceau lumineux émergeant.

En tenant les jumelles en position d'observation, mais à distance des yeux, on peut voir les pupilles de sortie sous la forme de deux disques lumineux se découpant dans les oculaires. Ces disques doivent être parfaitement circulaires : s'ils apparaissent légèrement carrés, c'est que les prismes ne laissent pas pénétrer la totalité de la lumière.

Dans le cas des jumelles à fort grossissement, il faut utiliser un pied d'appareil photographique pour assurer leur stabilité. Il est alors nécessaire de disposer d'un adaptateur, c'est-à-dire d'un système intermédiaire à vis permettant de les fixer sur ce support.

A droite Toutes les jumelles à prismes ont l'avantage d'être très légères et de dimensions relativement réduites. Le modèle que l'on voit ici, dit « à prismes de Porro », est le plus couramment utilisé.

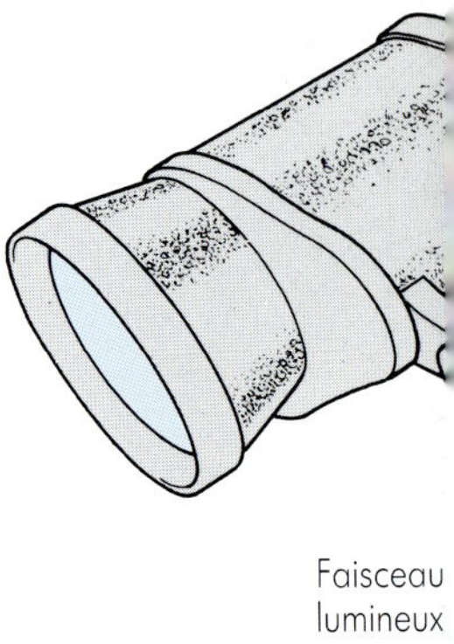

A droite Un adaptateur est indispensable pour monter des jumelles sur un pied d'appareil photographique. Il se fixe sur le pivot central des jumelles et se visse au sommet du pied, à la place de l'appareil photo.

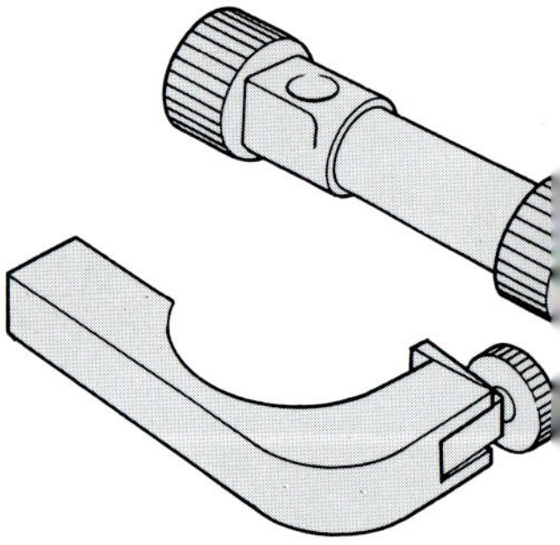

A droite Dans les jumelles dites « à prismes en toit », le faisceau lumineux suit une trajectoire plus directe. Cet instrument est plus étroit et plus léger que les modèles courants.

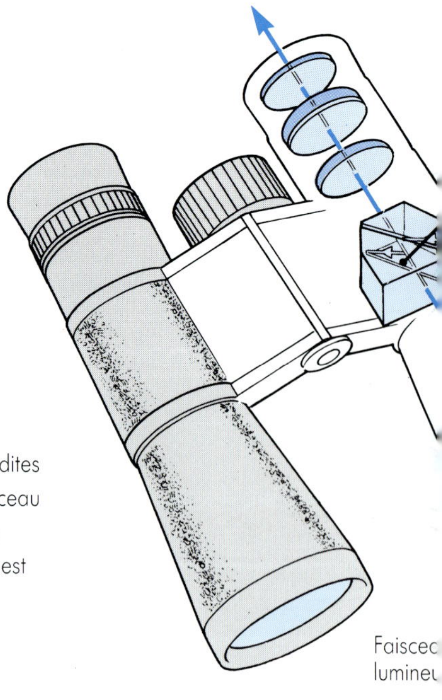

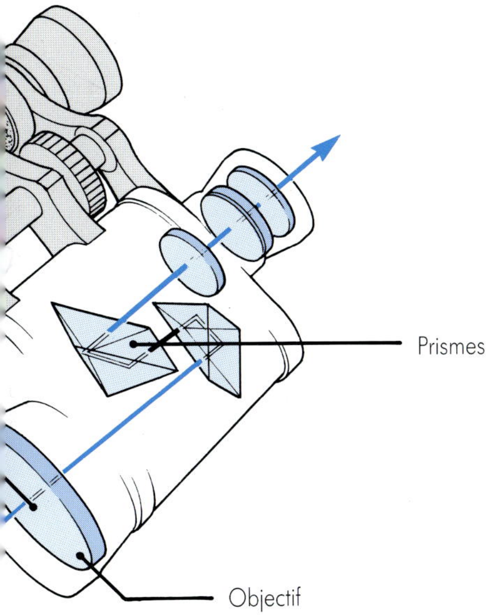

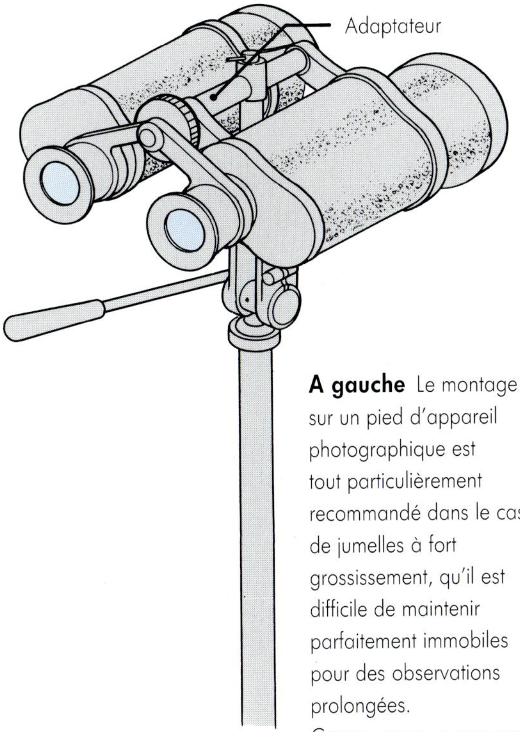

A gauche Le montage sur un pied d'appareil photographique est tout particulièrement recommandé dans le cas de jumelles à fort grossissement, qu'il est difficile de maintenir parfaitement immobiles pour des observations prolongées. Comme pour un appareil photo, l'orientation des jumelles se règle à l'aide du levier dont le support est équipé.

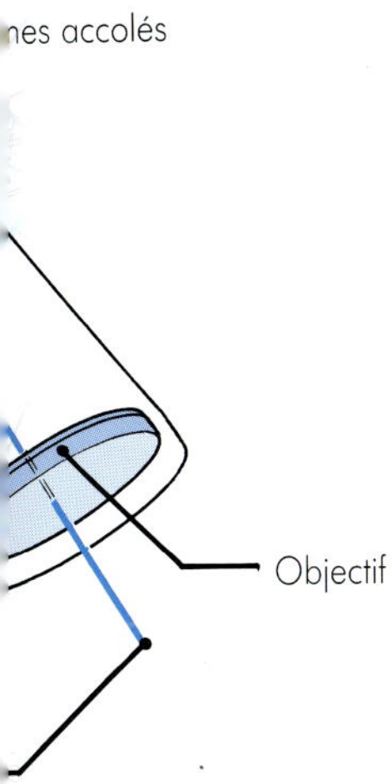

Faire le bon choix

Pour bien choisir des jumelles, il faut pouvoir les examiner et les essayer tout à loisir, ce qui implique de ne pas recourir à un système de vente par correspondance. Plusieurs éléments sont à prendre en compte avant de faire votre achat.

En général, les modèles classiques des grandes marques conviennent bien. Commencez par vérifier que tout est en parfait état, et notamment qu'il n'y a pas la moindre rayure sur les lentilles. Déployez ensuite les oculaires au maximum : il ne doit pas y avoir de jeu et ils doivent coulisser sans difficulté. Assurez-vous également que leur mécanisme de réglage fonctionne sans à-coups et reste bloqué à la position requise.

La plupart des jumelles ont des objectifs à revêtement antireflet, traitement qui augmente le contraste et améliore la transmission de la lumière. L'idéal est que toutes les autres surfaces optiques aient été traitées de la même façon. Observez la réflexion de la lumière dans les objectifs. Il doit y avoir deux réflexions : l'une par la surface extérieure, l'autre par la surface intérieure. Si les deux surfaces sont traitées, les deux réflexions sont colorées. En examinant attentivement les jumelles sous certains angles de vue, vous devriez distinguer également des reflets sur les prismes situés à l'intérieur, ce qui vous permet de savoir s'ils ont été traités ou non. Procédez de même avec les oculaires. Évitez un modèle qui n'a pas bénéficié d'un traitement antireflet.

Choisissez un point lumineux et observez-le avec les jumelles, en l'amenant lentement vers la bordure du champ visuel. Ce point doit demeurer parfaitement précis jusqu'à environ les deux tiers de la distance du centre à la bordure. Dans le cas de jumelles dites « à champ corrigé », ce point doit demeurer précis quelle que soit sa position dans le champ. Observez ensuite une ligne droite, comme l'arête d'un édifice. Cette ligne finit immanquablement par s'infléchir en une courbe lorsque vous l'amenez vers la bordure du champ visuel. Si la bordure apparaît à plus du tiers de la distance du centre à la bordure, ne choisissez pas ces jumelles.

Si les tubes ne sont pas montés parallèlement, les jumelles donnent une image double. Regardez dans les jumelles en fermant et en ouvrant les yeux, pour vous assurer qu'un tel phénomène ne se produit pas, même fugitivement (l'image redevient normale quand les yeux accommodent pour compenser). Bannissez impérativement tout modèle qui présenterait ce défaut.

Quelques conseils supplémentaires

- Munissez vos jumelles de bouchons de protection pour les objectifs et les oculaires, et protégez-les avec un étui solide.
- Utilisez la courroie de suspension chaque fois que vous vous servez de vos jumelles.
- Prenez votre temps pour faire votre choix, et comparez avant d'acheter.

LUNETTES ET TÉLESCOPES

Il est conseillé aux débutants d'attendre d'être familiarisé avec l'observation du ciel à l'œil nu et avec des jumelles avant de se lancer dans l'achat d'une lunette ou d'un télescope. Le manque d'expérience risquerait de leur faire choisir un instrument inadapté à leurs besoins ou à leurs compétences.

Reste ensuite à déterminer quel type d'instrument il convient de choisir. Beaucoup d'amateurs se contentent d'un modèle courant et s'en montrent satisfaits. Mais d'aucuns peuvent avoir envie d'observer, par exemple, des étoiles doubles ou des amas stellaires, ce qui nécessite un instrument plus perfectionné.

Dans tous les cas, ne vous laissez pas séduire par les descriptifs qui mettent surtout l'accent sur le grossissement. L'ouverture, c'est-à-dire le diamètre de l'objectif (lentille ou miroir), a beaucoup plus d'importance. Plus l'ouverture est grande, plus l'instrument capte de lumière et, par conséquent, plus il révèle de détails.

Lunettes astronomiques

On distingue deux principaux types d'appareils d'observation astronomique : les lunettes (ou réfracteurs) et les télescopes (ou réflecteurs). Dans une lunette, la lumière de l'objet observé est captée par une lentille, l'objet, qui la concentre en un point qu'on appelle son foyer. L'image ainsi obtenue est ensuite grossie par l'oculaire, qui se compose d'une ou de plusieurs lentilles. Le pouvoir de concentration lumineuse est proportionnel au carré de l'ouverture : une lentille d'un diamètre double concentre 4 fois la lumière (2 × 2), une lentille d'un diamètre triple 9 fois (3 × 3), etc. Ce principe s'applique également aux télescopes et aux jumelles.

Une lunette comprend généralement plusieurs oculaires. Pour déterminer son grossissement, on divise la distance focale de l'objectif (la distance qui sépare une lentille de son foyer) par celle de l'oculaire. Ainsi, dans le cas d'un oculaire dont la distance focale est de 25 mm, le grossissement sera de 36 ×, s'il est utilisé sur une lunette dont la distance focale est de 900 mm (900 : 25 = 36).

La limite pratique du grossissement dépend de la quantité de lumière que l'on peut capter : plus le grossissement est fort, moins l'image est précise. Un grossissement de 500 × ne sera d'aucun intérêt avec un télescope dont l'ouverture n'est que de 7,6 cm.

Toutes les lunettes ont le défaut de donner des images aux couleurs dénaturées, du fait que les différentes longueurs d'onde de la lumière réfractée convergent en des points différents. C'est ce que l'on appelle une aberration chromatique, à laquelle on peut partiellement remédier en utilisant un objectif achromatique, qui se compose de deux lentilles n'ayant pas le même indice de réfraction. Les erreurs de deux lentilles tendent à se compenser, ce qui réduit d'autant l'aberration globale.

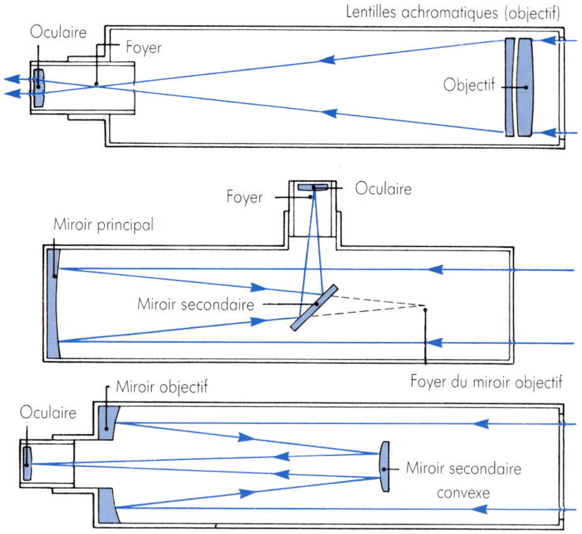

Dans une lunette (en haut), la lumière traverse la lentille de l'objectif, qui la concentre en son foyer. Dans un télescope de Newton (au centre), c'est un miroir concave qui joue le rôle d'objectif. La lumière est renvoyée dans le tube jusqu'à un second miroir, à surface plane, qui le réfléchit vers l'oculaire situé latéralement.

Dans un télescope de type Cassegrain (en bas), le second miroir est convexe et renvoie la lumière vers un trou situé au centre du miroir principal. Dans chaque cas, c'est la lentille de l'oculaire qui grossit l'image de l'objet observé.

Les télescopes

Un télescope fonctionne selon un principe complètement différent : son objectif n'est pas une lentille, mais un miroir concave. Celui-ci concentre la lumière de l'objet observé et la renvoie vers un second miroir, à surface plane, qui la réfléchit vers l'oculaire, généralement placé sur le côté du tube. Comme un miroir réfléchit toutes les couleurs de la même façon, il n'y a pas d'aberration chromatique. Seule la lentille de l'oculaire peut provoquer un léger phénomène d'irisation.

Comme les télescopes sont moins robustes que les lunettes, ils nécessitent parfois des réparations, ou le remplacement de leurs composants optiques. Il en existe de plusieurs types, le plus courant étant celui de Newton, dont la conception est relativement simple. Un amateur suffisamment adroit peut d'ailleurs en construire un lui-même, soit de toutes pièces, soit en kit.

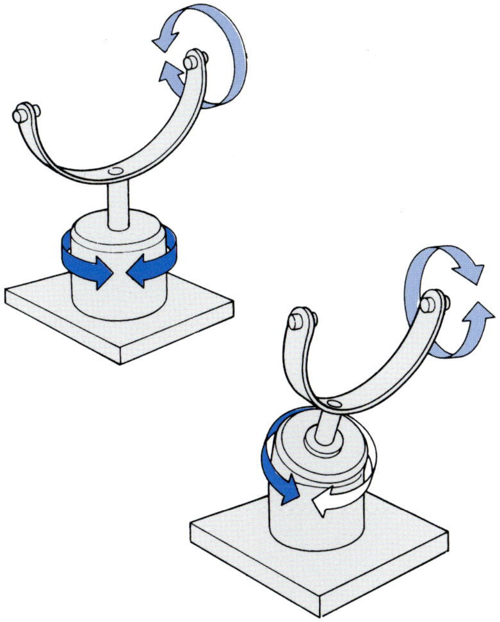

La monture azimutale (en haut) permet d'orienter la lunette ou le télescope de haut en bas (*altitude*) et horizontalement (*azimut*). Le principal inconvénient de ce type de monture est qu'il nécessite un réglage simultané des deux axes pour maintenir l'objet observé dans le champ de l'instrument. Ce problème n'existe pas avec une monture équatoriale (en bas). Cette dernière comprend un axe polaire et un axe de déclinaison. Le premier est réglé de telle sorte qu'il demeure parallèle à l'axe de la Terre et permet de pointer la lunette ou le télescope sur n'importe quel astre par rotation des deux axes. Il suffit alors de verrouiller l'axe de déclinaison dans la bonne position, pour maintenir l'astre dans le champ visuel en agissant uniquement sur l'axe polaire. On peut perfectionner ce système en utilisant une commande automatique, qui compense le mouvement de rotation axiale de la Terre.

Les télescopes catadioptriques

Les télescopes de ce type utilisent à la fois lentilles et miroirs, la lumière traversant d'abord des lentilles correctrices, avant d'être concentrée et réfléchie par un premier, puis un second miroir. Ils permettent des montages optiques très compacts, ce qui en fait des instruments peu encombrants, même avec une grande ouverture.

Avantages et inconvénients

Les lunettes ont un bon pouvoir séparateur pour les petits détails, ce qui les rend particulièrement utiles pour l'étude des planètes ou des étoiles doubles. A ouverture égale, une lunette est plus efficace qu'un télescope. Elle est plus onéreuse, car chaque composant d'une lentille achromatique nécessite la mise au point de deux surfaces, tandis que pour un miroir, une seule surface suffit. C'est pourquoi tous les plus grands instrument astronomiques professionnels sont des télescopes. La plus grande lunette du monde est celle du Yerkes Observatory (Wisconsin, États-Unis), dont l'objectif a un diamètre de 102 centimètres. Il est peu probable qu'on puisse envisager la construction d'une lunette de dimensions supérieures, car une lentille ne peut être soutenue qu'à sa périphérie et, au-delà du diamètre de la lunette de Yerkes, elle risque de se déformer sous l'effet de son propre poids. Un télescope ne présente pas cet inconvénient, car ses miroirs peuvent être soutenus par la totalité de leur surface inférieure.

Pour un astronome amateur, le minimum d'ouverture réellement utile est d'environ 7,5 cm pour une lunette et de 15 centimètres pour un télescope.

Les montures

Tout instrument d'observation d'un grossissement supérieur à 7 × nécessite un support qui en assure la stabilité en cours d'utilisation. Pour des jumelles, une lunette ou un télescope de petites dimensions, le système le plus pratique est la monture azimutale (dite aussi « altazimut »), qui permet des déplacements aussi bien verticaux (altitude) qu'horizontaux (azimut).

Le modèle de Dobson est un télescope de type Newton monté sur un support azimutal, généralement en bois. Le tout repose sur des patins en Teflon se déplaçant sur un socle en Formica (voir pp. 80-83). Comme de telles montures font appel à des matériaux peu onéreux, on peut trouver des télescopes de Dobson à grande ouverture à des prix très compétitifs. Ces télescopes conviennent parfaitement pour les observations courantes d'un astronome amateur.

La monture azimutale, en revanche, ne se prête guère à certains travaux sérieux, car elle nécessite de constants réglages dans les deux directions, pour maintenir l'astre observé dans le champ visuel. Une monture équatoriale, qui est alignée sur l'axe de la Terre, permet de conserver l'objet observé dans le champ en ne réglant qu'un seul pivot. Pour faciliter les choses, le réglage de ce type de monture peut être commandé automatiquement, à l'aide d'un simple mécanisme d'horlogerie ou d'un système électrique, voire électronique. Une monture équatoriale à guidage automatique s'utilise traditionnellement pour les photographies à longues poses.

Une monture doit être aussi robuste et fixe que possible. S'il est mal monté, le matériel le plus performant perdra de son efficacité, car vous n'en obtiendrez que des images instables.

ACCESSOIRES D'UN TÉLESCOPE

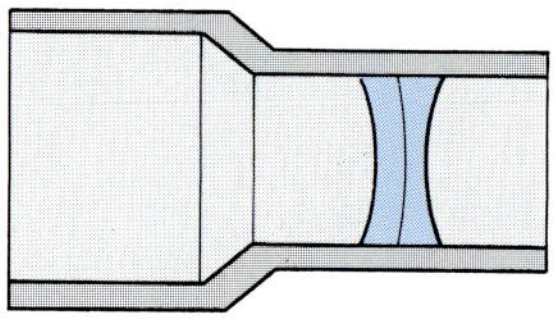

A gauche La lentille de Barlow est spécialement conçue pour être montée sur un oculaire normal, afin d'en augmenter le pouvoir grossissant.

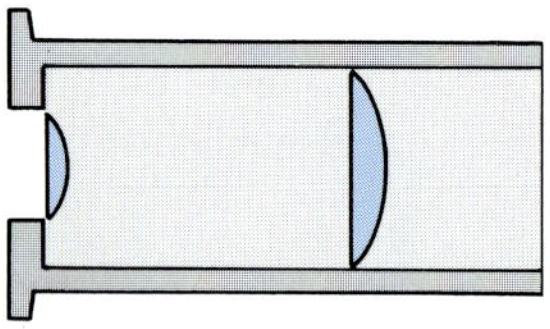

A gauche L'oculaire de Huygens est simple et peu onéreux. Il n'utilise pas de lentilles collées et convient donc pour les projections solaires.

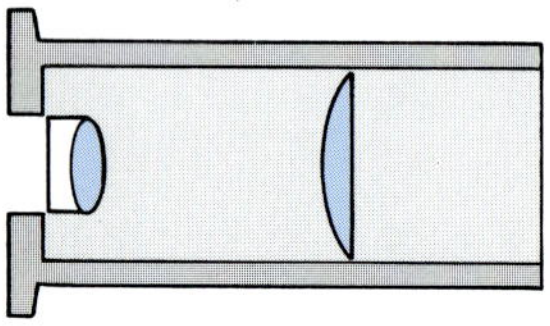

A gauche L'oculaire de Kellner offre un champ plus large que le Huygens, mais, sur les instruments à courte distance focale, il présente des distorsions de l'image en bordure de champ.

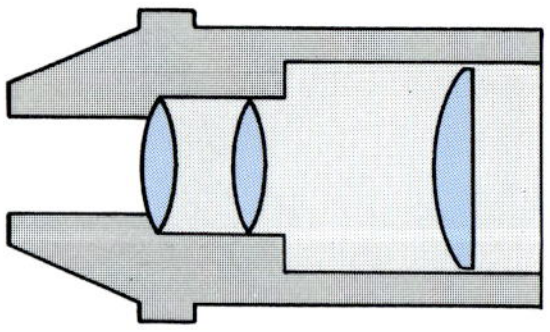

A gauche L'oculaire orthoscopique convient particulièrement pour les instruments à courte distance focale. Il donne un champ large, avec une image bien corrigée.

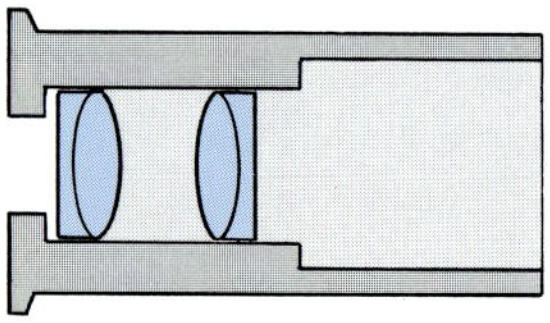

A gauche L'oculaire de Plossl est idéal pour les télescopes de type Newton à courte distance focale.

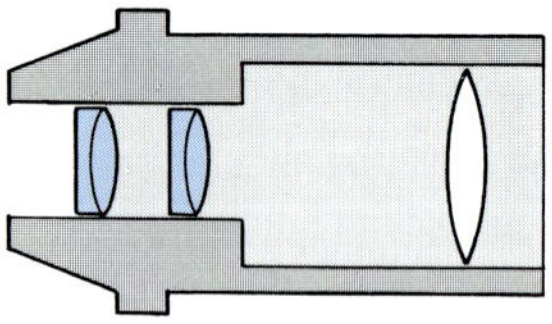

A gauche L'oculaire de Erfle a un champ très large, mais un inconvénient : il présente des distorsions de l'image en bordure de champ.

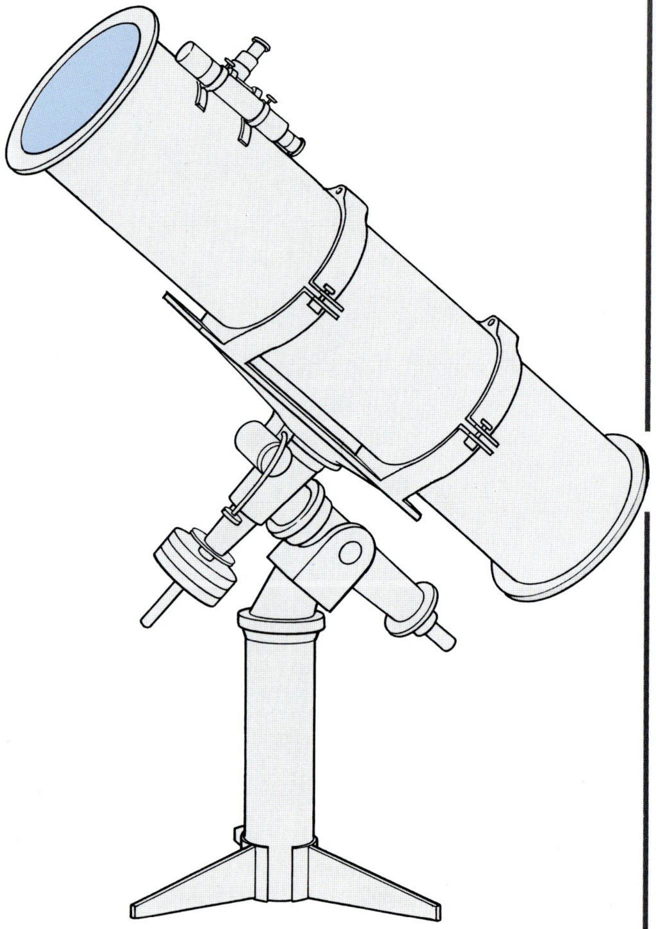

Ci-dessus Télescope de Newton monté sur un support équatorial.

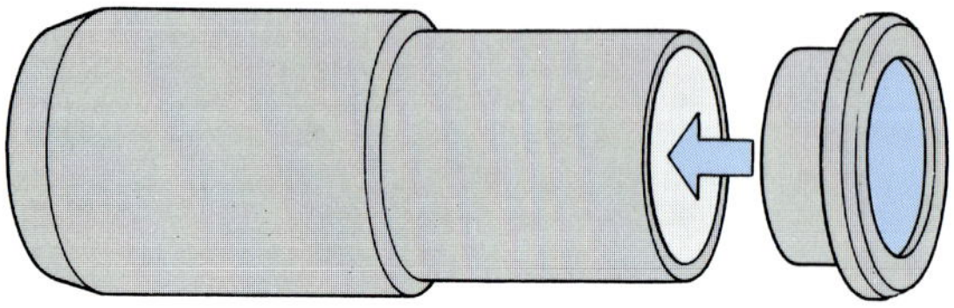

A gauche On trouve toutes sortes de filtres spéciaux à adapter sur les oculaires. Ils permettent de masquer la lumière artificielle ou d'éliminer certaines couleurs, pour obtenir des effets de contraste.

A droite Le champ visuel de nombreux instruments d'amateurs est si restreint qu'il rend problématique la localisation des astres. Mieux vaut, donc, prévoir un chercheur, dont plusieurs modèles sont présentés ici. Ce système de visée, que l'on monte sur le tube de la lunette ou du télescope, fonctionne comme la lunette de visée d'un fusil.

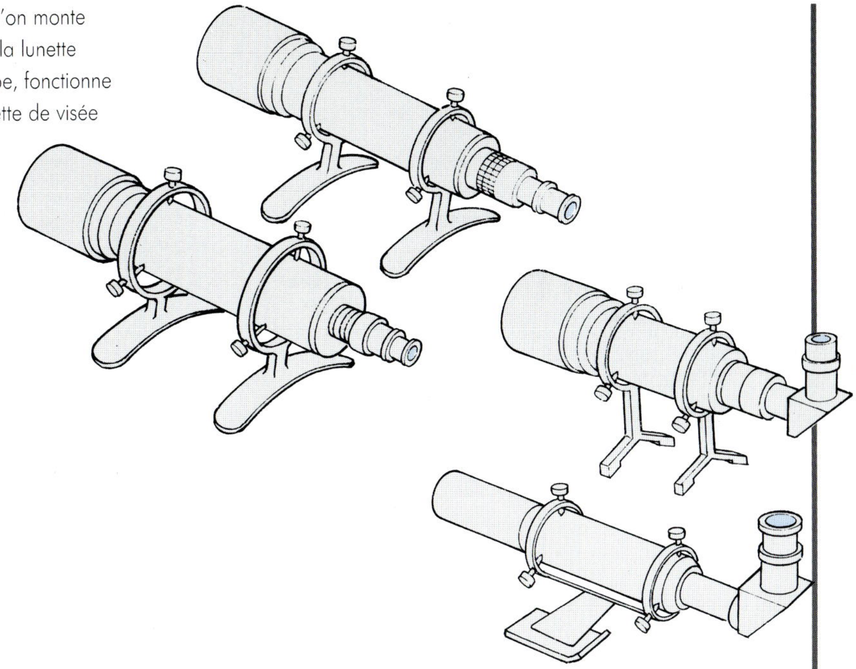

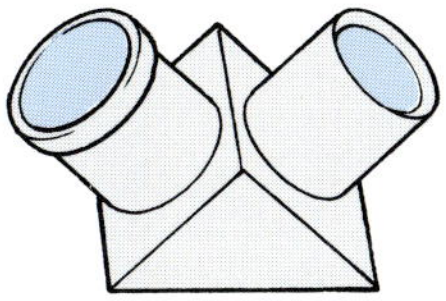

Ci-dessus Un oculaire coudé à prisme est lui aussi très pratique pour certains angles de visée difficiles.

Ci-dessous Un oculaire redresseur à prisme facilite les observations qui nécessitent des angles de visée inconfortables.

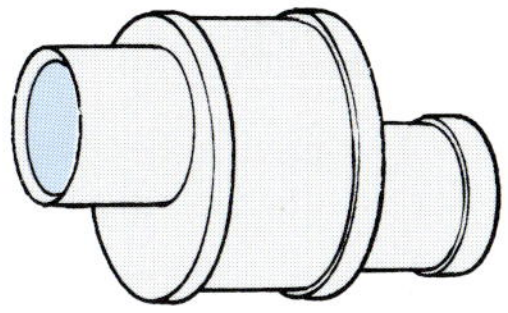

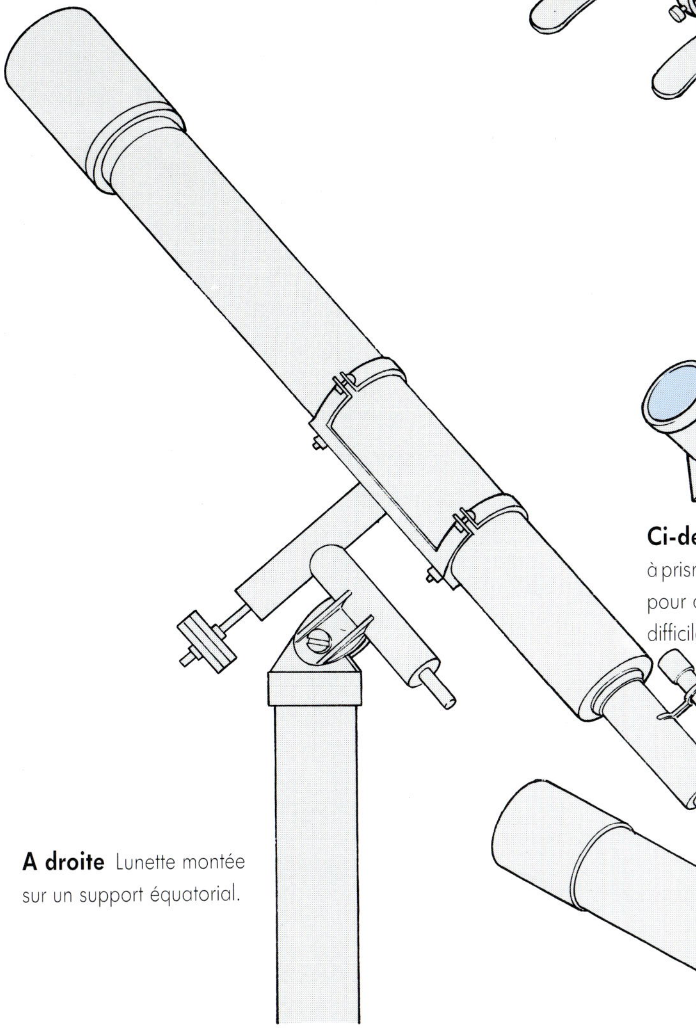

A droite Lunette montée sur un support équatorial.

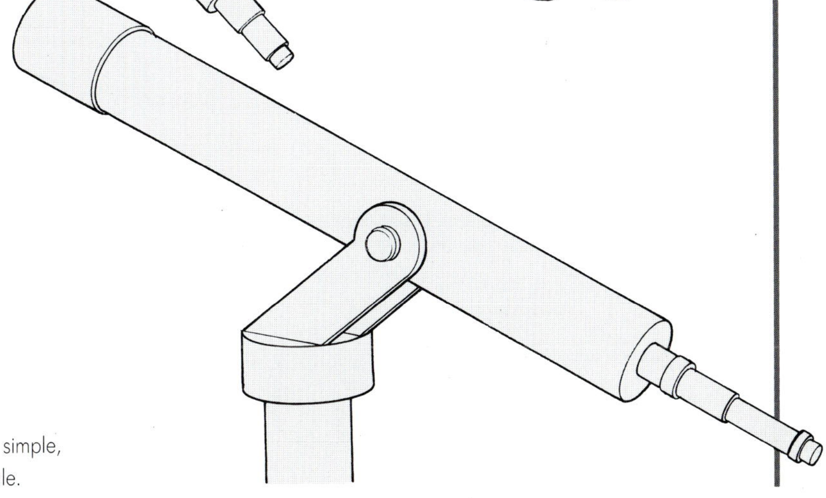

A droite Lunette simple, à monture azimutale.

MONTAGE D'UN APPAREIL PHOTOGRAPHIQUE

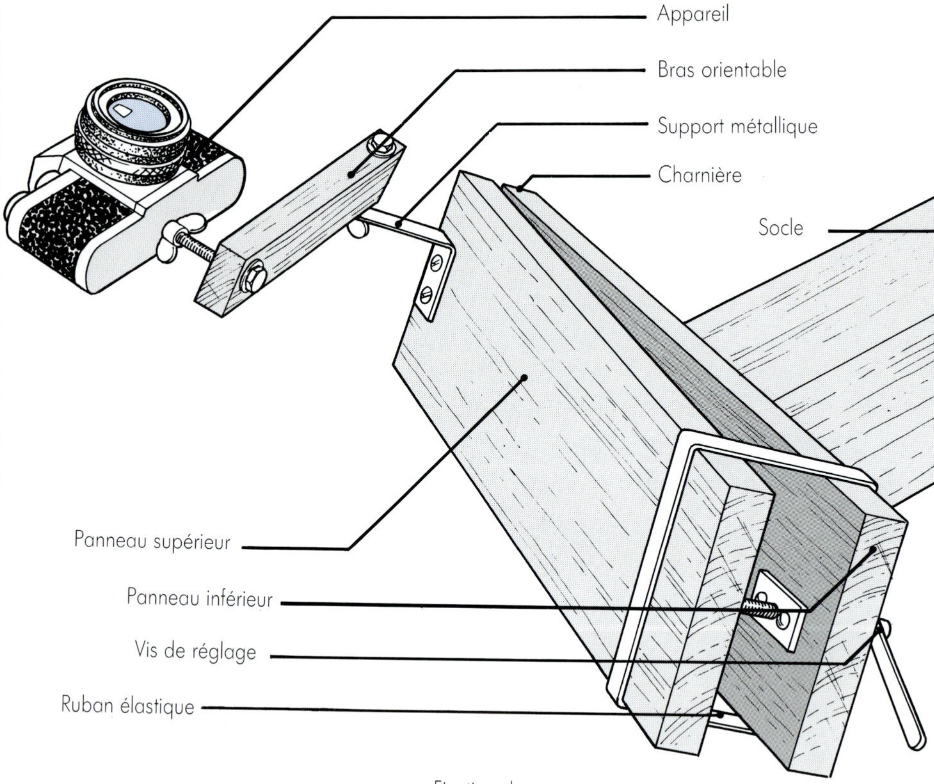

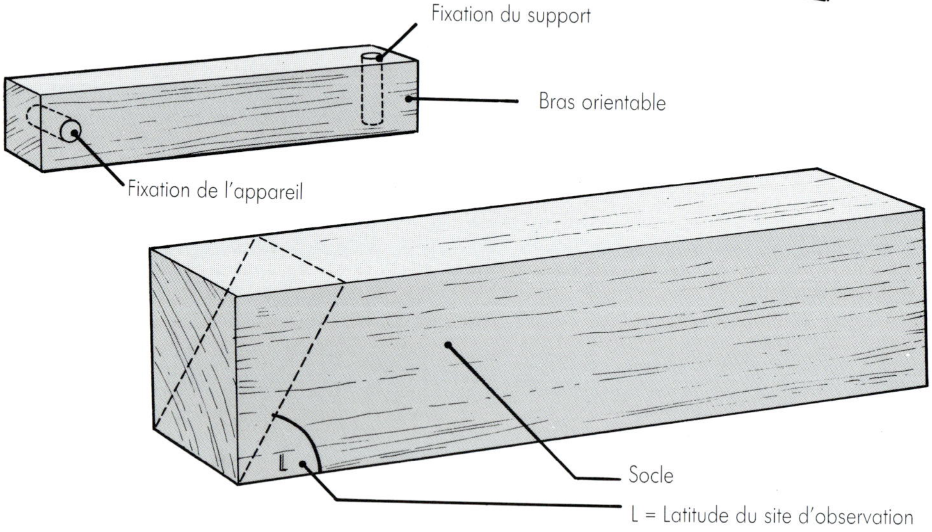

A gauche en haut
Ce montage, facile à fabriquer, vous permettra de réaliser des poses de plusieurs minutes, sans effets de traînées. (Les indications données entre parenthèses concernent l'hémisphère Sud.) Orientez le montage nord-sud, la charnière vers le sud (nord). Fixez le socle à l'emplacement voulu. L'axe de la charnière doit être orienté vers le pôle céleste boréal (austral). Mettez en place le bras de l'appareil, avec ses écrous à oreilles. En faisant tourner la vis de réglage dans le sens des aiguilles d'une montre (en sens inverse), à raison d'une révolution par minute, vous permettrez ainsi à votre appareil de suivre le parcours des étoiles dans le ciel.

A gauche en bas Découpez le socle selon un angle égal à celui de la latitude du site d'observation, de façon que l'appareil soit dans l'alignement du pôle céleste.

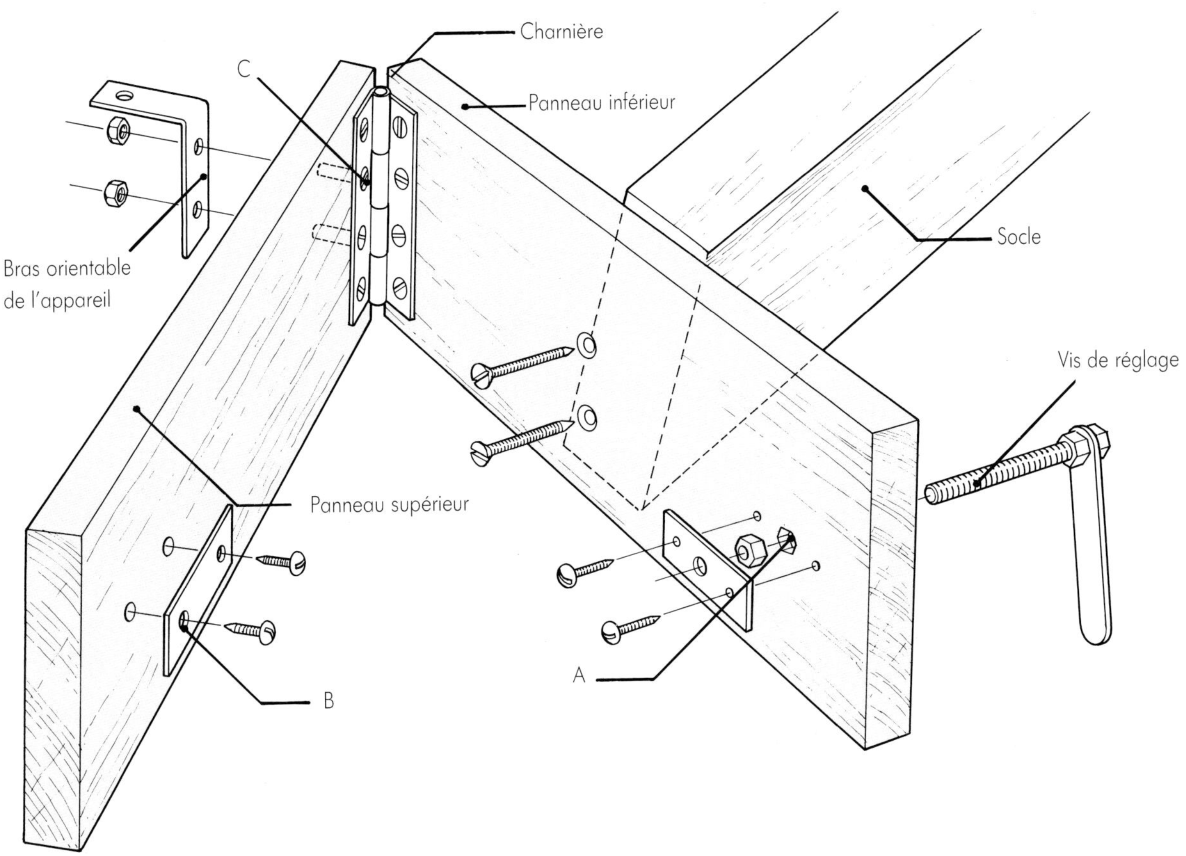

Ci-dessus Fixez le panneau inférieur au socle de telle sorte que sa partie inférieure déborde légèrement. Fixez ensuite la charnière à l'extrémité de ce panneau en laissant son axe déborder au-dehors. Percez un trou d'environ 6 mm de diamètre à l'emplacement A de ce panneau. Le centre de ce trou doit se situer exactement à 22,9 cm de l'axe de la charnière. Introduisez un écrou dans ce trou et fixez par-dessus une plaque métallique de 5 × 2 cm. Fixez une plaque de la même façon sur le panneau supérieur (B). Pour le support du bras de l'appareil, utilisez une équerre en acier plat (10 × 75 cm). Percez deux trous dans sa plus longue partie, avec un écartement correspondant à celui des deux trous centraux de la charnière. Percez aussi un trou pour le boulon de fixation au bras de l'appareil. Mettez en place le panneau supérieur sur la charnière, en utilisant deux vis et deux boulons (C). Ces derniers doivent traverser la lame de la charnière, le panneau et le support métallique sur lequel sont vissés leurs écrous.

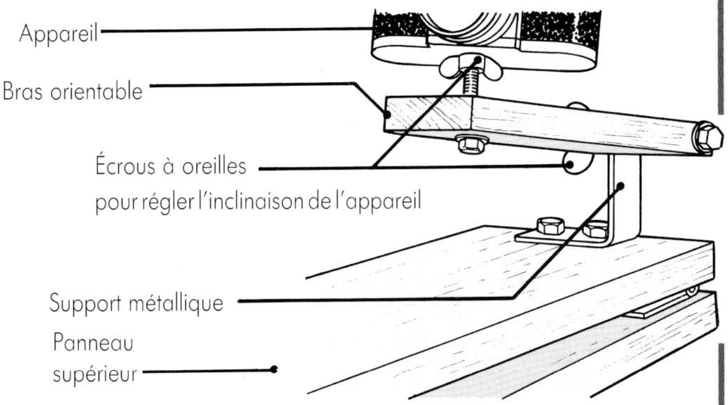

A droite Pour la mise en place du bras de l'appareil, introduisez un boulon, muni d'une rondelle plate, dans le trou du petit côté (7,5 cm) du support métallique, puis dans le bras de l'appareil. Assujettissez le tout avec une autre rondelle et un écrou à oreilles. Dans le trou préalablement percé à l'autre extrémité du bras, introduisez de bas en haut un boulon de 6 mm, muni d'une rondelle, et bloquez-le avec un écrou borgne. Vissez un écrou à oreilles à l'autre extrémité de la tige de ce boulon. L'appareil peut alors être monté sur le boulon en le fixant contre l'écrou à oreilles. En vissant ou dévissant les écrous à oreilles, vous pourrez régler l'inclinaison de l'appareil selon n'importe quel angle. Enfin, repliez les deux panneaux en les entourant d'un fort ruban en caoutchouc.

FABRICATION D'UN TÉLESCOPE

Rien ne vaut un bon télescope pour étudier le ciel nocturne dans les meilleures conditions. Toute observation détaillée nécessite, en effet, un instrument capable de concentrer un maximum de lumière. Beaucoup d'astronomes amateurs fabriquent eux-mêmes une lunette ou un télescope, dont ils obtiennent d'excellents résultats. Il existe un modèle de télescope pratiquement à la portée de tous les bricoleurs, car ses principaux éléments s'achètent en kit ; pour le montage, un simple travail de menuiserie suffit. Il s'agit d'un télescope de Newton monté sur un support de Dobson, dont on doit la conception à John Dobson, des San Francisco Sidewalk Astronomers.

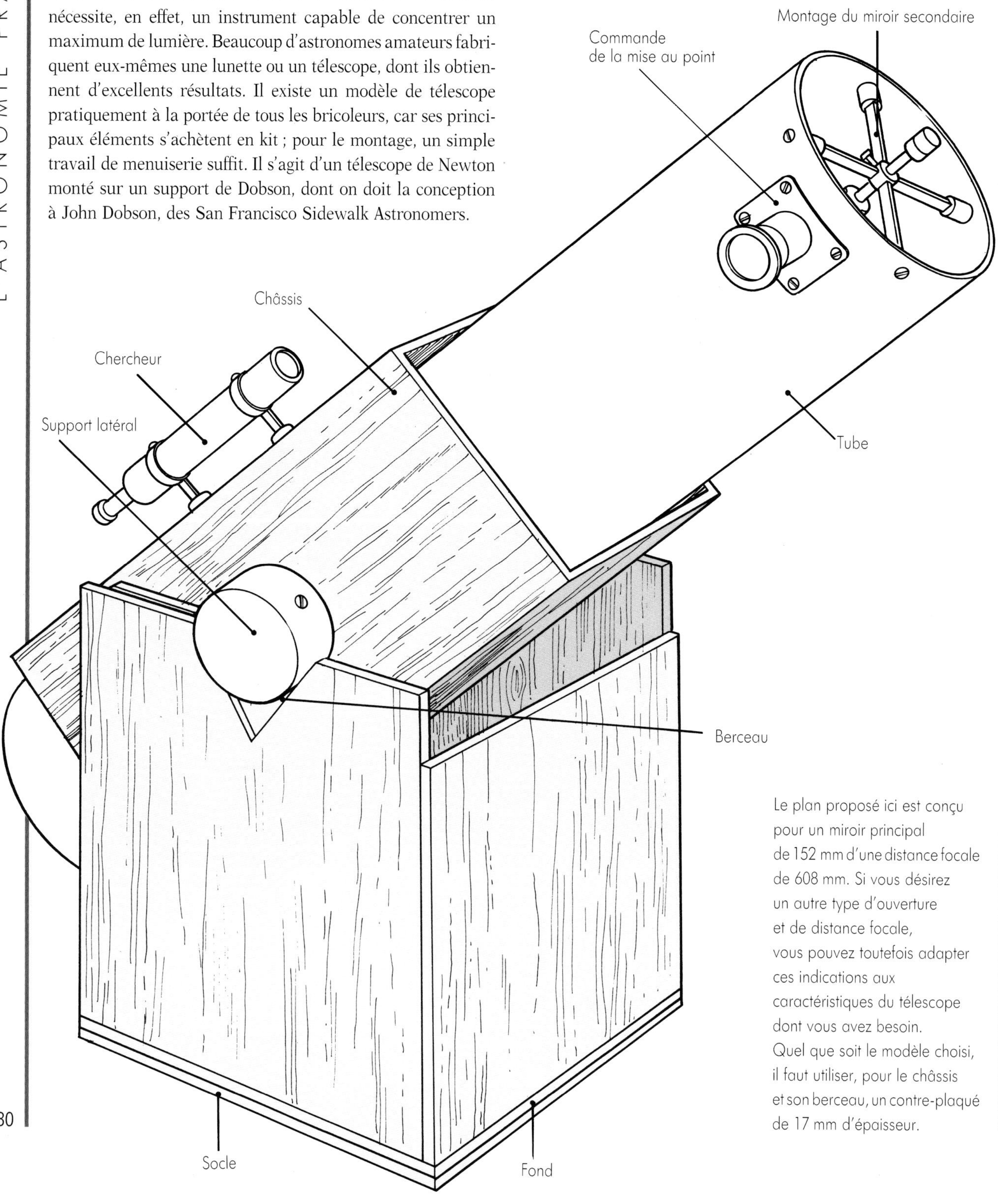

Le plan proposé ici est conçu pour un miroir principal de 152 mm d'une distance focale de 608 mm. Si vous désirez un autre type d'ouverture et de distance focale, vous pouvez toutefois adapter ces indications aux caractéristiques du télescope dont vous avez besoin. Quel que soit le modèle choisi, il faut utiliser, pour le châssis et son berceau, un contre-plaqué de 17 mm d'épaisseur.

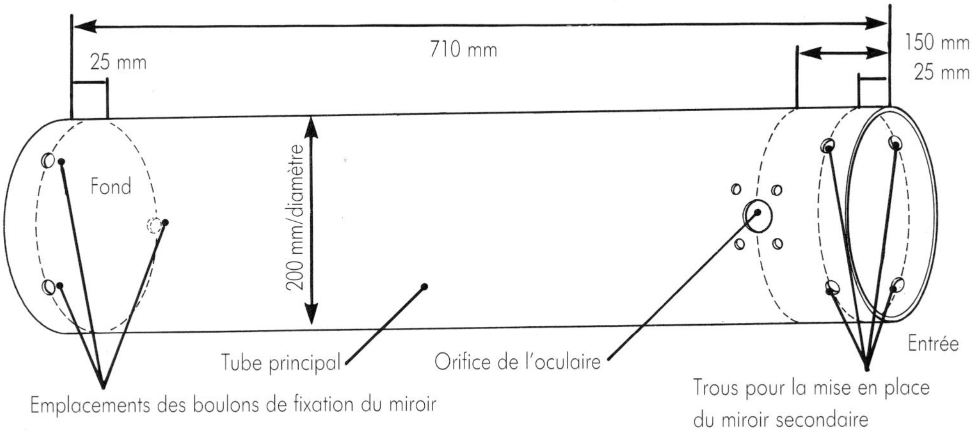

A gauche Le tube principal du télescope. Tous les trous doivent être parfaitement calibrés, en fonction des éléments de montage utilisés. Cela est tout particulièrement important pour ceux qui doivent servir à la mise en place de l'ensemble oculaire/commande de mise au point.

A droite Après avoir fixé le croisillon dans l'entrée du tube, mettez en place le miroir secondaire (selon les indications de la notice du fabricant) en emboîtant sa tige dans le centre du croisillon. Complétez par un arrêtoir (voir ci-dessous), qui empêchera le support du miroir secondaire de glisser dans le tube et d'endommager éventuellement le miroir principal. Un simple enrobage de caoutchouc autour de la tige conviendra.

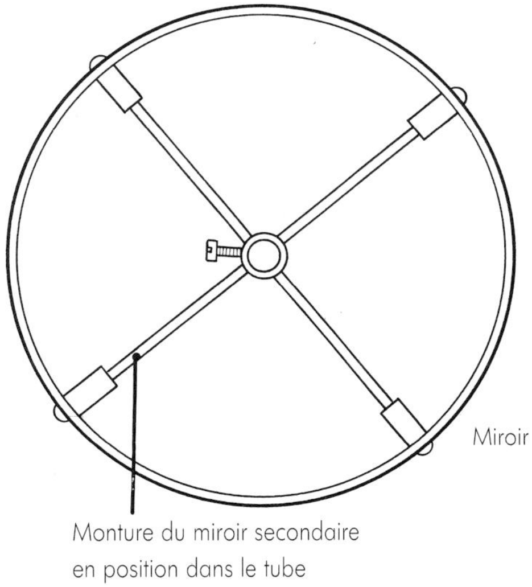

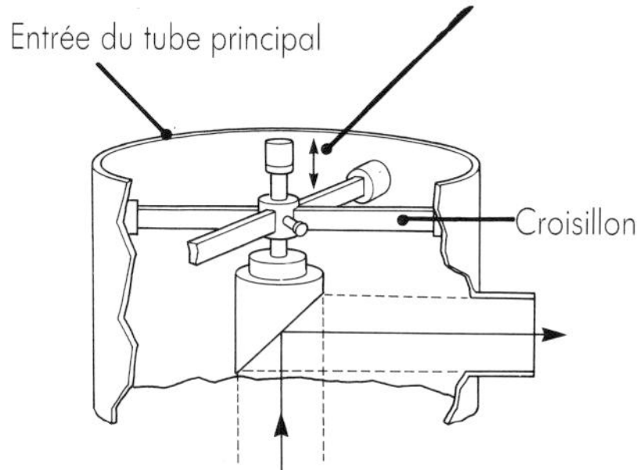

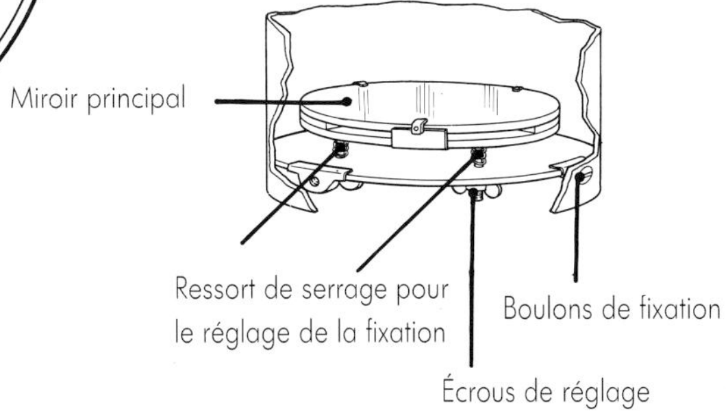

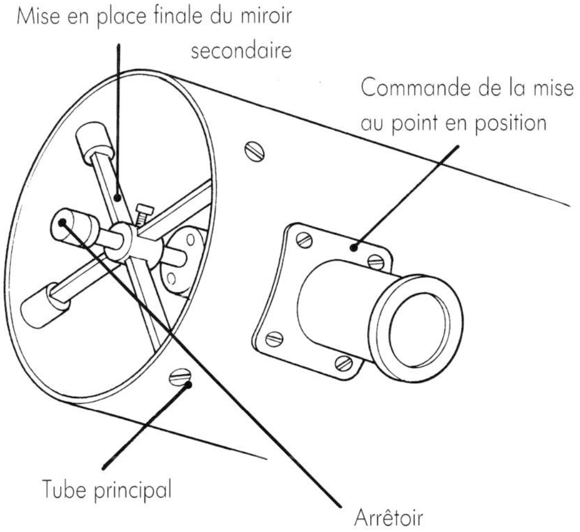

A gauche Vissez la commande de mise au point sur l'orifice de l'oculaire et réglez la hauteur du miroir secondaire de façon qu'il soit au centre du champ visuel lorsqu'on regarde par l'orifice (avant la mise en place de l'oculaire).

Ci-dessus Faites pivoter la tige du miroir secondaire jusqu'à ce que toute la surface de celui-ci soit visible dans l'orifice de mise au point. A l'aide des vis de réglage, orientez ce miroir de sorte que le fond du tube principal soit visible en son centre. Mettez en place le miroir principal au fond du tube et ajustez sa position à l'aide des vis de réglage, de façon que l'autre extrémité du tube soit visible en son centre.

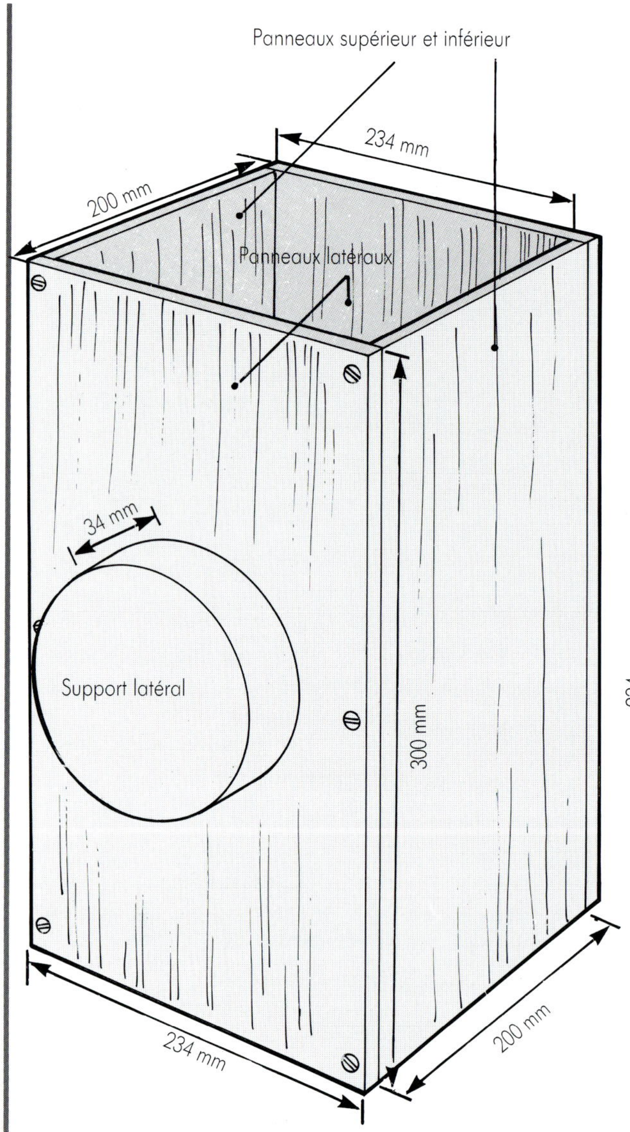

Ci-dessous et à gauche
Déterminez le centre des panneaux latéraux en relevant leurs diagonales et tracez un cercle de 152 mm de diamètre autour de ce point. Découpez quatre disques de 152 mm de diamètre dans du contre-plaqué pour les supports latéraux (deux disques par support). Préparez les supports en collant les disques deux par deux, percez-les de trois trous répartis à 120° sur 45 mm de rayon et fixez-les sur les cercles des panneaux latéraux à l'aide de vis de 50 mm. Emboîtez le manchon des supports sur les disques, percez-y trois trous et fixez le tout à l'aide de vis de 25 mm, en ayant pris soin de percer des avant-trous, pour éviter que les vis ne fassent éclater le contre-plaqué. Il ne reste plus qu'à procéder à l'assemblage des quatre panneaux en les fixant avec des vis.

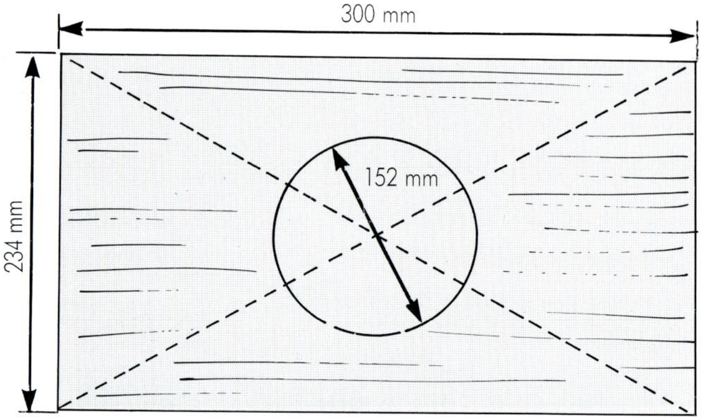

A droite Découpez un V dans le côté supérieur de chaque panneau latéral du berceau. Préparez des éléments de guidage en collant l'une contre l'autre deux planches de 325 × 60 mm, que vous fixerez comme indiqué ci-contre, à l'aide de trois vis de 50 mm, en prévoyant un décalage de 17 mm par rapport au fond. Assemblez les quatre panneaux et le fond avec des vis de 38 mm, après avoir effectué des avant-trous. Doublez le fond en y collant une feuille de Formica et percez en son centre un trou de 12,5 mm de diamètre. Clouez des rubans de Teflon à l'intérieur du V.

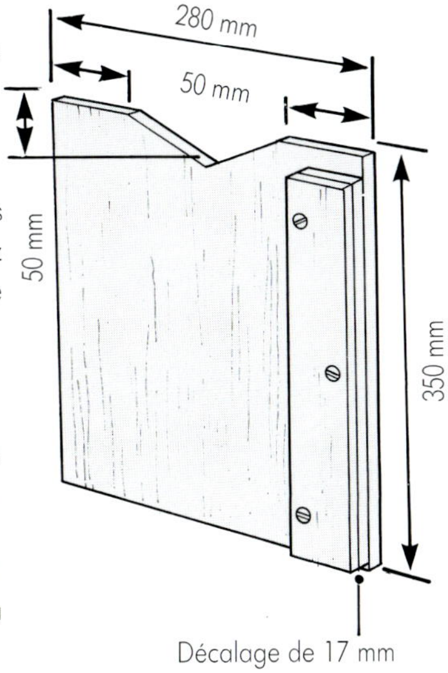

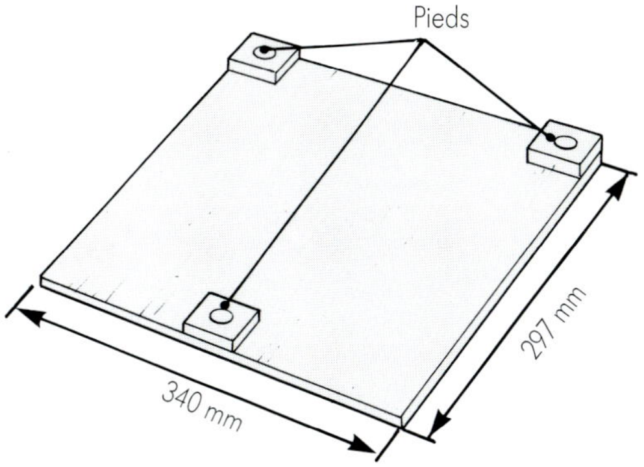

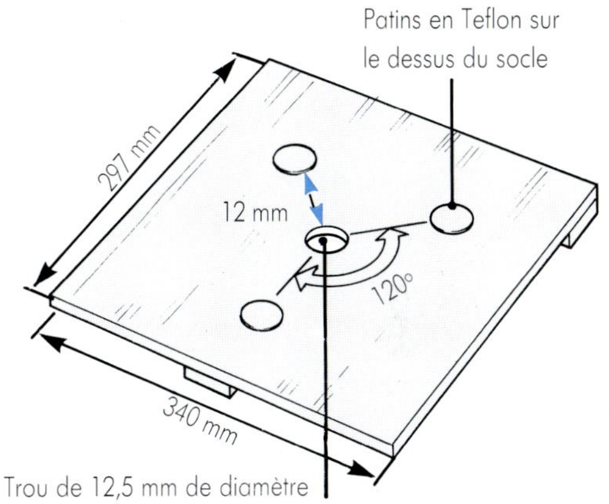

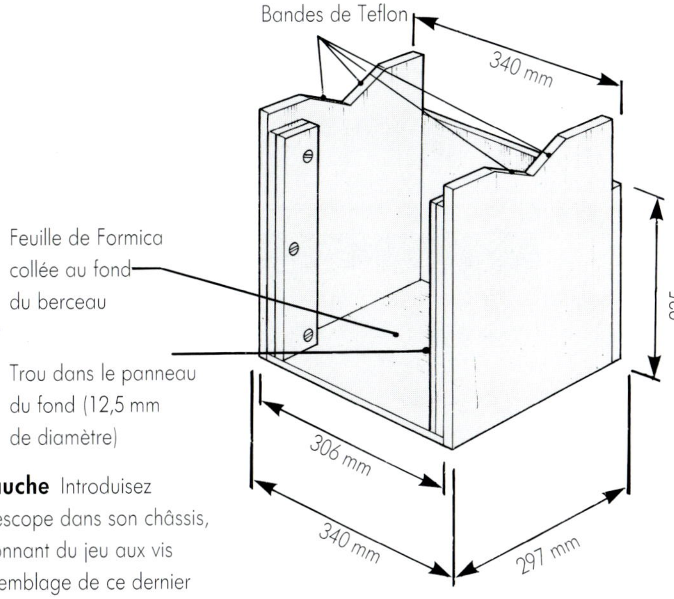

A gauche Introduisez le télescope dans son châssis, en donnant du jeu aux vis d'assemblage de ce dernier pour que le tube puisse y coulisser sans difficulté. Déposez le châssis sur son berceau en plaçant les supports dans les découpes en V. Positionnez le tube dans le châssis de sorte que le télescope demeure en équilibre quel que soit son angle d'orientation. Resserrez ensuite les vis du châssis, afin que le tube y soit solidement maintenu.

Ci-dessus Fixez les pieds sous le socle à l'aide de vis de 32 mm. Placez le socle contre le fond du berceau, en le centrant sur le trou de 12,5 mm, et assujettissez les deux panneaux à l'aide d'un boulon de 12 × 50 mm, complété par des rondelles plates et un écrou. Le berceau peut alors pivoter sur le socle, le Formica glissant sans aucun à-coup sur les patins en Teflon. Resserrez le boulon central jusqu'à ce qu'il n'y ait plus aucun jeu entre le fond du berceau et le socle.

L'ASTROPHOTOGRAPHIE

Avant l'invention de la photographie et de ses applications en astronomie, les observateurs d'objets célestes devaient se contenter de copier à la main ce qu'ils voyaient. Aujourd'hui encore, d'ailleurs, le dessin astronomique joue un rôle important et présente parfois, dans certains domaines, des avantages sur la photographie (voir p. 89). La photographie astronomique, ou astrophotographie, n'en offre pas moins d'immenses possibilités, tant aux amateurs qu'aux professionnels. Elle permet, par exemple, de découvrir certains phénomènes par comparaison d'images réalisées à des dates différentes.

Les premières expériences d'astrophotographie furent plutôt décevantes, faute de systèmes de commande suffisamment précis. De plus, les supports n'étaient pas assez sensibles pour enregistrer de façon homogène la totalité du spectre lumineux. Mais, dans ce domaine, la technologie a fait des progrès considérables, et l'on peut obtenir des images d'une très grande qualité.

Les éléments de base

Il existe un choix important de matériels spécialisés et de techniques perfectionnées, mais un équipement relativement simple donnera entière satisfaction à l'astrophotographe amateur. Il suffit, en effet, de disposer d'un appareil, d'un pied, d'un déclencheur souple et de films appropriés.

L'appareil qui convient le mieux est de type reflex mono-objectif. Il comprend généralement un équipement de série B, qui permet des temps de pose de durée illimitée. Les appareils à objectifs interchangeables peuvent être utiles, si l'on envisage d'explorer toutes les possibilités qu'offre l'astrophotographie.

L'appareil doit être monté sur un trépied pour conserver sa stabilité pendant les longues poses. Il se visse au sommet du trépied grâce à un trou fileté aménagé à sa base. Lorsqu'on achète un trépied, il faut s'assurer que la partie sur laquelle l'appareil doit se visser peut s'orienter dans toutes les directions du ciel. Ce trépied doit être aussi lourd et robuste que possible ; il sera moins facile à transporter, mais il gagnera en stabilité. Munissez en outre votre appareil d'un déclencheur souple, ce qui l'empêchera de bouger quand vous commanderez l'ouverture et la fermeture de l'obturateur.

Le choix du film dépend de sa sensibilité (ou « rapidité ») par rapport à ce que l'on veut faire et des conditions d'observation. La sensibilité de chaque type de film est désignée par une référence numérique de la norme internationale ISO (analogue à l'ancienne norme ASA) ou de la norme allemande DIN, l'importance du nombre étant proportionnelle à la sensibilité de l'émulsion. Les films lents, jusqu'à 100 ISO, donnent des images de très grande qualité, avec peu de granulation et une bonne restitution des couleurs. Ils ont toutefois une faible sensibilité à la lumière et ne peuvent être utilisés que dans le cas d'objets

Un appareil reflex mono-objectif à déclencheur souple, monté sur un robuste trépied. C'est le matériel de base idéal pour s'initier à l'exploration photographique du ciel. Bien que ce système ne dispose pas de guidage automatique capable de suivre le déplacement des astres, il n'en offre pas moins toutes sortes de possibilités, telles que traînées d'étoiles et de satellites, photographies de météores et d'aurores polaires.

très brillants, comme la pleine Lune. Les films de sensibilité moyenne s'échelonnent de 100 à 400 ISO. Ils ont une meilleure sensibilité, mais avec davantage de grain et moins de contraste. Ce type de films convient aux luminosités plus diffuses, par exemple pour réaliser des images de la Lune et des planètes au crépuscule, avec un grand champ. Viennent enfin les films les plus sensibles, de l'ordre de 1 000 ISO ou davantage. Ils ont l'inconvénient de présenter peu de contraste et une granulation assez accentuée, ce qui limite d'autant la finesse des détails.

Quant au choix entre le noir et blanc et la couleur, ou entre le tirage sur papier ou les diapositives, il dépend surtout de la présentation que l'on souhaite obtenir. D'une façon générale, le noir et blanc offre davantage de contraste. De plus, les négatifs en noir et blanc peuvent être utilisés pour des projections sur écran qui permettent de souligner de très nombreux détails.

Lorsque vous faites développer un film, pensez à préciser qu'il s'agit de photographies du ciel nocturne, car, sans un examen attentif, on pourrait croire que les négatifs n'ont pas été impressionnés et l'on n'en ferait aucun tirage. Dans le cas d'un film pour diapositives, on peut même vous le rendre tel quel, sans découpage, et devant cet ensemble ininterrompu de panoramas nocturnes, vous aurez bien du mal à distinguer les limites de chaque image. Mieux vaut donc procéder vous-même au découpage et au montage de vos films, ce qui n'est pas très difficile et beaucoup plus sûr.

Les premières poses

Après avoir fixé sur son trépied l'appareil chargé et muni de son déclencheur souple, réglez-le à l'infini et à sa plus grande ouverture. Celle-ci se règle à l'aide d'une bague graduée portant des indications telles que 16, 11, 8, 5,6, 4, 2,8 et 2. Plus le nombre est petit, plus large est l'ouverture et plus celle-ci laisse pénétrer de lumière. Il faut que l'ouverture soit aussi grande que possible, sauf s'il s'agit, par exemple, de photographier des objets très lumineux tels que le Soleil ou la pleine Lune.

Les traînées d'étoiles sont sans doute le sujet le plus couramment choisi par les astrophotographes débutants. Le déplacement apparent des étoiles leur fait parcourir le ciel d'ouest en est. Les circumpolaires – celles qui sont suffisamment proches du pôle céleste pour rester constamment au-dessus de l'horizon – semblent ainsi tourner autour du pôle. Avec un temps de pose assez long, elles apparaîtront sous la forme de traînées lumineuses. Une série de photographies de ce type peut, en outre, donner des indications sur la vitesse apparente des étoiles situées à des distances différentes du pôle céleste.

Il n'est pas plus difficile de photographier les étoiles sous forme de points lumineux, et non de traînées. Avec des temps de pose suffisamment réduits, les effets de traînée seront négligeables. Il faut toutefois savoir moduler ces temps de pose en fonction des régions du ciel que l'on photographie. Dans le cas des étoiles proches de l'équateur céleste, il faut une durée d'exposition de l'ordre de 20 à 25 secondes, avec un objectif normal de 50 mm. Cette durée peut augmenter au fur et à mesure que l'on se rapproche des pôles célestes. Il est également possible d'utiliser des temps de pose plus longs, sans effets de traînée, avec des objectifs à large champ. On obtient d'ailleurs le résultat inverse avec les objectifs à longue focale, qui accentuent considérablement les effets de traînée.

La durée d'exposition peut se chronométrer à l'aide d'une montre à trotteuse ou d'un chronomètre. On peut également recourir à des systèmes plus perfectionnés, comme ces minuteurs qui se programment en compte à rebours et émettent un signal sonore en arrivant au zéro.

Pour chaque prise de vue, il faut prendre en compte un certain nombre d'éléments : type de film et d'objectif à utiliser, région du ciel et caractéristiques des objets observés, luminosité ambiante, etc. Pour s'éclairer sur le site d'observation, il est conseillé d'utiliser une lumière rouge, qui ne perturbe pas l'adaptation de l'œil à l'obscurité.

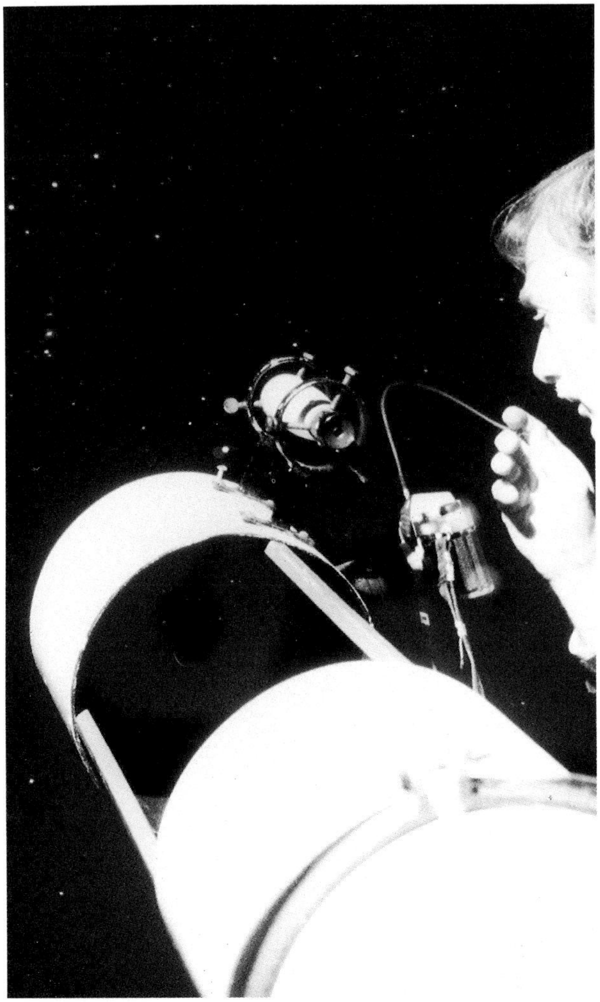

Par rapport au simple équipement de la page précédente, l'astrophotographie passe à un stade supérieur avec le montage d'un appareil sur un télescope. Celui-ci est pointé en direction d'une étoile qui se situe dans le même champ que celui de l'appareil. Il suffit donc de le déplacer durant le temps d'exposition, de façon à maintenir l'étoile dans le champ photographique. L'utilisation d'un oculaire à réticule est alors recommandée, car elle permet une visée beaucoup plus précise.

Autres possibilités

Jusqu'à présent, nous n'avons envisagé que l'utilisation d'un appareil ordinaire, orienté à la main. Ce type de matériel offre des possibilités relativement limitées et, si l'on envisage des travaux plus ambitieux, il faut recourir à un équipement plus perfectionné, tel que téléobjectif, système de guidage, filtres, etc. Pour fabriquer un support simple mais efficace, reportez-

A droite Les trois objets très brillants que l'on voit au centre et en haut de cette photographie sont, en ordre descendant, Saturne, Mars et Alpha Librae. On voit également, vers le bas, le halo produit par l'éclairage public : ce type de pollution lumineuse est l'un des principaux inconvénients que rencontrent les astronomes amateurs.

Ci-dessous Cette superbe image, que l'on doit à un amateur, montre Vénus et Jupiter. Vénus, qui est le plus brillant objet du ciel nocturne après la Lune, est une cible idéale pour s'initier à l'astrophotographie.

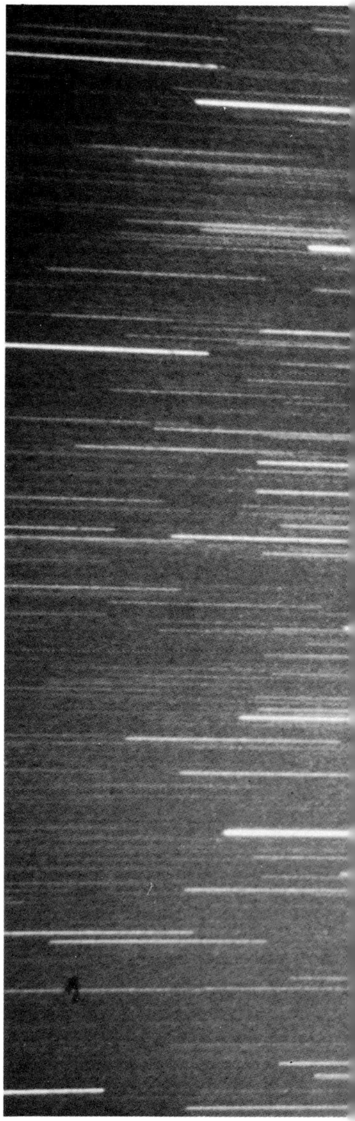

vous aux explications données pp. 78-79. Cette monture compense l'effet de la rotation terrestre et permet à l'appareil de suivre le déplacement apparent des étoiles dans le ciel, en offrant ainsi la possibilité d'utiliser des temps de pose beaucoup plus longs.

Ci-dessous Cette image a été obtenue à l'aide d'un appareil simplement monté sur un trépied et pointé en direction de la constellation d'Orion. En laissant ouvert l'obturateur, on a ainsi obtenu cette belle succession de traînées d'étoiles.

L'astrophotographe peut aussi faire appel au télescope, ce qui requiert des méthodes particulières. Dans certains cas, il suffit de tenir l'appareil contre l'oculaire pour de brefs temps de pose, qui permettent de photographier des objets brillants, comme la Lune. On peut aussi monter l'appareil sur le tube du télescope, qui sert alors à suivre le déplacement des objets visés pendant la prise de vue. Enfin, une autre méthode consiste à coupler l'appareil, dépourvu de son objectif, avec le télescope, qui fait ainsi office d'objectif.

L'astrophotographie offre une infinité de possibilités, pour peu que l'on sache tirer parti des multiples moyens techniques dont on dispose aujourd'hui. Beaucoup d'amateurs sont ainsi capables de faire à peu près tout eux-mêmes, depuis les prises de vue jusqu'au développement des films, en passant par la fabrication de leur télescope, voire d'appareils spécialisés.

L'INDISPENSABLE JOURNAL DE BORD

Beaucoup d'astronomes amateurs tiennent à jour une sorte de journal de bord dans lequel ils font le compte rendu de leurs observations. Ce travail n'a pas seulement une valeur de référence, car l'effort qu'il nécessite incite à mieux se concentrer sur ce que l'on voit et amène ainsi à découvrir des détails qui, sans cela, nous auraient échappé. L'examen attentif d'une galaxie, par exemple, nous révèle davantage qu'une simple tache lumineuse. On parvient à distinguer sa forme, ainsi que des différences d'intensité mettant en relief l'emplacement d'un noyau brillant qui se détache sur la luminosité plus diffuse des bras. Aiguillonnée par l'impératif du compte rendu, notre séance d'observation peut ainsi nous amener à une vision très détaillée de cette galaxie.

Pour qu'un tel travail porte réellement ses fruits, il est indispensable que vous notiez tout ce que vous voyez, sans omettre le moindre détail. Cela vous permettra non seulement d'emmagasiner ainsi un maximum d'informations, mais aussi de mieux les mémoriser.

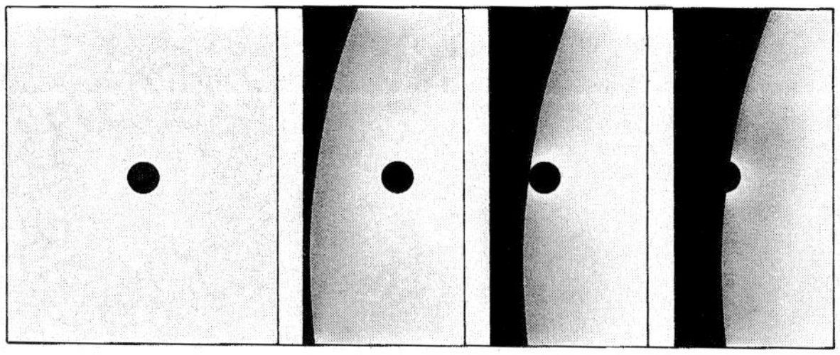

Cette série de dessins obtenus par projection solaire montre le passage de Mercure devant le disque solaire à la fin de son transit du 10 novembre 1973. De gauche à droite, on voit Mercure sur le disque solaire à 13 h 09 UT (A), se rapprocher du limbe à 13 h 13 UT (B), l'atteindre à 13 h 15 UT (C) et le franchir à 13 h 16 UT (D). Ces observations ont été réalisées à l'aide d'une lunette de 115 mm, avec un grossissement de 186 ×.

Le choix du support

Le plus pratique est d'utiliser un cahier ou un grand carnet plutôt que des feuilles volantes. On a le choix entre des pages blanches, rayées ou quadrillées. Ces dernières sont sans doute ce qui convient le mieux, surtout si l'on souhaite compléter ses notes par des dessins à l'échelle, des courbes graduées sur l'intensité des étoiles variables, ou l'activité des pluies de météorites. Choisissez de préférence une reliure en spirale et une couverture rigide, ce qui facilite les manipulations du carnet et permet de le tenir bien à plat. Quant au format, mieux vaut qu'il soit grand. Vous aurez ainsi la possibilité de consacrer chaque page ou chaque double page à un seul thème, comme le compte rendu quotidien des activités météoritiques ou des dessins de la Lune réalisés plusieurs nuits de suite.

Méthode de travail

En tout premier lieu, il faut noter la date et l'heure de vos observations, en vous référant de préférence à l'échelle du temps moyen de Greenwich (GMT) ou à celle du temps universel (UT). Sinon, indiquez l'heure locale, mais en sachant que vous risquez d'avoir à la convertir en heure GMT ou UT. Notez aussi tout ce qui concerne l'instrument utilisé, en particulier ses caractéristiques, l'ouverture, la distance focale, l'oculaire et le grossissement. En général, les objets de grandes dimensions, tels que comètes, amas stellaires, nébuleuses et galaxies, requièrent un faible grossissement et un champ plus large. Les objets dont l'éclat se concentre en une zone relativement restreinte, tels que planètes, étoiles doubles et nébuleuses planétaires, nécessitent un plus fort grossissement. Mais il faut savoir moduler selon les cas : le halo fluorescent qui entoure une nébuleuse à émission peut être mieux mis en valeur par un faible grossissement, alors qu'on peut utiliser un grossissement important pour faire ressortir l'amas stellaire très dense qui occupe le noyau d'une nébuleuse.

Notez également l'emplacement de votre site d'observation, ainsi que les conditions de visibilité. Pour celles-ci, le plus simple est de vous référer à l'échelle conçue par l'astronome français Eugène Antoniadi :

I Visibilité parfaite, sans le moindre frémissement.
II Légères ondulations, avec des accalmies de quelques secondes.
III Visibilité médiocre, avec de grands remous atmosphériques.
IV Mauvaise visibilité, avec de grands remous atmosphériques.
V Très mauvaise visibilité permettant à peine de faire des croquis approximatifs.

Enfin, il est également utile de donner des indications sur la transparence de l'air. Là encore, on peut utiliser une échelle simple, allant de 0 (nuageux) à 10 (ciel totalement dégagé). Savoir faire une bonne estimation des conditions de visibilité

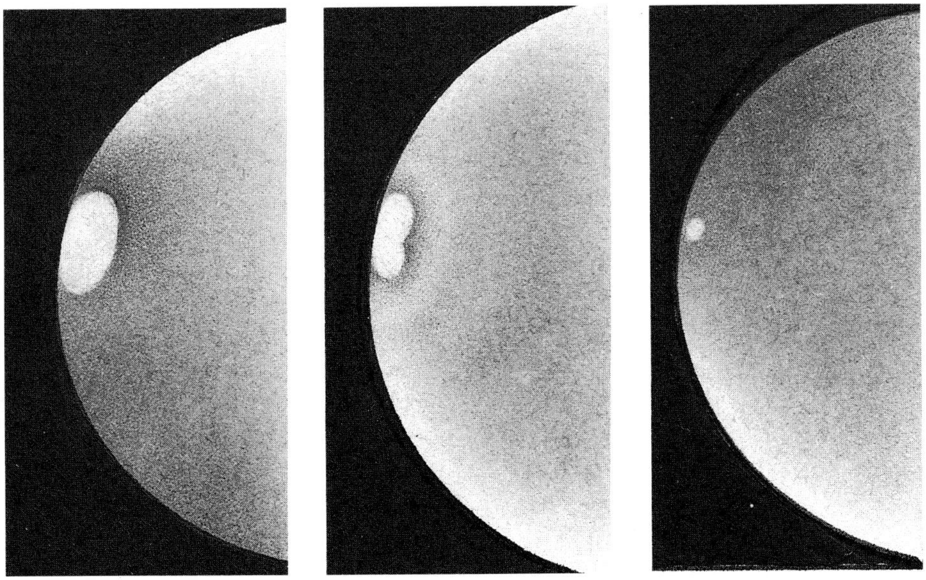

Série de dessins montrant la régression de la calotte polaire de Mars. Sur le premier dessin, réalisé les 6-7 août 1988 entre 23 h 01 UT et 00 h 25 UT, la calotte forme encore un grand cercle blanc. Elle a nettement diminué sur le deuxième dessin, qui date du 7 septembre, et il ne reste plus qu'une toute petite tache lumineuse sur le dernier dessin, réalisé le 28 novembre, bien après le solstice d'été de l'hémisphère austral martien. Lunette de 115 mm, grossissement de 186 ×.

et de la transparence de l'air n'est qu'une question d'expérience. Ne vous attendez donc pas à y parvenir du premier coup. Au besoin, faites-vous conseiller par un observateur plus chevronné.

Les dessins astronomiques

Pour faciliter la réalisation de ce type de dessins, tracez au préalable des cadres circulaires (10 cm de diamètre), qui figureront votre champ visuel. Après avoir étudié votre zone d'observation, notez bien la position des étoiles par des points (plus l'étoile est brillante, plus le point est gros). Commencez par relever la position des plus brillantes et utilisez-les ensuite comme repères pour mettre les autres en place. Procédez à une vérification systématique de toutes ces positions et n'hésitez pas à les modifier jusqu'à ce que tout vous semble satisfaisant.

L'étape suivante dépend du type d'objets que vous dessinez. Pour un amas stellaire, commencez par fixer l'emplacement de la zone centrale par rapport aux étoiles déjà indiquées. Ensuite seulement vous représenterez ses composantes périphériques.

Pour une galaxie ou une nébuleuse, il en va différemment. A l'aide d'un crayon gras (2B, ou plus gras encore), tracez les zones de nébulosité les plus brillantes (dans le cas d'une galaxie, celle-ci se trouve généralement dans le noyau). Vous pourrez alors mettre en place les zones plus diffuses, en accentuant plus ou moins les traits de crayon selon l'intensité de leur éclat.

Lorsque les grandes lignes sont achevées, il reste encore à en améliorer les détails. La transition entre les zones de luminosité différente doit être moins nette, plus nuancée : à l'aide d'une gomme, vous devez en estomper suffisamment les contours pour qu'il n'y ait plus de ruptures d'une zone à l'autre, mais de subtils dégradés.

L'orientation du télescope ou de la lunette doit être indiquée sur chaque croquis, en tenant compte du fait que cet instrument donne une image inversée. Par conséquent, pour les observateurs de l'hémisphère Nord, le nord se trouve au bas du champ visuel, le sud en haut, l'est à droite, l'ouest à gauche. Et c'est évidemment l'inverse dans l'hémisphère Sud : nord en haut, sud en bas, est à gauche et ouest à droite. Si vous craignez de ne pas vous y retrouver, rappelez-vous simplement que les étoiles font leur entrée dans le champ visuel en venant de l'est : il suffit donc d'attendre quelques instants pour savoir où se trouve l'est dans votre champ de vision.

Il faut noter également sur chaque croquis le diamètre angulaire du champ visuel. Pour le calculer, choisissez une étoile proche de l'équateur céleste et mesurez le temps qu'il lui faut pour traverser tout le champ visuel. En divisant ce temps (en minutes) par 15, vous obtiendrez le diamètre du champ en minutes d'arc.

Il n'a été question, jusqu'à présent, que des dessins au crayon, lesquels correspondent à des images « en négatif » des amas stellaires, des nébuleuses ou des galaxies. Or, bien d'autres techniques peuvent être utilisées, comme la craie blanche sur du papier noir, qui a l'avantage de donner des images « en positif » d'un effet très réaliste.

N'hésitez pas à utiliser des couleurs pour donner davantage de réalisme à certains éléments de vos dessins. Car, si les objets les plus lointains paraissent incolores, à moins de disposer d'un très puissant télescope, la plupart des planètes se signalent, en revanche, par des couleurs distinctes, sans parler de certaines étoiles, et notamment des doubles. L'exemple le plus évident est celui de Mars, dont l'éclat rouge et la surface contrastée peuvent faire l'objet de bien des séances de travail. C'est également le cas de Jupiter, dont la Grande Tache rouge se compose

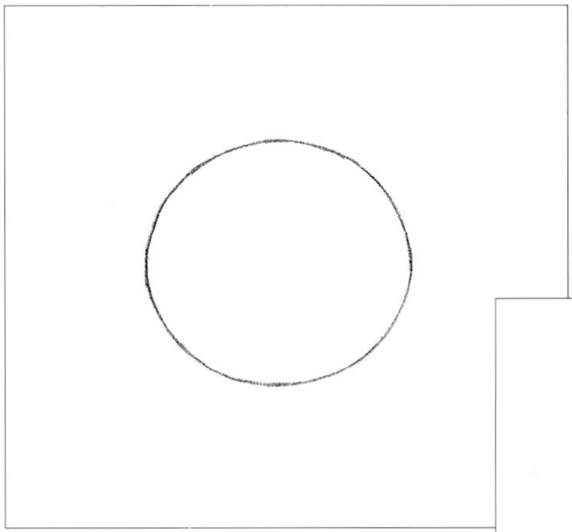

A

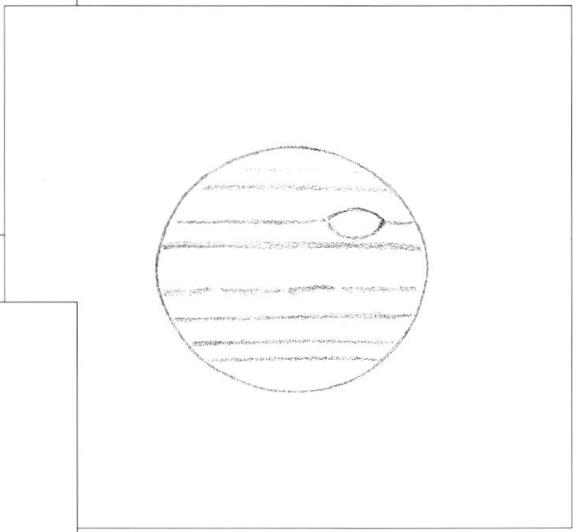

B

C

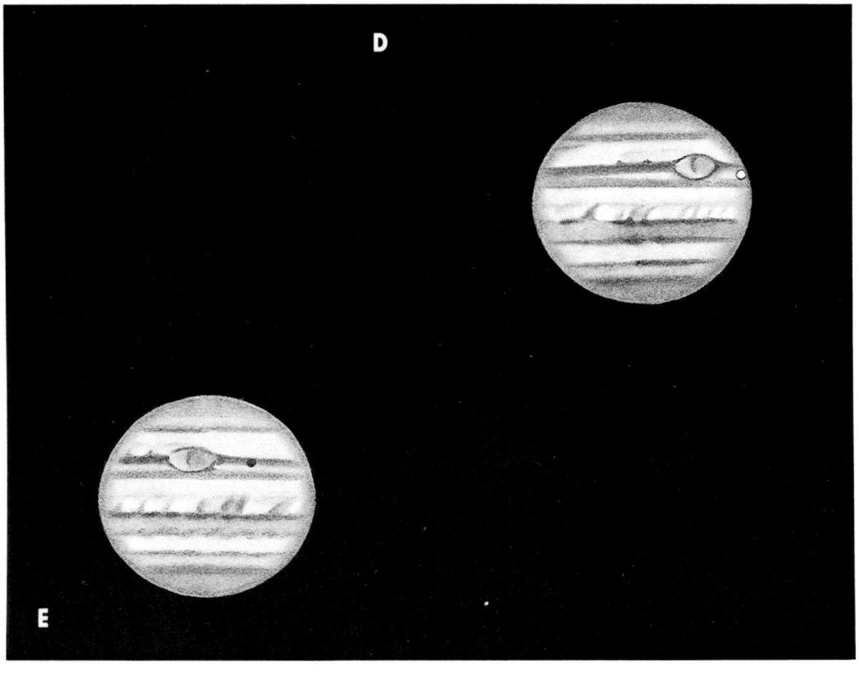

Cet ensemble consacré à Jupiter a été réalisé le 16 décembre 1988, entre 21 h 40 UT et 23 h 40 UT, à l'aide d'une lunette de 152 mm à f/13. Il montre ce que peuvent être les différentes étapes de la construction d'un dessin astronomique. Commencez par tracer au crayon gras un simple cercle légèrement aplati figurant les contours de la planète (A), dans lequel vous répartissez les zones et les bandes principales (B). Vous ajoutez ensuite de plus en plus de détails (C), au fur et à mesure que vous vous familiarisez avec la configuration de la planète. Toutefois, vous ne devez pas prendre plus d'une quinzaine de minutes pour achever votre dessin, car Jupiter tourne rapidement sur lui-même, faisant ainsi disparaître certaines parties de sa surface. Pour les dernières touches, la lunette n'est d'ailleurs pas nécessaire. Utilisez du coton pour estomper légèrement la transition entre zones et bandes, et de la peinture noire pour représenter le ciel nocturne (D). Dans notre exemple, on peut voir l'ombre de Io sur le dernier dessin (E), qui a été réalisé environ une heure après le premier, pour montrer les effets de la rotation rapide de Jupiter. Sur le dessin précédent, le satellite apparaît sous la forme d'une petite tache brillante sur le limbe de la planète.

de subtiles nuances qui contrastent avec le brun orangé et le jaune des bandes et des zones. Ces couleurs se distinguent nettement à l'aide d'un télescope d'environ 200 mm d'ouverture, mais on peut s'en faire une idée générale avec des instruments plus petits.

Quels que soient les objets que vous choisirez de dessiner, ne vous découragez pas si vos premiers essais ne vous semblent pas à la hauteur. Comme dans bien d'autres domaines, il faut un minimum de pratique pour obtenir des résultats satisfaisants. Et, lorsque vous aurez acquis suffisamment de maîtrise, vous aurez tout loisir d'opter pour les techniques qui vous paraîtront les plus appropriées.

Enfin, pour donner un peu de vie à vos notes, n'hésitez pas à les accompagner de commentaires concernant votre état d'esprit ou certains détails qui auraient pu vous interpeller pendant vos observations : par exemple, peut-être avez-vous entendu un hululement alors que vous aviez l'œil rivé sur la nébuleuse du Hibou !... Vos notes constitueront ainsi un véritable « journal de bord », que vous aurez d'autant plus de plaisir à relire plus tard pour vous remémorer toutes ces nuits passées à contempler le ciel.

A droite Bien que Vénus puisse se rapprocher de la Terre plus que toute autre planète, elle ne se prête guère au dessin astronomique, car elle est complètement recouverte de couches nuageuses. Il arrive toutefois que celles-ci présentent, de temps en temps, certaines structures intéressantes. Ce pastel de Vénus en croissant a été réalisé à partir d'un dessin au crayon du 16 mai 1988, à 18 h 50 UT. Il révèle des irrégularités sur le terminateur. Lunette de 152 mm, f/13, grossissement 166 ×.

A droite Série de dessins de la comète Bradfield, réalisée en novembre 1987, avec des jumelles de 7 × 50. La tache vaporeuse ronde est l'amas ouvert NGC 663. Le premier dessin montre la comète dans la Queue du Serpent ; la chevelure est à peine visible à l'œil nu, avec 4,9 de magnitude. Sur le deuxième dessin, la comète pénètre dans Ophiucus et passe devant NGC 663, ce qui nuit à sa visibilité, puis sa course se poursuit dans les deux derniers dessins, qui ont été réalisés dans de moins bonnes conditions atmosphériques.

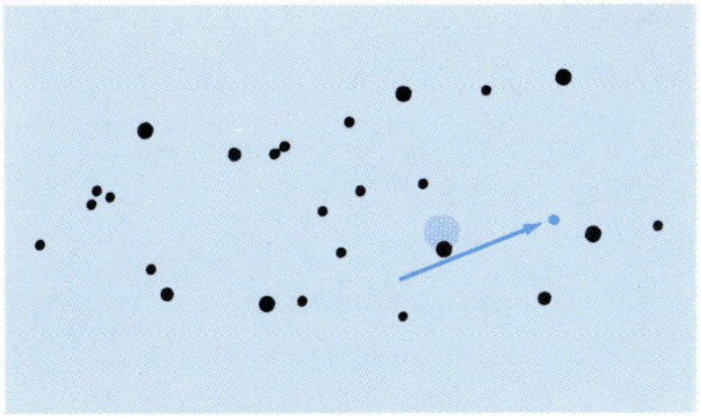

13-14 novembre 1987
17 h 55 - 18 h 10 UT

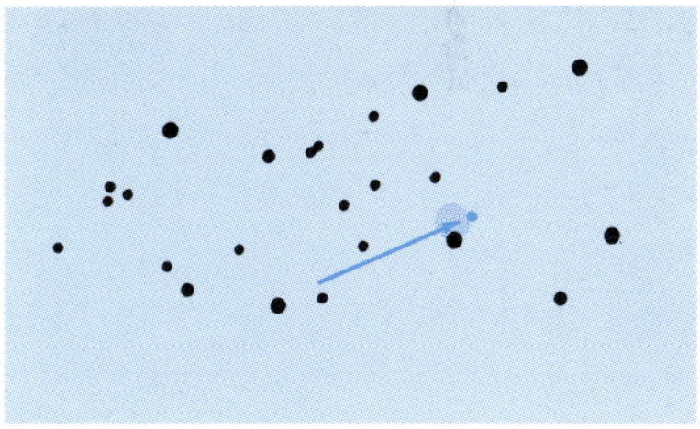

14-15 novembre 1987
17 h 50 - 18 h 00 UT

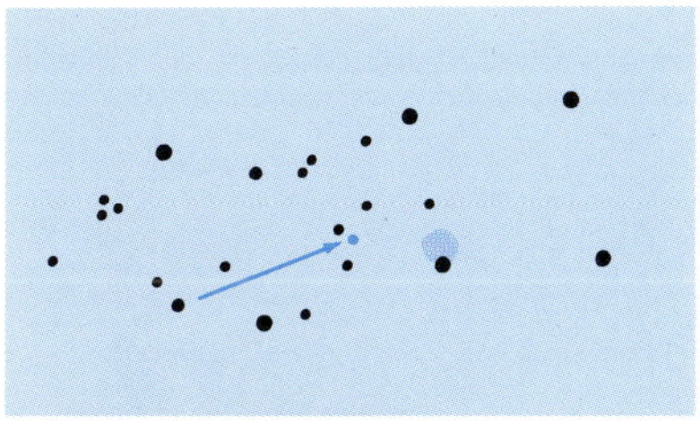

15-16 novembre 1987
19 h 05 - 19 h 15 UT

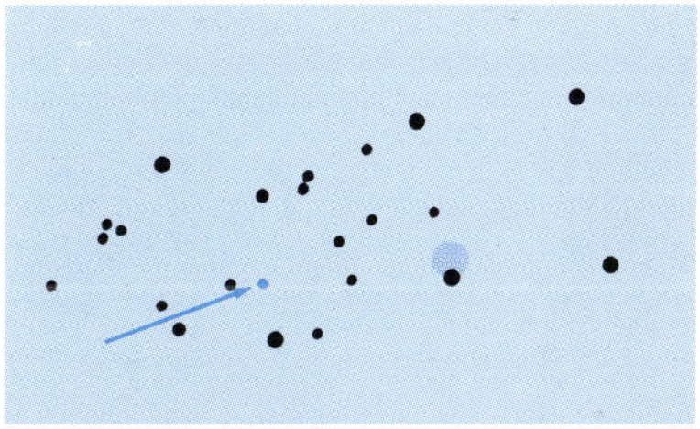

16-17 novembre 1987
18 h 00 - 18 h 10 UT

UN OBSERVATOIRE D'ASTRONOME AMATEUR

Lunettes et télescopes de petite taille sont pratiquement tous transportables, mais plus les instruments sont grands, moins ils sont faciles à déplacer. A partir de 100 mm d'ouverture pour les lunettes et de 200 mm pour les télescopes, il faut les installer à demeure dans un local spécialement aménagé à cet usage. Changer fréquemment de place un grand télescope risque de le détériorer, de plus cela n'est pas chose aisée !

La construction d'un observatoire d'amateur peut s'envisager de deux façons : ou l'on s'en charge soi-même, ou l'on fait appel à un entrepreneur. Cette dernière solution est évidemment la meilleure, si l'on peut faire face à la dépense : moins on passe de temps à construire un local, plus on peut en consacrer à l'observation du ciel. Mais pour ceux qui n'en ont pas les moyens, la seule solution est de se débrouiller seul.

Quel modèle choisir ?

Il existe trois principaux types d'observatoires : à toit coulissant, à dôme pivotant ou du type abri amovible. Chacun présente des avantages et des inconvénients, mais dans tous les cas, plus vous consacrerez de temps à concevoir et à construire votre observatoire, plus vous aurez de chance qu'il vous donne satisfaction.

Le plus simple et le plus courant est l'abri amovible. Ce n'est rien d'autre qu'un petit bâtiment qui protège l'instrument des intempéries lorsqu'on ne s'en sert pas. Et, comme son nom l'indique, il s'agit d'un abri mobile, formé de deux éléments qui peuvent s'écarter de part et d'autre de l'instrument. Il en existe plusieurs variantes dans lesquelles on ne déplace qu'une seule partie ou un panneau. Dans tous les cas, le ou les éléments mobiles doivent être montés sur des roues qui coulissent sur des rails insérés dans une surface en béton.

Ce type d'aménagement a plusieurs avantages, notamment celui d'être peu onéreux : comme il est conçu pour abriter uniquement l'instrument, ses dimensions se réduisent au minimum. De plus, c'est le modèle le plus facile à construire. En revanche, il n'offre aucune protection au malheureux observateur qui demeure exposé à la rigueur de l'air nocturne, et il est moins bien adapté aux lunettes qu'aux télescopes. Les premières requièrent, en effet, une monture beaucoup plus haute que les seconds, ce qui nécessite une construction plus élevée, offrant davantage de prise aux rafales de vent. Certes, il est possible d'élargir ses dimensions en conséquence, pour augmenter sa stabilité, mais cela implique un surcroît de travail et des dépenses supplémentaires.

Le système du toit coulissant est plus intéressant, même s'il présente des inconvénients, car, si l'on peut y installer aussi bien lunettes que télescopes, l'horizon utile de ces derniers se trouve limité par la hauteur des murs d'une telle construction. Par ailleurs, celle-ci requiert une plus grande superficie de terrain, compte tenu de l'espace supplémentaire qu'occupe le toit lorsqu'il est écarté. Ce type d'observatoire a, en revanche, l'avantage d'être facile à construire. Et, comme le précédent, il faut très peu de temps pour le mettre en état d'utilisation. Enfin et surtout, il offre à l'observateur une bonne protection, non seulement contre le vent, mais aussi contre les incidences lumineuses du voisinage.

Quant à l'observatoire à dôme pivotant, son principal inconvénient est d'être difficile à construire. Il présente pourtant le double avantage de constituer une excellente protection pour l'observateur et de supprimer presque totalement les incidences lumineuses gênantes. Il convient en outre aussi bien aux lunettes qu'aux télescopes et offre suffisamment de place pour y entreposer du matériel. L'observatoire à toit coulissant permet également d'y aménager des espaces de rangement, tandis que ce n'est pas le cas d'un abri amovible.

Le choix de l'emplacement

Un observatoire ne peut pas se construire n'importe où. Contrairement aux idées reçues, notamment, le toit d'une maison ne convient pas du tout : il y serait soumis à beaucoup trop de vibrations et exposé à la violence des vents. De plus, la chaleur dégagée par une maison crée des turbulences qui déformeraient les images perçues par un observateur installé sur son toit. C'est un phénomène auquel on assiste couramment au-dessus des routes ou des toitures surchauffées par le Soleil. Essayez d'imaginer ce que cela donnerait s'il vous fallait localiser la position d'une étoile très lointaine avec un champ visuel aussi trouble !

Le mieux est un endroit complètement isolé, même si vous n'avez pas la chance de disposer d'un grand jardin. Un observatoire doit être le plus à l'écart possible d'une construction, avec un horizon ouvert. Vous réaliserez à cette occasion combien nous vivons dans un environnement surchargé, où il faut composer avec toutes sortes d'obstacles naturels ou artificiels, sans parler des inconvénients de l'éclairage public.

Dans l'hémisphère Nord, il faut se débrouiller pour obtenir une vue bien dégagée entre le pôle céleste boréal et l'horizon méridional (et l'inverse dans l'hémisphère Sud). Tous les objets célestes visibles de votre site d'observation devront passer, à un moment ou à un autre, dans cette région du ciel.

Et les dimensions ?

La fonction d'un observatoire est de loger un télescope ou une lunette, ainsi que l'observateur, du moins dans le cas du type à toit coulissant ou à dôme. Pour en prévoir les dimensions, mesurez la longueur du tube de l'instrument depuis le centre de son support jusqu'à l'extrémité qui pointe vers le ciel.

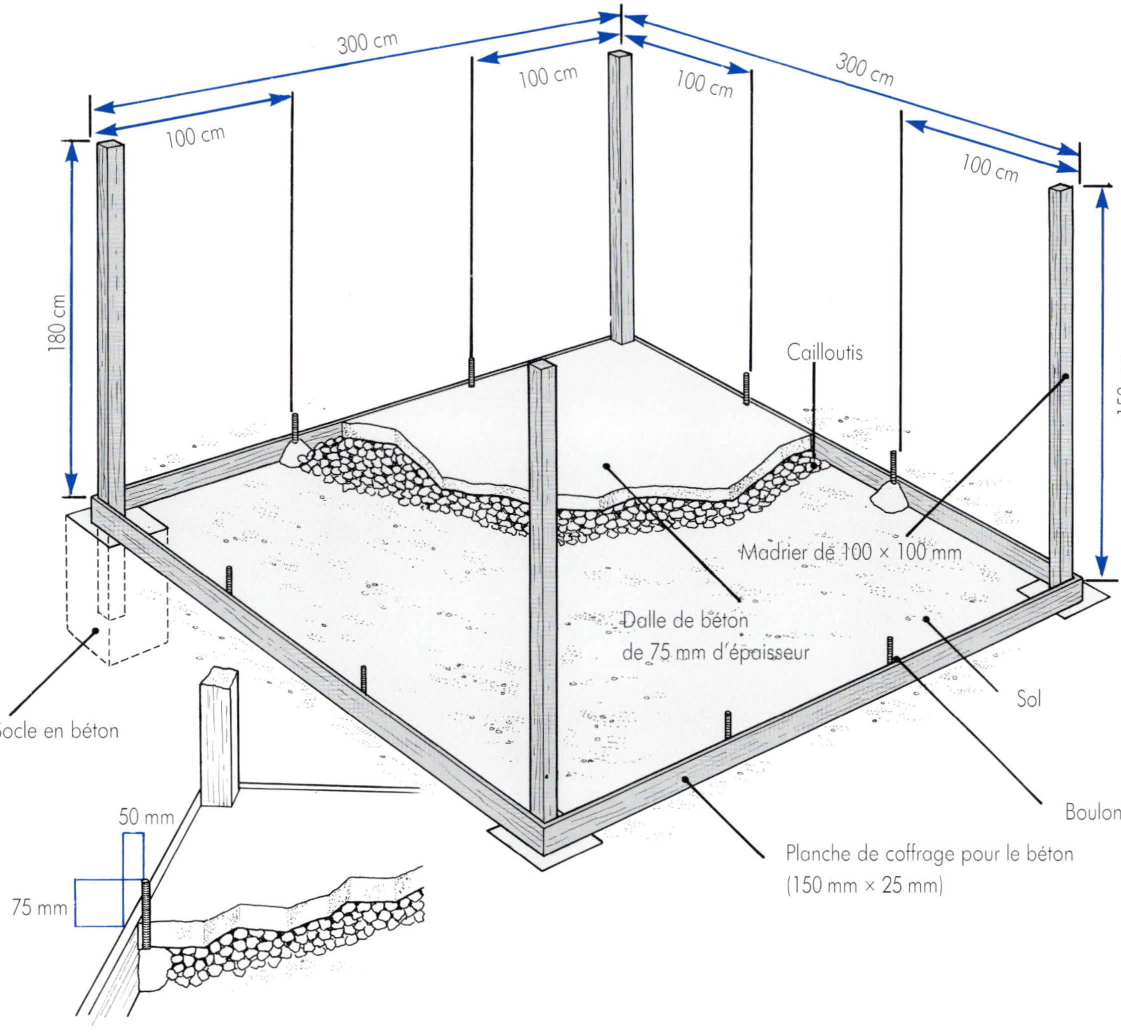

Les plans proposés ici correspondent à des dimensions intérieures de 3 × 3 m, avec 1,50 m de hauteur pour le mur le plus bas. Quant au mur opposé, sa hauteur dépend de l'angle d'inclinaison que l'on veut donner au toit. Pour que celui-ci puisse coulisser facilement dans les deux sens, nous avons opté ici pour une différence de 30 cm, soit une pente de 1 pour 10. Orientez de préférence le mur le plus bas vers le sud (en sens inverse dans l'hémisphère Sud), pour obtenir un maximum d'ouverture sur le ciel. Désherbez, nettoyez et nivelez le sol de l'emplacement choisi. Pour les dimensions mentionnées ci-dessus, prévoyez une superficie d'au moins 3,50 × 3,50 m. Délimitez le site avec des piquets et du cordeau, avant d'y implanter les quatre poteaux d'angles pour lesquels vous utiliserez des madriers de 10 × 10 cm. L'ensemble doit former un carré de 3 m de côté.

Pour l'implantation de chaque poteau, creusez un trou d'environ 30 cm de large et de 45 cm de profondeur. La longueur de chaque poteau doit être égale à la hauteur du mur (1,50 m ou 1,80 m), augmentée de la distance entre le fond du trou et la base du poteau au niveau du sol. Assurez-vous que tout est bien d'équerre et aux bonnes dimensions. Placez les poteaux dans les trous et remplissez ceux-ci avec du béton, que vous laisserez prendre.

Préparez ensuite un coffrage en planches pour la dalle de béton qui constituera le sol de l'observatoire. Déposez une couche de cailloutis, aplatissez-la soigneusement, tassez bien et laissez-la reposer une bonne quinzaine de jours. Avant de couler la dalle de béton, disposez deux boulons de 10 cm le long de chacun des côtés, comme indiqué ci-dessus, en les laissant dépasser de 7,5 cm. Quand le béton se sera solidifié, retirez le coffrage.

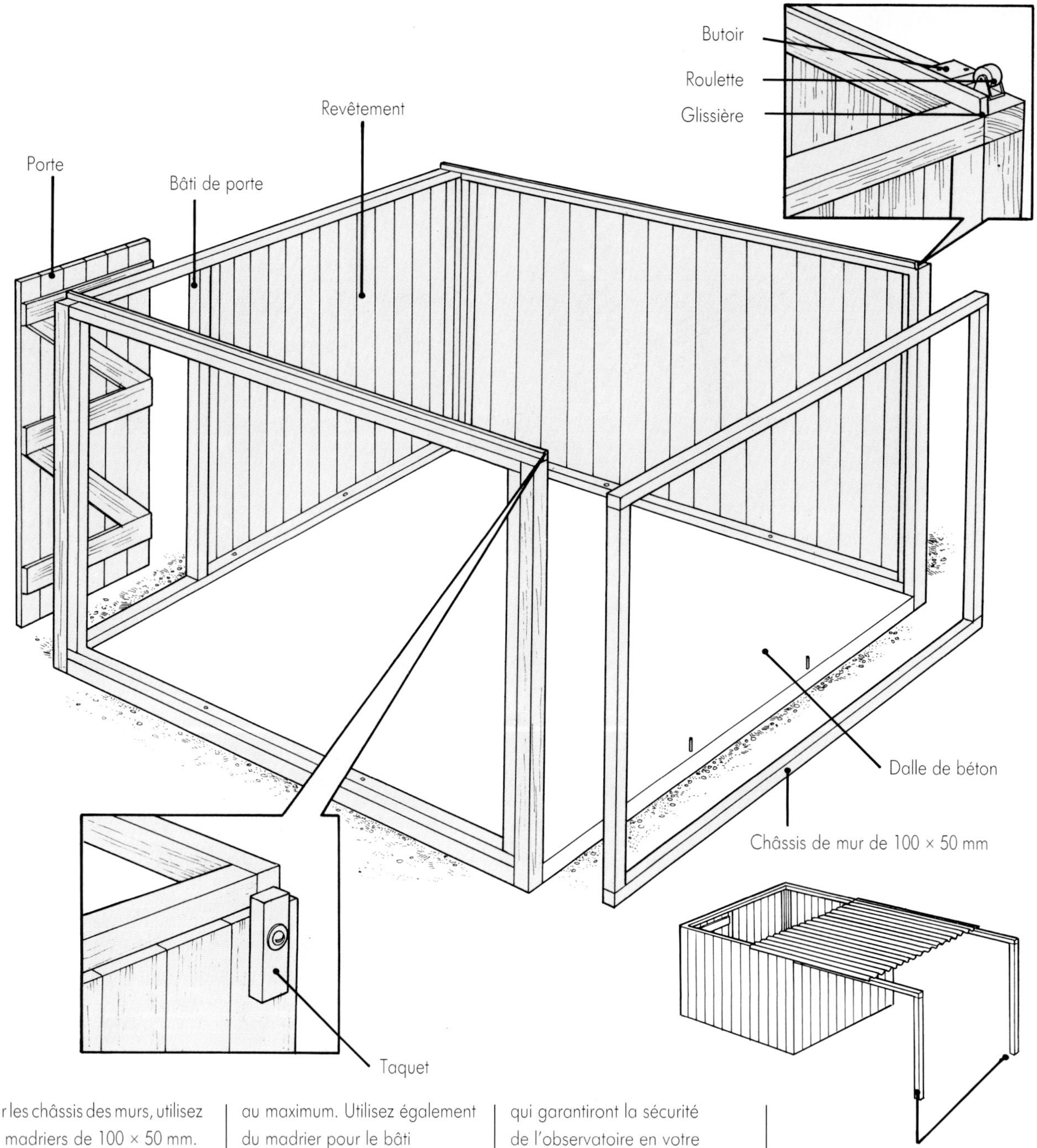

Pour les châssis des murs, utilisez des madriers de 100 × 50 mm. Il faut en prévoir quatre : un pour le grand mur, un pour le petit et deux pour les murs intermédiaires. Après avoir percé des trous aux emplacements qui correspondent à l'implantation des boulons dans le sol, insérez les châssis entre les poteaux d'angles et vissez les écrous des boulons en serrant au maximum. Utilisez également du madrier pour le bâti de la porte, qui doit être fixé dans le mur le plus grand. Une fois ces structures mises en place, et avant de vous occuper du toit, il vous reste encore à poser des taquets, pour empêcher le toit de revenir en arrière quand il est fermé, ainsi que de solides pitons pour placer des cadenas qui garantiront la sécurité de l'observatoire en votre absence. Prévoyez aussi deux poteaux de soutien, qui empêcheront le toit de basculer lorsqu'il sera ouvert, et des poignées qui vous permettront de le déplacer plus facilement. Enfin, n'oubliez pas de peindre les éléments en bois, ou de les traiter à la créosote pour en assurer la protection.

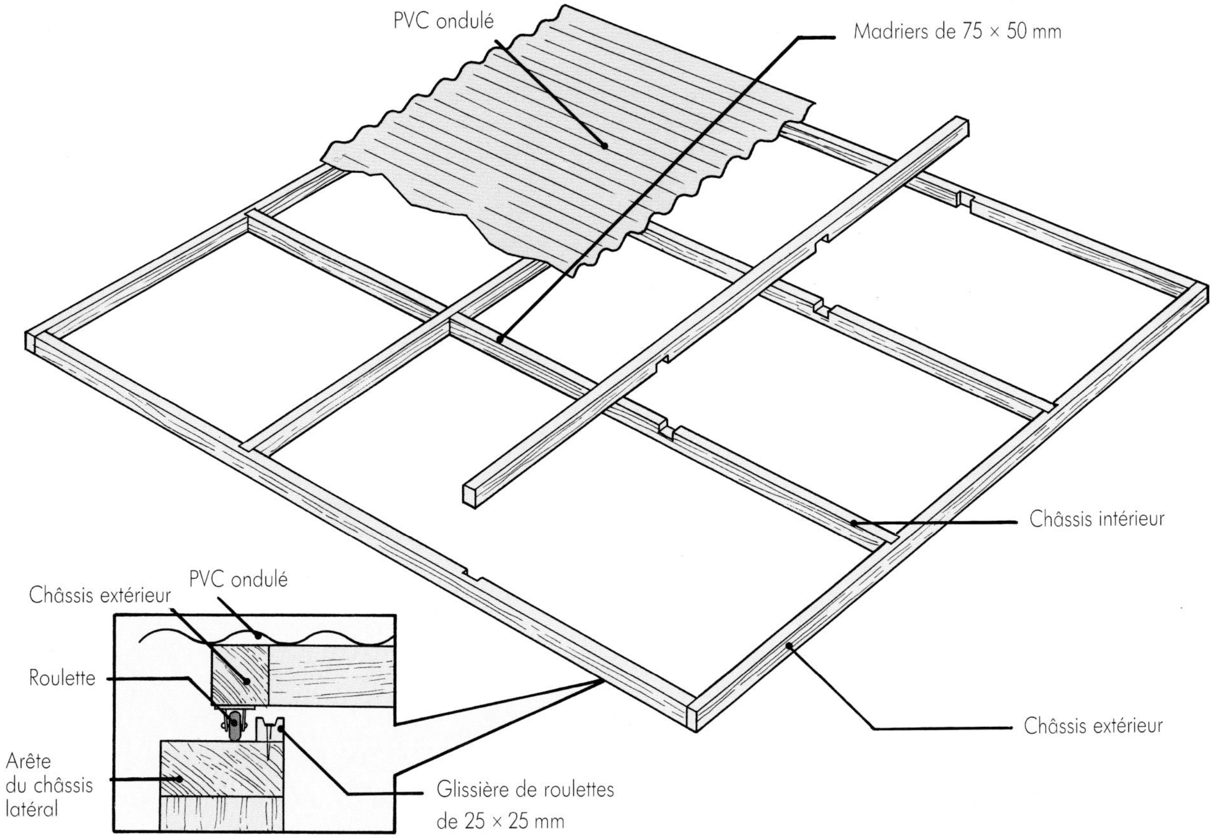

Le toit est la partie la plus difficile à construire. Pour son châssis, utilisez des éléments de madrier de 75 × 50 mm, que vous assemblerez à tenons et mortaises, comme indiqué ci-dessus. La largeur de ce châssis doit mesurer 75 mm de plus que celle des murs, mais sa longueur (du mur le plus haut à l'arrière) doit être la même. Fixez deux roulettes de chaque côté du châssis et mettez en place des glissières pour les guider sur l'arête des murs latéraux. Prévoyez aussi un butoir de chaque côté, pour empêcher les roulettes de se heurter lorsqu'on fait coulisser le toit. Pour la couverture, il est recommandé d'utiliser des plaques de PVC ondulé : c'est peu onéreux, robuste et facile à manipuler. Fixez les plaques sur le châssis en les laissant déborder suffisamment tout autour. Pour obtenir un maximum d'étanchéité, bouchez les interstices entre le PVC et l'arête des murs avec du caoutchouc mousse enduit de joint plastique et traitez de la même façon le recouvrement des plaques.

Ajoutez-y ce que vous prévoyez comme espace de dégagement pour déterminer la distance entre le centre de l'observatoire et le mur (en supposant, évidemment, que l'instrument est installé au centre). En multipliant cette distance par deux, vous obtiendrez la longueur totale d'un mur à l'autre, ou le diamètre du dôme, si telle est l'option choisie. Il faut prévoir au moins 30 centimètres de dégagement sur tous les côtés de l'observatoire. Un observatoire à toit coulissant doit être assez haut, pour contenir la lunette ou le télescope lorsque celui-ci est rangé en position horizontale, mais il faut aussi tenir compte des éléments annexes tels que chercheur, oculaire et support d'appareil photographique. Il n'en faut pas davantage... à moins que vous ne vous cogniez la tête en entrant dans votre observatoire si vous n'en écartez pas le toit. Quant à un dôme, il doit évidemment être suffisamment grand pour que l'observateur puisse y loger. Dans le cas d'un observatoire à toit coulissant, il faut orienter son mur le plus bas vers le sud dans l'hémisphère Nord, et vers le nord dans l'hémisphère Sud, afin d'offrir un maximum de dégagement vers le ciel.

Dernier point important : si vous envisagez d'acquérir par la suite un autre instrument de plus grandes dimensions, n'oubliez pas d'en tenir compte au moment de construire votre observatoire.

IMAGES DE LA LUNE

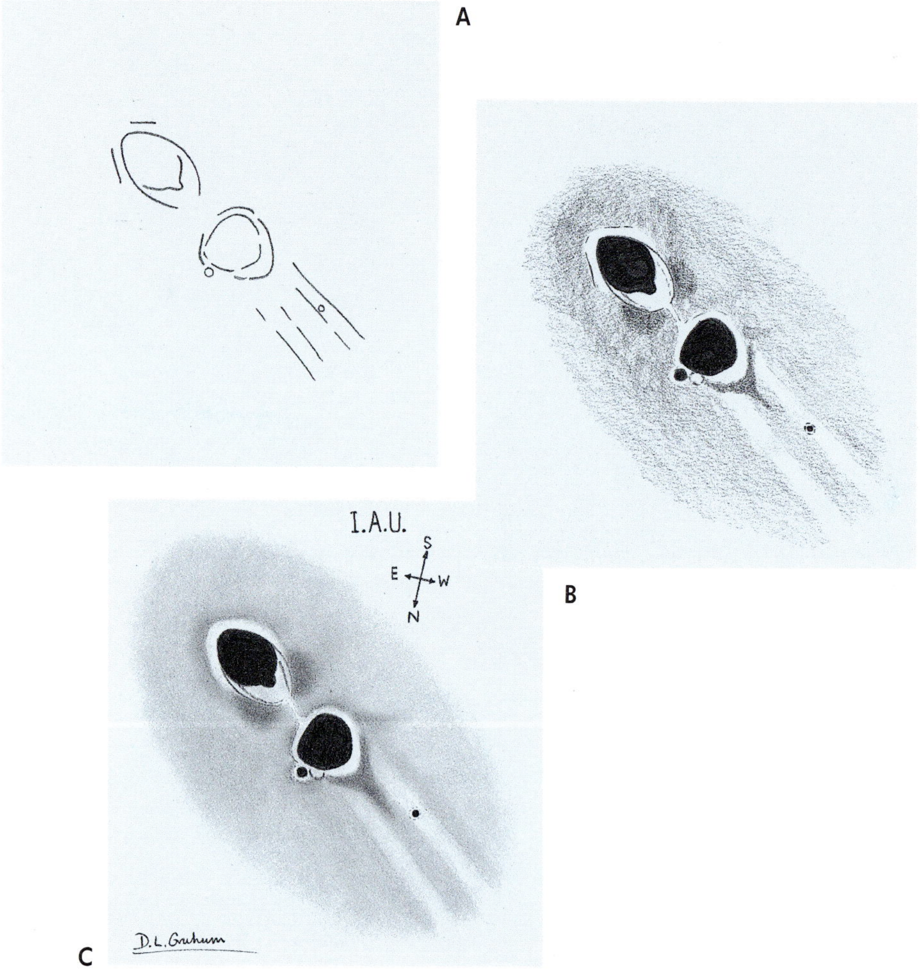

Ci-dessus Les cratères Messier et Messier A, dessinés le 2 février 1988 entre 12 h 00 et 19 h 35 UT, à l'aide d'une lunette de 152 mm, à grossissement 333 ×. Visibilité I-II. (Messier et Messier A sont un double cratère de Mare Fecunditatis, dans l'hémisphère Est de la Lune. Deux rayons clairs s'étendent vers l'ouest à partir de ces cratères.) Avant d'entreprendre votre dessin, prenez le temps de bien étudier le site choisi, afin de vous familiariser avec tous ses détails. Notez à quelle heure vous commencez. Tracez d'abord de simples contours, avec les principaux détails à l'échelle (A). Puis, à l'aide d'un crayon gras, mettez en place les zones d'ombre et affinez les détails (B). Pour le centre noir des cratères, vous pouvez utiliser un stylo-feutre. Terminez en « estompant » à l'aide d'un chiffon doux ou d'un coton et indiquez les points cardinaux (C), pour situer l'orientation du dessin. Vérifiez qu'il n'y a pas d'erreur en jetant un dernier coup d'œil à la lunette et notez à quelle heure vous avez terminé. Ajoutez votre nom et inscrivez en annexe de votre dessin des indications sur le site, la date et l'heure de l'observation, les conditions de visibilité, ainsi que les caractéristiques de l'instrument utilisé, avec son grossissement.

A droite Les deux principaux éléments de la surface lunaire sont nettement visibles sur cette photographie de la pleine Lune, où les formations brillantes du relief contrastent avec les zones sombres des mers. Le grand cratère rayonné que l'on voit en bas est Tycho.

A gauche La Lune au 16e jour de son cycle. Il faut noter, en particulier, Mare Spumans, que l'on aperçoit au sud-est (en bas, à droite) de l'étendue circulaire de Mare Crisium, près du limbe lunaire. On distingue aussi Copernicus, au centre, près du terminateur, et le cercle sombre du cratère Plato (100 kilomètres de diamètre), vers le haut de l'image, entre Mare Frigoris (en haut) et Mare Imbrium.

A gauche Cette image est dominée par le cratère Albategnius, que l'on voit ici au centre, près du cirque désintégré Hipparque (au-dessus, vers le nord). Les deux petits cratères situés entre les deux précédents sont Halley (à gauche) et Hind. On distingue aussi le cratère Horrocks, à la bordure nord d'Hipparque. Le cratère Triesnecker, dont le fond est obscur, est également visible en haut de l'image, près de la bordure est de Sinus Medii, que l'on aperçoit à peine, en haut à gauche.

Ci-dessus Sur cette photographie de la Lune à son 6e jour, on reconnaît la forme circulaire de Mare Crisium, au centre à droite près du limbe lunaire, légèrement au-dessus de Mare Fecunditatis. Les deux étendues sombres, à gauche de Mare Crisium, sont Mare Serenitatis et Mare Tranquillitatis. Au centre, sur le terminateur, le cratère Albategnius se signale par sa tache claire, et l'on voit aussi les deux cratères Werner (en haut) et Aliacensis (en bas).

A gauche Le grand cratère que l'on voit ici au centre est Stöfler, avec Faraday sur sa paroi nord-est. Les trois cratères disposés en L, au sud de Stöfler, sont Licetus (en haut), Heraclitus (qui entoure une petite chaîne montagneuse) et Cuvier ; chacun mesure environ 75 kilomètres de diamètre. Le cratère du haut de l'image est Albategnius, qui atteint 136 kilomètres de diamètre.

A droite Cette photographie est centrée sur Sinus Iridium, le « golfe des Iris », qui se situe au nord-ouest de Mare Imbrium. Une chaîne montagneuse est également visible : le Jura, qui borde Sinus Iridium.

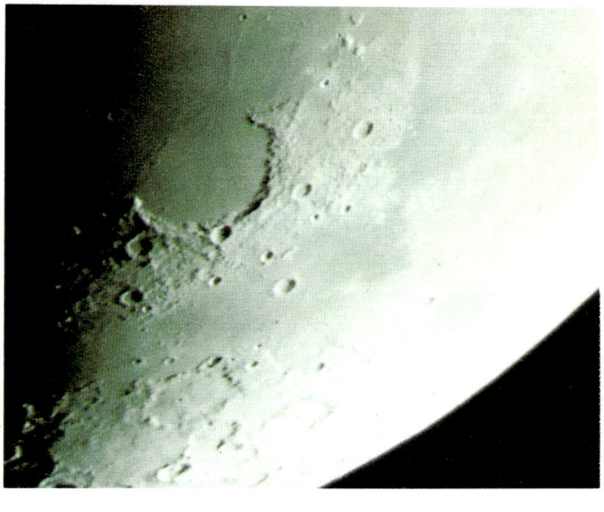

A gauche On voit ici, en bas à gauche, le vaste cirque (ou plaine murée) Clavius, dont le sol est parcouru par une véritable chaîne de cratères. La paroi de Clavius est ponctuée par les cratères Rutherford (dont le fond est en partie obscur) et Porter. Au-dessus de Clavius, juste à gauche du centre, se situe le cratère Tycho, une formation de 85 kilomètres de diamètre, dont les immenses parois étagées entourent un pic central de 1 500 mètres d'altitude. Vers le haut à droite, on distingue le cirque très érodé Deslandres, avec le cratère Hell dans sa partie gauche. La bordure méridionale de Mare Nubium est également visible en haut de l'image.

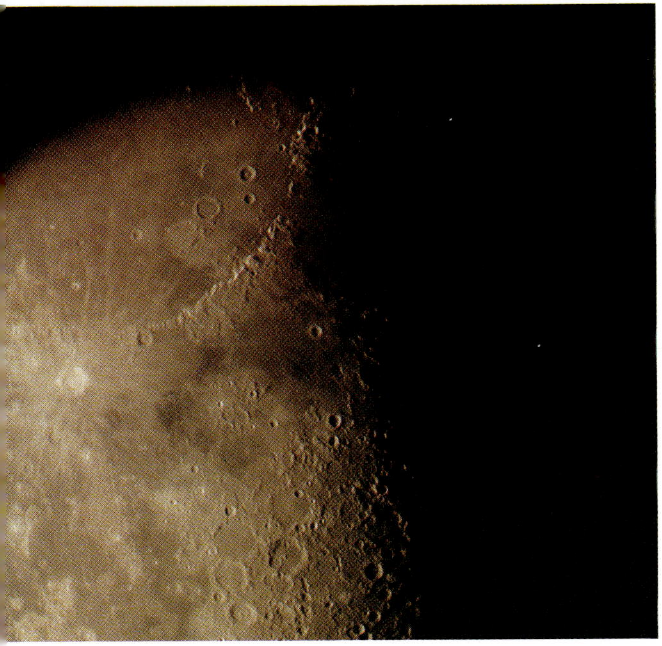

Ci-dessus Copernicus, un grand cratère rayonnant, apparaît ici sur la gauche, avec, vers le haut à droite, Eratosthenes. On reconnaît aussi la configuration caractéristique de la chaîne des Apennins, dont la ligne incurvée forme la bordure sud-est de Mare Imbrium (en haut, à gauche). De nombreux cratères marquent l'hémisphère Sud de la Lune, notamment Albategnius, que l'on aperçoit légèrement au-dessus du centre.

Ci-dessus La Lune au tout début de son déclin. En haut, la forme circulaire de Mare Imbrium, flanquée de Sinus Iridium, avec, au sud, le grand cratère rayonnant Copernicus. Tycho, un autre cratère rayonnant, est visible vers le bas, près du pôle Sud lunaire, juste au-dessous des contours irréguliers de Oceanus Procellarum.

OBSERVATION DU SOLEIL

Une règle d'or : la prudence

Le Soleil est l'objet le plus brillant du ciel et le plus accessible aux astronomes, mais l'intensité même de son éclat fait qu'il représente un danger potentiel pour l'observateur. En effet, il ne faut jamais regarder directement le Soleil, car cela risque de provoquer des lésions oculaires très graves, voire irréversibles. Pour l'observer au télescope ou à la lunette, il est indispensable de prendre certaines précautions.

On peut se procurer des filtres spéciaux, qui se placent à l'extrémité de l'instrument. Il s'agit de films plastique peu onéreux, mais qui ont souvent l'inconvénient de dénaturer la coloration de l'image solaire. Si vous en utilisez, respectez scrupuleusement leur mode d'emploi, et veillez à ce qu'ils ne subissent aucune détérioration : la moindre rayure ou le moindre trou les rend dangereux.

La méthode la plus sûre pour observer le Soleil consiste à projeter son image sur un écran disposé derrière l'oculaire de la lunette ou du télescope. Si cet écran ne fait pas partie des accessoires fournis avec l'instrument, vous pourrez facilement en construire un vous-même. Un oculaire de faible puissance offre une image globale du disque solaire, alors qu'un oculaire puissant permet d'obtenir des images partielles.

Pour une observation générale, utilisez une projection d'environ 15 centimètres de diamètre. Pour l'obtenir, il suffit d'éloigner progressivement l'écran de l'oculaire, jusqu'à ce que l'image atteigne les dimensions voulues. Effectuez ensuite la mise au point à l'aide du dispositif de réglage couplé avec l'oculaire. Il est nécessaire de fixer un contrepoids à l'autre extrémité du tube, pour équilibrer l'instrument après la mise en place de l'écran. Le mieux est d'utiliser une feuille de carton ou d'Isorel, qui protégera l'écran des rayons directs du Soleil.

Beaucoup d'observateurs se servent d'un boîtier de projection en bois ou en contre-plaqué, spécialement construit pour cet usage, qui se monte sur l'oculaire, l'image étant projetée à son autre extrémité. Ce dispositif a l'avantage d'éliminer pratiquement toute lumière incidente, ce qui permet d'obtenir une image bien meilleure.

Observation des taches solaires

De toutes les caractéristiques du Soleil qui s'offrent à la curiosité des amateurs, les taches solaires sont les plus faciles à observer. L'une des meilleures méthodes consiste à recenser chaque jour les zones actives du disque solaire, c'est-à-dire de faire le compte de toutes les taches ou de tous les groupes de taches visibles à chaque observation. Pour être considérée comme une zone active distincte, une tache doit se situer à au moins 10° de sa plus proche voisine. Deux taches initialement distinctes peuvent finir, d'ailleurs, par se rapprocher. Lorsqu'elles se retrouvent à moins de 10° l'une de l'autre, il faut alors les répertorier comme une zone d'activité unique. Certains

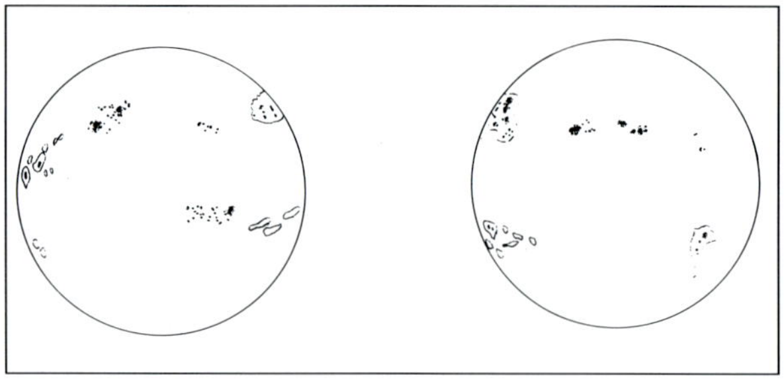

Ci-dessus Dessins réalisés à l'aide d'une lunette de 25 mm, à grossissement de 25 ×, le 24 décembre 1988, entre 12 h 00 et 12 h 10 UT, et le 2 février 1989, entre 12 h 20 et 12 h 30 UT. On y voit les taches solaires avec leurs principales zones de pénombre et un certain nombre de facules.

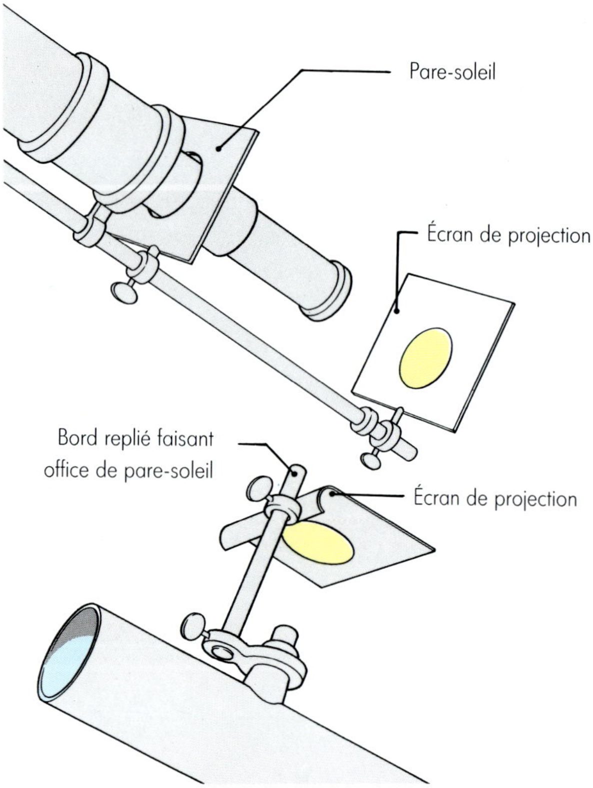

Ci-dessus Projection solaire à l'aide d'une lunette (en haut) et d'un télescope (en bas). Dans les deux cas, l'image du Soleil est projetée sur un écran blanc monté sur l'instrument. Un pare-soleil permet de protéger l'image de l'incidence directe du rayonnement solaire.

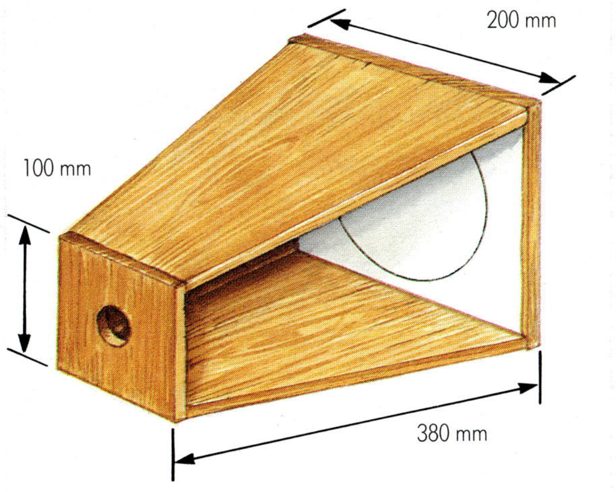

Ci-dessus Un boîtier de projection solaire, monté sur l'oculaire de la lunette ou du télescope, élimine la plus grande partie du rayonnement direct du Soleil et permet d'obtenir une image bien meilleure, plus contrastée. Pour chaque observation, il suffit d'insérer une feuille de bristol sur laquelle vous aurez tracé un cercle aux dimensions de l'image que vous souhaitez obtenir.

Ci-dessus Cette éclipse partielle du Soleil a été photographiée en Australie, le 9 avril 1986.

groupes très vastes peuvent avoir deux centres d'activité. Si ceux-ci se situent à plus de 10° l'un de l'autre, on les considère comme deux zones distinctes, tandis qu'une zone ne comportant qu'un seul foyer demeure unique, aussi étendue soit-elle. Après avoir fait chaque jour le décompte de ces zones d'activité, à la fin de chaque mois, on divise leur somme totale par le nombre de jours d'observation, pour obtenir ce que l'on appelle la fréquence quotidienne de ce mois. En procédant de la sorte pendant plusieurs années, vous serez en mesure de tracer un graphique de l'activité solaire, qui vous en révélera la périodicité. Dans ses périodes de moindre activité, le Soleil peut être totalement dépourvu de taches pendant plusieurs jours. A son maximum, en revanche, il peut en être envahi.

Les taches solaires peuvent se dessiner individuellement ou sur la totalité du disque solaire. Dans tous les cas, évitez de le faire directement sur l'écran, cela ferait bouger le télescope. La meilleure méthode consiste à projeter l'image sur une grille placée sur l'écran, pour la reproduire sur une feuille de papier quadrillé à la même échelle : c'est le même principe que celui des livres de dessins pour enfants dans lesquels on propose de copier sur une grille vide une image simple figurant sur une grille équivalente. Il faut procéder carré par carré, ce qui facilite le respect des proportions et la localisation précise des détails. Pendant une assez longue période, vous pouvez vous consacrer chaque jour au dessin de la même tache, ce qui vous permettra d'en étudier l'évolution.

Il est difficile de dessiner des taches solaires avec un télescope qui n'est pas équipé d'un système de guidage, parce que l'on perd beaucoup de temps à maintenir les taches dans l'alignement de la grille. Le problème se pose surtout dans le cas des forts grossissements, car les zones observées se trouvent alors beaucoup plus réduites, ce qui accélère d'autant leur déplacement.

Autres possibilités

Un grossissement de 100 × à 120 × peut faire apparaître les granulations de la surface solaire, si les conditions d'observation sont particulièrement favorables. Plus faciles à distinguer sont les assombrissements du limbe. Cette diminution apparente de luminosité affecte la photosphère, sous l'effet d'une augmentation de l'absorption de sa lumière au voisinage du limbe, et résulte d'un phénomène optique lié à l'épaisseur de la couche atmosphérique.

Les facules sont des nuages d'hydrogène dont l'éclat est aussi intense que celui de la photosphère. Elles sont très peu contrastées au centre du disque solaire, où on les distingue difficilement, mais beaucoup plus évidentes au voisinage du limbe, où leur luminosité prend sa source dans la chromosphère, à plusieurs centaines de kilomètres de la photosphère. Elles ont tendance à coïncider avec les zones de taches solaires, et plus particulièrement avec les groupes de taches en voie de formation, ou qui viennent de disparaître.

OBSERVATION DES PLANÈTES TELLURIQUES

Mercure

Mercure ne se situe jamais à plus de 28° du Soleil. Elle est généralement visible assez bas dans le ciel, juste avant le lever du Soleil ou juste après son coucher, mais parfois aussi durant la journée. Soyez toutefois très prudent lorsque vous cherchez à localiser Mercure en plein jour. Ne balayez surtout pas le ciel avec une lunette, un télescope ou des jumelles, car le Soleil pourrait entrer accidentellement dans votre champ de vision, ce qui serait extrêmement dangereux.

La meilleure méthode consiste à obtenir ses coordonnées pour le jour de l'observation en consultant un éphéméride — on en trouve pour toutes les planètes dans diverses publications. Pour la localiser, utilisez un instrument équipé d'un cercle de visée, que vous aurez muni d'un filtre solaire jusqu'à ce que vous ayez trouvé sa position.

Le diamètre angulaire de Mercure varie de 4,5" à 12,93". Elle atteint sa plus grande taille apparente lorsqu'elle est en pleine phase, et se trouve alors de l'autre côté du Soleil par rapport à la Terre. Sa plus grande dimension angulaire correspond à la position opposée, où elle n'apparaît que sous la forme d'un mince croissant. Un grossissement d'environ 150 × permet d'observer les phases de Mercure, qui se modifient rapidement du fait de la grande vitesse de rotation orbitale de cette planète. Cette vitesse de rotation vaut en outre à Mercure de n'être en élongation favorable que pendant 7 à 10 jours avant de se rapprocher à nouveau du Soleil.

Vénus

Beaucoup d'astronomes amateurs n'ont jamais vu Mercure, mais rares doivent être ceux qui n'ont pas eu l'occasion d'apercevoir Vénus, la planète la plus brillante du ciel. Vénus a une magnitude maximale de −4,4 et son diamètre angulaire varie de 9,5", en pleine phase, à 65,2", lorsqu'elle forme un mince croissant. Il suffit d'un grossissement d'environ 50 × pour distinguer ses phases.

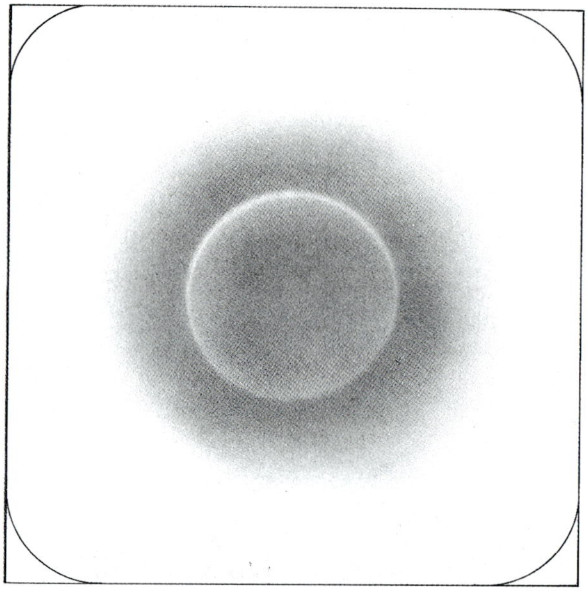

Ci-dessus Dessin de Vénus réalisé le 2 avril 1977 à 18 h 40 UT, tandis que la planète était proche de sa conjonction inférieure. Il révèle nettement l'extension maximale du mince croissant et le phénomène dit de la « lumière d'Ashen », qui nimbe la partie obscure d'une pâle luminescence. Lunette de 115 mm, grossissement 186 ×.

A gauche Sa proximité avec le Soleil rend Mercure difficile à observer, mais certaines formations de sa surface sont parfois visibles, comme le révèle ce dessin où elles apparaissent sous la forme de zones sombres diffuses. Lunette de 152 mm, grossissement 186 ×.

La surface de Vénus est complètement masquée aux yeux d'un observateur terrestre par l'épaisse couche nuageuse qui l'enveloppe. Nombreux sont ceux qui affirment avoir repéré des structures distinctives dans l'atmosphère vénusienne, mais aucune des missions spatiales envoyées en direction de cette planète ne semble en avoir apporté la confirmation.

Vénus est si brillante qu'il est en général déconseillé de l'observer pendant la nuit. Aucune structure de son atmosphère ne paraît nettement définie. C'est pourquoi il est difficile d'y trouver des points de repère même dans les meilleures conditions de visibilité, et a fortiori lorsque l'intense luminosité de la planète se détache sur le ciel nocturne en estompant ses détails. Il est toutefois possible d'observer Vénus de nuit, mais dans les conditions bien particulières de ce que l'on appelle la « lumière d'Ashen ». Lorsque la partie éclairée de la planète ne forme qu'un très mince croissant, sa partie obscure se trouve éclairée, pour des raisons que l'on s'explique mal. Ce phénomène est très difficile à repérer et ne peut s'observer que si la lumière du croissant est masquée.

Comme dans le cas de Mercure, c'est surtout le jour qu'il vaut mieux observer Vénus, en prenant les mêmes précautions pour la localiser à la lunette, au télescope ou avec des jumelles.

Mars

Le diamètre angulaire de Mars peut atteindre 25,7" lorsque cette planète est en opposition favorable, et c'est alors qu'elle se prête le mieux à l'observation. Même un petit instrument de seulement 100 mm d'ouverture suffit à révéler les particularités de sa surface. Ces structures apparaissent en sombre sur un fond d'aspect désertique et se composent de matériaux à faible pouvoir de réflexion, que l'on appelle l'effet d'albédo. La plus évidente de ces zones est Syrtis Major, une région en forme de V qui fut décrite pour la première fois en 1659, par Christiaan Huygens.

Des observations plus approfondies peuvent révéler bien d'autres détails, lorsque les conditions de visibilité sont favorables, qu'il est recommandé de dessiner pour en dresser l'inventaire et les identifier ensuite plus facilement. Des observations à long terme peuvent, en outre, révéler des modifications dans certaines des zones liées à l'albédo. On a déjà signalé de telles modifications dans Syrtis Major et dans Meridiani Sinus, une autre formation analogue.

Il arrive, parfois, que la surface martienne soit partiellement ou totalement dissimulée pendant des jours, voire des semaines, par d'immenses nuages de poussière soulevés par les vents martiens. Lorsque cette tempête de poussière reste localisée, le nuage de particules transporté par le vent peut apparaître sous la forme d'une tache jaunâtre, qui s'interpose au-dessus de la surface de Mars.

On peut également observer d'autres formations éphémères, tels les nuages atmosphériques qui planent à haute altitude dans l'atmosphère ténue de Mars et qui sont surtout visibles lorsqu'ils se situent au voisinage du limbe. Il est beaucoup plus facile de voir les calottes polaires, qui se développent et régressent au rythme des saisons martiennes. Comme le pôle qui est tourné vers nous s'incline aussi en direction du Soleil, il se trouve alors en été. Une surveillance à long terme de cette formation glaciaire permet donc d'en suivre l'évolution au cours de l'été martien.

Dessin de Mars réalisé le 15 août 1988 à 23 h 45 UT. Les conditions de visibilité correspondaient à II sur l'échelle d'Antoniadi, et le diamètre angulaire de la planète était de 19,4''. La calotte glaciaire du pôle Sud, qui atteint le limbe, est grande, brillante et de forme elliptique. Elle est entourée d'une mince couronne sombre. Autre élément caractéristique, la formation en V de Syrtis Major est nettement visible. En revanche, on ne distingue aucun détail de l'hémisphère Nord. Lunette de 115 mm, grossissement 186 ×.

OBSERVATION DES ASTÉROÏDES ET DES PLANÈTES EXTÉRIEURES

Les astéroïdes et les planètes extérieures sont beaucoup moins faciles à discerner que les autres membres du système solaire. Seuls Uranus et l'astéroïde Vesta deviennent parfois suffisamment brillants pour qu'on puisse les apercevoir à l'œil nu, mais uniquement dans des conditions particulièrement favorables.

Les astronomes amateurs pourraient en conclure que des objets aussi ténus échappent au champ de leurs moyens. Or, il n'en est rien. Les astéroïdes, notamment, offrent à tous de merveilleuses possibilités d'observation.

Les astéroïdes

Même lorsqu'on les observe à l'aide d'un instrument puissant, les astéroïdes n'apparaissent que sous la forme de petits points lumineux. Lorsqu'ils se trouvent en proche opposition, les quatre plus gros — Cérès, Pallas, Junon et Vesta — sont assez brillants pour qu'on puisse les localiser avec des jumelles ou un petit télescope. Leur magnitude maximale est respectivement de 7,4, 8,0, 8,6 et 5,3. Un certain nombre d'autres ont un éclat supérieur à 10 lorsqu'ils sont en position favorable.

Pour identifier un astéroïde, il est nécessaire de connaître les détails de sa position au moment de l'observation. Il suffit pour cela de consulter les éphémérides des publications spécialisées, puis de reporter le parcours prévu de l'astéroïde sur un atlas céleste, dont les cartes mentionnent de préférence des étoiles d'une magnitude inférieure à celle de l'objet recherché. Une fois ce parcours relevé, avec les coordonnées de l'astéroïde d'une nuit à l'autre, pointez votre lunette ou votre télescope vers la région correspondant aux dates indiquées. Dans un premier temps, dessinez ce que vous voyez dans le champ d'observation, autour de ce que vous pensez pouvoir identifier comme votre astéroïde. Recommencez au moins deux nuits de suite. Si l'objet considéré s'est déplacé par rapport aux étoiles fixes de l'arrière-plan, il s'agit bien d'un astéroïde. Vous pouvez donc poursuivre vos observations pour déterminer sa trajectoire sur une plus longue période.

L'importance du décalage dépend de la distance de l'astéroïde par rapport à la Terre et au Soleil. Ceux qui se situent entre Mars et Jupiter se déplacent d'environ 0,5° par jour, tandis que d'autres, plus proches, peuvent dépasser 2°. C'est le cas, par exemple, des astéroïdes dotés d'une orbite très excentrique, qui les entraîne loin de la zone principale et leur fait traverser l'orbite de la Terre.

Il est intéressant d'étudier la magnitude des astéroïdes, celle des plus irréguliers pouvant varier au cours de leur rotation.

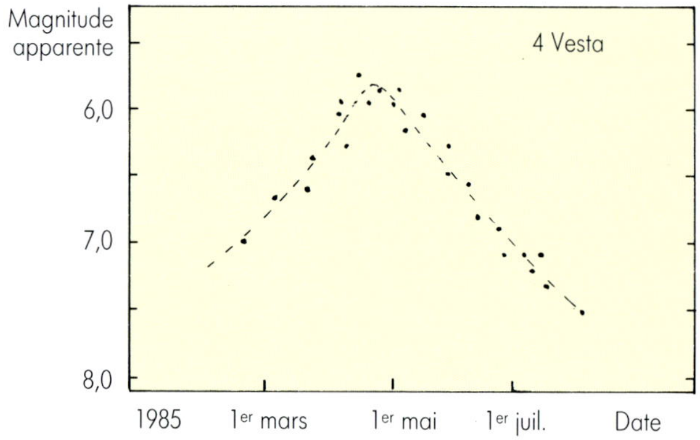

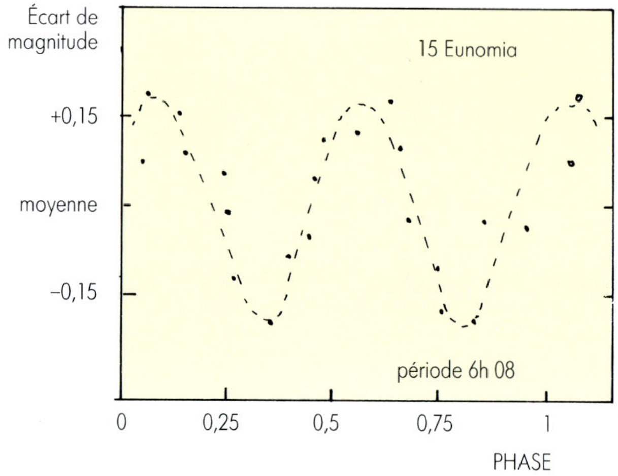

En haut Évolution de la magnitude apparente de l'astéroïde n° 4 Vesta au cours de son opposition de 1985. Réalisé d'après des estimations visuelles, ce graphique révèle un maximum d'éclat vers la fin avril.

Ci-dessus Courbe de luminosité de l'astéroïde n° 15 Eunomia réalisée en 1981, au cours d'une seule période de rotation axiale. On note des écarts de plus d'un dixième de magnitude au-dessus et au-dessous de la moyenne.

C'est également le cas s'il y a des différences dans le pouvoir de réflexion de leur surface. Il ne faut pas confondre ces variations à court terme avec les modifications à long terme, qui se produisent lorsqu'un astéroïde passe en opposition.

Ces variations ne sont pas difficiles à constater visuellement quand elles atteignent au moins 1/2 magnitude. Sinon, il faut une certaine pratique pour parvenir à les discerner. En procédant à des observations systématiques pendant une période assez longue, on peut apprendre beaucoup sur un astéroïde, notamment sur sa période de rotation et le pouvoir de réflexion de sa surface. Nombre d'astéroïdes présentent des modifications d'éclat, certains pouvant varier de plus de 1 magnitude.

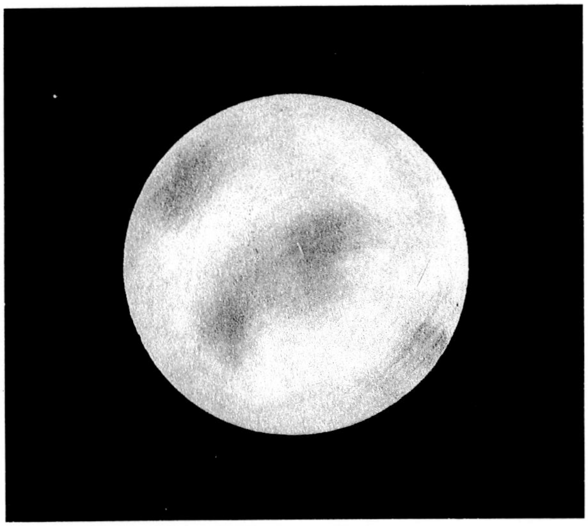

Dessin d'Uranus réalisé le 8 septembre 1986, à 19 h 43 UT, à l'aide d'un télescope de 300 mm, à grossissement de 230 ×. La visibilité correspondait à II sur l'échelle d'Antoniadi. Le disque était d'un vert bleuté, avec quelques formations plus sombres, mais très diffuses.

Les occultations d'étoiles par des astéroïdes sont rares, mais elles offrent l'occasion d'observations particulièrement intéressantes. Leur prévison figure dans la plupart des revues astronomiques, qui mentionnent les lieux géographiques où ces phénomènes ont des chances d'être visibles. Pour obtenir des informations sur le diamètre et la forme de l'astéroïde, il suffit de chronométrer le temps qui s'écoule entre la disparition de l'étoile et sa réapparition.

Les planètes extérieures

Pour identifier ces planètes et en suivre le parcours, reportez-vous aux cartes détaillées qui figurent dans les publications spécialisées. Les planètes extérieures se déplacent dans le ciel beaucoup plus lentement que les astéroïdes, aussi faut-il plusieurs jours d'observation pour que leur mouvement devienne évident. Notre connaissance d'Uranus et de Neptune doit beaucoup à la sonde Voyager 2, qui les a survolés respectivement en 1986 et 1989.

Uranus

Le diamètre apparent d'Uranus varie de 3,1" à 3,7", selon sa distance par rapport à la Terre. La magnitude de son éclat est de 5,6. Au télescope, cette planète apparaît sous la forme d'un disque verdâtre sur lequel on distingue parfois certains détails, lorsque les conditions d'observation sont particulièrement favorables. Ces structures sont, en effet, très peu contrastées et beaucoup plus dificiles à voir que les ceintures nuageuses de Jupiter et même que les zones obscures de Saturne. Plusieurs observateurs ont en outre signalé la présence de taches et de formations rubanées dans l'atmosphère uranienne. Pour parvenir à distinguer de tels détails, il faut d'excellentes conditions d'observation et un télescope puissant, ainsi qu'un œil exercé et une bonne dose de patience.

Neptune

Se distinguant à la lunette ou au télescope sous la forme d'un disque bleuté, Neptune a un diamètre apparent de 2,03 à 2,3", ce qui rend son identification un peu plus difficile que celle d'Uranus. Cette planète est également moins brillante qu'Uranus, sa magnitude en opposition n'étant que de 7,7.

Globalement, Neptune ne présente aucun détail défini, même si certains astronomes affirment avoir noté des différences structurelles dans son atmosphère. Ces observateurs utilisent toutefois des télescopes qui sont en général hors de portée des amateurs. De même, toutes sortes de formations, telles que bandes, taches ou marbrures, ont également été signalées dans le passé à la surface de Neptune, bien que leur existence ait été mise en doute par la plupart des astronomes. Il semble toutefois possible de distinguer au télescope des formations nuageuses de l'atmosphère de Neptune, mais celles-ci sont extrêmement fugaces. A peine visibles, elles n'ont de chances d'être aperçues que par des observateurs particulièrement expérimentés.

Pluton

Tandis qu'Uranus et Neptune peuvent être observées avec de bonnes jumelles ou un petit télescope, Pluton est beaucoup plus diffuse, et il faut recourir à un instrument puissant pour repérer son faible éclat de 14e magnitude. On peut parvenir à la localiser en fonction de son déplacement dans le ciel, mais cela est beaucoup plus difficile que dans le cas des objets évoqués précédemment. D'ailleurs, la plupart des amateurs n'ont jamais vu Pluton, et le seul fait d'arriver à l'identifier à coup sûr relève de l'exploit.

OBSERVATION DES GÉANTES GAZEUSES

Jupiter

Cette planète présente l'aspect d'un disque de 50'' en opposition avec une magnitude maximale de −2,6. On peut distinguer ses ceintures nuageuses avec un petit télescope, et ses quatre plus gros satellites sont visibles avec des jumelles.

Les zones et les bandes sont très variables, et il peut être intéressant d'étudier leurs transits. Il suffit de déterminer une ligne imaginaire qui partage le disque jupitérien du nord au sud et de noter à quel moment ces formations la traversent. Le temps qui sépare deux transits successifs d'une même formation sur ce méridien central permet de déduire la vitesse de rotation de la planète.

Dessin de Jupiter

Il est conseillé de préparer à l'avance un certain nombre de tracés circulaires représentant les contours du disque légèrement aplati de Jupiter, car cette planète tourne si rapidement sur elle-même qu'il faut aller vite pour en dessiner les détails. Dès que les zones et les bandes principales seront en place, relevez la disposition des formations qui vont bientôt disparaître derrière la planète et notez-les sur votre dessin, puis relevez aussitôt celles qui sont visibles de l'autre côté. Ne tenez surtout aucun compte de celles qui font leur apparition pendant l'observation.

Vous pouvez aussi vous consacrer uniquement au dessin de telle ou telle formation particulière. L'une des plus intéressantes est la Grande Tache rouge, dont l'aspect a subi bien des fluctuations depuis plus de 300 ans qu'on l'observe.

Les satellites de Jupiter

Les quatre satellites galiléens sont tous suffisamment brillants pour que l'on puisse les observer à l'aide des instruments les plus modestes, et leurs déplacements sont parfaitement repérables, même sur de courtes périodes. Ces satellites peuvent passer devant la planète (transit), derrière elle (occultation), ou disparaître dans son ombre (éclipse). Avant la phase d'opposition, l'ombre de Jupiter s'étend vers l'ouest de la planète, et un satellite est alors éclipsé avant d'être occulté. Après l'opposition, l'éclipse suit l'occultation.

L'ombre d'un satellite peut se projeter sur le disque de Jupiter. Avant l'occultation, le passage de l'ombre précède celui du satellite lui-même. Après l'opposition, c'est l'inverse qui se produit. Les dates de ces phénomènes sont mentionnées dans les publications spécialisées.

Saturne et ses satellites

Quelle que soit sa position, Saturne a un diamètre angulaire inférieur à celui de Jupiter, ce qui nécessite un très fort grossissement pour en obtenir un disque de dimensions équivalentes. Pour en distinguer les caractéristiques essentielles (le disque, les principaux anneaux et Titan, son plus brillant satellite), une ouverture de 60 mm est suffisante, mais si l'on veut découvrir davantage de détails, un instrument plus important est indispensable : une lunette d'au moins 100 mm d'ouverture ou un télescope de 150 mm.

L'étude de l'ombre du globe de Saturne sur ses anneaux et de ces derniers sur le globe offre d'intéressantes possibilités d'investigation accessibles à tous les observateurs. Avant l'opposition, l'ombre du globe sur les anneaux diminue et ne reprend de l'extension qu'après l'opposition. Toutes les irrégularités qui marquent les contours de cette ombre doivent être soigneusement notées. Procédez de la même façon avec l'ombre des anneaux, pour en noter aussi les irrégularités.

Photographie de Jupiter prise par un astronome amateur à l'aide d'un télescope de 305 mm. On y distingue les principales ceintures nuageuses, ainsi que la Grande Tache rouge. Cette image correspond à ce que l'on peut obtenir visuellement avec un instrument de 200 mm d'ouverture. Le disque de Jupiter est riche en détails intéressants à observer, ce qui fait de cette planète l'une des cibles favorites des amateurs. Les bandes et les zones peuvent être soumises à toutes sortes de turbulences bien visibles. Du fait de la rapidité de la rotation axiale de Jupiter, ses structures observables ne restent pas longtemps en place, ce qui ne facilite pas la tâche de ceux qui veulent les dessiner.

Dessin de Saturne réalisé le 1er août 1988, à 21 h 15 UT. Le superbe spectacle qu'offre cette planète se prête particulièrement bien au dessin astronomique. Notre vision des anneaux se modifie au cours d'une période de 13,75 ans. Ils se présenteront de profil par rapport à la Terre en 1995.

L'observation du disque

Les bandes et les zones de Saturne sont parfois soumises à certaines perturbations, qui sont rares et difficiles à discerner. Les plus courantes sont des projections émises par les bandes, et des taches sur les zones. Si l'on repère de tels phénomènes, il faut les rechercher plusieurs nuits de suite et noter avec précision à quel moment ces formations franchissent le méridien central de la planète. Des observations régulières du disque augmentent les chances d'y découvrir d'éventuelles perturbations. Des zones brillantes peuvent apparaître, en outre, sur les anneaux, mais il faut s'assurer qu'il ne s'agit pas d'effets optiques : tout phénomène réel doit se déplacer avec la rotation de la planète.

Il importe également d'évaluer la latitude d'une bande, d'une zone ou de toute autre formation observée. Bien que de telles mesures ne puissent se déterminer avec précision qu'à l'aide d'un micromètre spécialisé, les estimations visuelles n'en sont pas moins très utiles. Il faut évaluer la distance de chaque bordure de bande par rapport au centre du disque, en suivant le méridien central.

L'intensité lumineuse

L'un des principaux thèmes d'observation est l'évaluation de l'intensité lumineuse des bandes, des zones et des structures des anneaux. Cette luminosité s'évalue selon une échelle qui va de 1 à 10, les nombres les plus élevés correspondant aux régions les plus sombres. Deux données peuvent servir de références : 1 pour l'éclat extérieur de l'anneau B et 10 pour une nuit très obscure. Si quelque chose paraît plus brillant que 1, on peut lui attribuer 0 (dans des cas exceptionnels), 1/4, 1/2 ou 3/4. Savoir évaluer une luminosité selon cette méthode est avant tout une question de pratique. Il faut observer, notamment, les variations de luminosité des régions polaires de Saturne, car elles évoluent en fonction de l'inclinaison de la planète par rapport à la Terre. Le mieux est de transcrire ces observations en données chiffrées, pour établir des graphiques de Saturne et de ses anneaux.

Les anneaux

Avec un petit instrument, on ne peut voir que les trois principaux composants du système d'anneaux et la division de Cassini ; il en faut un plus puissant pour distinguer la division de Encke (anneau A) et l'anneau C, le plus proche de la planète.

Des taches brillantes sont parfois visibles, notamment sur l'anneau B, ainsi que de longues structures radiales. Il est également intéressant de chercher à discerner les changements d'intensité dans les anneaux à différentes distances de la planète et dont la division de Cassini offre un exemple extrême. Pour cela, les conditions de visibilité doivent être excellentes. A deux reprises, au cours des 29 années et demie de révolution orbitale de Saturne, les anneaux se présentent de profil par rapport à nous : ils sont alors extrêmement difficiles à voir et peuvent même disparaître complètement. Si vous avez la chance de faire une telle observation, notez la date et l'heure de leur disparition et de leur réapparition.

Les satellites

La plupart des satellites de Saturne sont hors de portée des instruments d'un amateur, mais il suffit d'une bonne paire de jumelles pour voir Titan, dont le déplacement d'une nuit à l'autre au cours de ses 16 jours de révolution orbitale est intéressant à suivre. Titan, qui peut atteindre une magnitude de 8,4, est le plus brillant satellite de Saturne. Vient ensuite Rhéa, de magnitude 9,7, que l'on peut distinguer avec un instrument de 100 mm dans d'excellentes conditions d'observation. Pour Téthys (magnitude 10,3) et Dioné (10,4), il faut une ouverture d'au moins 150 mm. Quant à Japet, son éclat varie en fonction de sa position orbitale : à l'ouest de la planète, il atteint 10 de magnitude, alors que celle-ci tombe à environ 12 quand il se trouve à l'est.

Les occultations

Il faut, enfin, chercher à observer l'éventuelle occultation d'une étoile par Saturne : c'est un phénomène très rare et pas toujours prévisible. Notez les variations d'éclat et de couleur de l'étoile lorsqu'elle passe derrière les anneaux, ainsi que le moment de ces modifications. Notez également pendant combien de temps l'étoile disparaît derrière la planète.

OBSERVATION DES COMÈTES

La recherche

Beaucoup d'astronomes amateurs rêvent de découvrir un jour une comète à laquelle on donnerait leur nom. Mais cela implique énormément de temps et de patience.

Il existe deux méthodes pour rechercher des comètes. La première consiste à se consacrer chaque nuit à l'observation méticuleuse de certaines régions du ciel, pour y repérer l'éventuel passage d'un objet insolite. Cette méthode requiert une parfaite connaissance des moindres caractéristiques de toute la population astrale des régions considérées, fruit de centaines d'heures d'observation. L'idéal, pour cette recherche visuelle, est une paire de jumelles ou un télescope à large champ.

La seconde méthode, qui nous semble la meilleure, est une exploration photographique. Elle consiste à prendre des clichés du ciel plusieurs nuits de suite et à les développer le plus rapidement possible pour y rechercher l'éventuel passage d'un objet inconnu d'une image à l'autre. Les régions du ciel les plus intéressantes pour de telles investigations sont celles de l'ouest, juste après le coucher du Soleil, et celles de l'est, juste avant son lever.

En présence d'un objet qui vous paraît inconnu, assurez-vous qu'il ne s'agit pas d'un astéroïde, ni même d'une planète diffuse. Une comète a presque toujours un aspect nébuleux. Vérifiez aussi que vous n'avez pas affaire au passage d'une planète périodique, déjà signalée auparavant. Enfin, procédez autant que possible à une vérification visuelle au télescope, pour le cas où l'objet mystérieux ne serait qu'une défectuosité du film. Une comète se présente généralement sous l'aspect caractéristique d'une étoile diffuse, entourée de brume. Quant à la queue, il faut savoir qu'elle n'est pas toujours discernable quand la comète se trouve très éloignée du Soleil.

L'étape suivante consiste à déterminer l'ascension droite et la déclinaison de la comète, en effectuant de préférence ces relevés sur une image de la région qui l'entoure. Il ne vous reste plus, ensuite, qu'à faire part de votre découverte à une autorité compétente. Il peut s'agir de l'Institut national d'astronomie et de géophysique du CNRS ou d'une des principales associations d'amateurs telles que la Société astronomique de France et l'Association française d'astronomie. Notez le numéro de téléphone de ces organismes avant d'entreprendre vos recherches, cela vous évitera de perdre du temps : on n'attribue, en effet, que trois noms au maximum à chaque nouvelle comète découverte.

L'observation

La recherche de nouvelles comètes n'est qu'un des aspects de l'astronomie cométaire. Les visiteuses périodiques de notre ciel méritent également que l'on s'y intéresse. Il importe, entre autres, d'observer leur déplacement pour détecter toute modification éventuelle de leur trajectoire. La meilleure méthode consiste à photographier une comète en plusieurs occasions, pour suivre son parcours par rapport aux étoiles. S'il s'agit d'une comète particulièrement rapide, cela peut poser quelques problèmes, et il faut, dans ce cas, monter l'appareil photographique sur un télescope qui fait office de viseur pour accompagner la trajectoire de la comète pendant le temps d'exposition. On obtient ainsi une bonne image de la comète, entourée de traînées d'étoiles. On peut ensuite relever sa position par rapport aux étoiles environnantes, bien que ce type de travail n'entre pas dans les compétences habituelles d'un astronome amateur.

La comète de West, l'une des plus spectaculaires de ces dernières années, photographiée par un amateur le 9 mars 1976. Au cours de ce même mois, son noyau se désintégra.

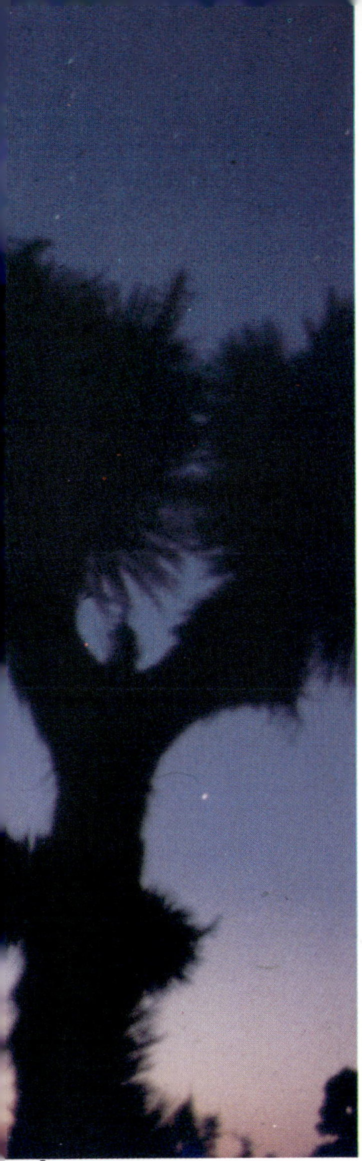

La comète de Halley photographiée par un astronome amateur de Queenstown, en Nouvelle-Zélande, tandis qu'elle se trouvait à 64,7 millions de kilomètres de la Terre et se dirigeait vers le Soleil, sur le fond étoilé de la Voie lactée.

L'observation permet également d'étudier la structure d'une comète. Lunettes et télescopes à large champ optique révèlent certains détails de la queue, qui peut être relativement longue. De forts grossissements sont nécessaires pour la tête, dont la chevelure peut présenter diverses caractéristiques telles que projections de matière ou formation en parachute. Il est d'autant plus important d'effectuer un maximum d'observations de ce genre que l'aspect d'une comète peut changer très rapidement, en fonction de sa distance par rapport au Soleil.

On peut procéder, en outre, à l'estimation de la magnitude du noyau, si celui-ci est visible, en comparant son éclat apparent à celui d'étoiles proches dont la magnitude est connue. Quant à estimer l'éclat d'une comète dans son ensemble, cela est beaucoup plus délicat : il est très difficile de comparer l'éclat d'un point lumineux avec celui d'une comète, dont la luminosité est extrêmement dispersée.

Si le retour de nombreuses comètes est prévisible, ce n'est pas le cas de leur apparence. Au cours de son dernier passage, en 1986, la comète de Halley avait une luminosité relativement faible en comparaison de celle de son apparition précédente, en 1910, qui atteignait la magnitude 0. De telles modifications d'éclat sont essentiellement dues à la position relative du Soleil et de la Terre, et non à des transformations de la comète elle-même. Pour les astronomes, il est probable que, à son prochain passage, en 2061, la comète de Halley sera plus brillante qu'en 1986. L'observation des comètes se révèle particulièrement riche de possibilités pour tout amateur doté d'un équipement approprié.

OBSERVATION DES PHÉNOMÈNES LUMINEUX

Ci-dessous Lumière zodiacale photographiée dans le ciel de Ténériffe, avec un temps de pose de 10 minutes.

A gauche Les superbes effets de couleur de cette aurore boréale se déploient dans le ciel, au-dessous de la Grande Ourse.

Les aurores polaires

C'est à l'œil nu que les aurores s'observent le mieux : le champ limité d'une lunette ou d'un télescope ne révèle pratiquement aucun détail, et les jumelles ne sont guère plus utiles, sinon pour déterminer la position du phénomène par rapport aux étoiles. La méthode de recherche consiste à surveiller l'horizon situé dans la direction du pôle, chaque fois que la nuit est très claire, notamment en période d'activité solaire intense.

Il est important de noter les détails suivants lorsqu'on étudie une aurore : la date, l'heure précise du début et de la fin des observations, la localisation du site d'observation (en latitude et longitude de préférence) et les conditions de visibilité.

On peut également compléter cette description à l'aide de dessins, sur lesquels on notera la position des étoiles les plus brillantes, qui serviront de points de repère pour déterminer l'emplacement de l'aurore et son étendue. Notez sa forme, ses dimensions et sa situation par rapport à l'horizon. En utilisant le système azimutal à trois chiffres (nord géographique à 000°, est à 090°, sud à 180°, ouest à 270°), indiquez l'extension est-ouest du phénomène sous la forme de deux points d'azimut, par exemple : de 330 à 015°. Si vous parvenez à distinguer ses limites supérieure et inférieure, mesurez aussi sa hauteur en degrés. Cette mesure doit s'établir par rapport à l'horizon vrai, et non par rapport à l'horizon apparent. De même, on peut indiquer son éclat, par comparaison avec la Voie lactée ou un nuage éclairé par la Lune. Enfin, il est intéressant de décrire les couleurs du phénomène. Les plus courantes sont le blanc, le vert et le jaune, mais le rouge, le bleu et le pourpre s'observent parfois. Si une aurore présente plusieurs zones de couleurs différentes, il convient de le signaler.

Une aurore dont la forme se modifie très peu ou pas du tout est dite « calme », par opposition à une aurore « active », qui présente des changements d'aspects souvent très fugitifs. Ceux-ci se manifesteront sous la forme de simples irrégularités parcourant la frange inférieure du phénomène jusqu'à une transformation complète de l'aurore dans son ensemble.

Les aurores polaires peuvent revêtir des aspects très divers, les plus discrètes n'étant que des halos diffus au ras de l'horizon, et les plus spectaculaires formant des arcs ou des rubans s'étendant sur des milliers de kilomètres, qui peuvent se combiner en draperies ou en couronnes. Leur extension se détermine en fonction des lignes de force du champ magnétique terrestre. Il est fréquent, par ailleurs, que les diverses formes d'une aurore polaire se superposent à une sorte de vaste voile uniforme et diffus.

L'éclat d'une aurore est susceptible de se modifier, avec des variations qui peuvent se manifester uniformément dans certaines zones ou traverser l'ensemble du phénomène en direction inverse du pôle. Les aurores à pulsations ont un éclat irrégulier, clignotant, un peu comme si elles étaient agitées par le vent.

Les aurores polaires sont particulièrement intéressantes à photographier. Il faut un appareil de 35 mm ou de 50 mm en ouverture maximale. On peut utiliser de la couleur ou du noir et blanc, et un film de 400 ou 1 000 ISO, mais il ne faut surtout pas hésiter à prendre plusieurs clichés. Pour les phénomènes de faible intensité lumineuse, prévoyez un temps de pose d'au moins 30 secondes, qui peut aller jusqu'à 1 minute ou même davantage, selon les cas. Les phénomènes très lumineux nécessitent des expositions beaucoup plus courtes, de l'ordre de 2 à 15 secondes. Enfin, n'oubliez pas que, s'il s'agit d'une aurore dont la forme se modifie rapidement, l'image sera floue si le temps de pose dure plus de quelques secondes. Dans tous les cas, il est important de noter les caractéristiques du matériel utilisé, ainsi que la durée d'exposition.

Les lueurs sur l'écliptique

Lumière zodiacale et Gegenschein sont très difficiles à voir, notamment aux latitudes moyennes. Il faut les guetter par une nuit sans Lune, très obscure et dépourvue de toute forme de pollution lumineuse. L'observation à l'œil nu est essentielle. Pour rechercher l'éventuel halo d'une lumière zodiacale, promenez votre regard le long de l'horizon, autour du point où celui-ci rencontre l'écliptique, le soir ou juste avant l'aurore. Si vous avez la chance d'en apercevoir, essayez d'en estimer l'extension en largeur et en hauteur. Relevez sa position par rapport aux étoiles de l'arrière-plan et dessinez-en les contours.

Une fois repérée une lumière zodiacale, observez sa lueur, en remontant depuis l'horizon, aussi loin que vous le pouvez. Dans des conditions exceptionnelles, vous réussirez peut-être à discerner la trajectoire d'une bande zodiacale qui traverse le ciel le long de l'écliptique et peut-être même, à découvrir un Gegenschein.

Il est assez délicat de prendre des photographies d'une lumière zodiacale. Vous pouvez essayer avec un film de 400 ou 1 000 ISO et un objectif grand-angulaire, l'appareil étant monté sur trépied. Le temps de pose peut aller de 30 secondes à plusieurs minutes.

Les nuages noctilucents

Les nuages noctilucents (nuages nocturnes lumineux) sont les seuls nuages dont l'apparition dans le ciel réjouisse un astronome ! Cela est surtout vrai en été, aux latitudes élevées, où ils sont souvent les uniques phénomènes observables lorsque le ciel ne s'obscurcit jamais complètement.

Notez la date, l'heure du début et de la fin de l'observation, l'endroit où vous vous trouvez et les conditions de visibilité, sans oublier de mentionner l'éventuelle présence d'autres nuages. Indiquez ensuite l'étendue est-ouest maximale du phénomène en données azimutales. Enfin, complétez par une évaluation de l'altitude au-dessus de l'horizon de la frange inférieure et de la frange supérieure.

Ces nuages peuvent présenter divers aspects : voiles, ondulations, stries parallèles ou croisées, tourbillons, dont vous ferez la description, en notant l'heure de leur apparition. L'éclat de ce type de phénomène peut s'exprimer par un nombre : 1/faible, 2/moyen, 3/très brillant. Si on les reporte sur un dessin, ces nombres permettent de préciser l'éclat des différentes régions du nuage.

OBSERVATION DES MÉTÉORITES

Les astronomes amateurs peuvent jouer un rôle important dans l'amélioration de notre connaissance des météorites. Il suffit d'un équipement simple, et d'accepter de passer de longs moments dans la froideur nocturne pour guetter le passage de traits lumineux dans le ciel.

De nombreuses pluies de météorites apparaissent au cours d'une année, chacune ayant son propre radiant d'où semblent provenir tous ses composants. Ces pluies sont nommées d'après la constellation où se situe leur radiant ou d'après une étoile qui se trouve à proximité. Par exemple, les Alpha Cygnides semblent rayonner à partir d'un point proche de l'étoile Déneb (Alpha Cygni), et les Taurides à partir du Taureau.

Il est très simple de déterminer si un météore vient d'un radiant connu. Placez une règle dans l'axe de la trajectoire observée et faites-la remonter dans le ciel, pour voir si cela vous conduit au radiant d'une pluie de météorites.

L'équipement

La longue veille d'un observateur de météorites peut être relativement pénible si l'on ne sait pas s'y préparer. Il est important de bien vous protéger du froid, car vous devrez rester immobile la plus grand partie du temps, et serez donc d'autant plus vulnérable à la fraîcheur nocturne, même en été. Prévoyez des vêtements chauds : un bon anorak, un gros pull-over et une écharpe, ainsi qu'un bonnet de laine, car une partie de la chaleur corporelle s'échappe par la tête si celle-ci n'est pas couverte. Équipez-vous aussi d'un pantalon épais, de chaussettes de laine, de bottes et de gants.

Un sac de couchage est également recommandé, afin de pouvoir s'allonger sur un siège du type chaise longue. Cela vous évitera, en effet, d'attraper un torticolis, puisque vous devrez lever constamment la tête vers le ciel.

Un chronomètre est également indispensable, pour déterminer avec précision le début et la fin de chaque manifestation météorique. Ces données doivent être indiquées en temps GMT ou UT. Pour vous éclairer, choisissez une lampe à lumière rouge, qui ne perturbe pas l'accoutumance de l'œil à l'obscurité, en prévoyant des ampoules de rechange. Notez vos observations sur des feuilles fixées sur un support rigide et recouvrez-les d'un plastique quand vous ne vous en servez pas, afin de les protéger de l'humidité nocturne. Utilisez des crayons plutôt que des stylos, car ceux-ci risquent de mal fonctionner dans un environnement humide.

Ainsi équipé, il ne vous restera plus qu'à faire preuve de beaucoup de patience, car le temps paraît très long lorsqu'on reste des heures immobile au même endroit, sans rien faire d'autre que d'attendre et de guetter.

Avant de commencer votre surveillance, localisez le radiant des pluies les plus courantes et mémorisez l'éclat de quelques étoiles, à titre de comparaison, afin d'être ensuite en mesure d'évaluer rapidement la magnitude d'une météorite. Toute séance de veille, bien qu'elle soit tributaire des conditions atmosphériques, de votre fatigue ou d'autres facteurs, devra être aussi longue que possible avec un minimum impératif de 1 heure.

L'observation des météorites peut constituer une passionnante activité de groupe, chaque participant ayant à surveiller une partie du ciel. Pour qu'elle se déroule dans les meilleures conditions, il est indispensable de disposer d'un minimum de confort et d'être bien protégé du froid.

Ce qu'il faut noter

Indiquez votre nom, votre adresse, le site de l'observation (en latitude et en longitude de préférence), ainsi que la date et la durée de celle-ci. Signalez tout ce qui peut avoir une incidence sur vos observations, notamment la présence d'un clair de Lune, de brume ou de nuages, de même que toute modification intervenant au cours de l'observation. Enfin, notez la magnitude limite, en vous référant à la plus faible étoile visible à l'œil nu, et, le cas échéant, n'oubliez pas d'indiquer un éventuel changement de conditions de visibilité, qui pourrait affecter cette magnitude.

Indiquez la magnitude de chaque météorite, par comparaison avec des étoiles de magnitude connue, et le moment de son apparition à la minute, sinon à la seconde près. Le moindre détail doit être pris en compte, comme l'éventuelle traînée de la météorite (dans ce cas, précisez sa longueur, sa vitesse et le temps qui s'écoule avant sa disparition), sa couleur, sa vitesse, voire sa désintégration.

Il est important, lorsqu'on observe les météorites, d'établir un compte-rendu précis. A l'issue de chaque session, reportez vos notes et remarques sur un formulaire où seront indiqués l'heure de chaque phénomène, sa magnitude, son type et tout autre point intéressant. Par un tel travail, les astronomes amateurs apportent une contribution non négligeable à la recherche. Voici un exemple de rapport réalisé en Grande-Bretagne.

RAPPORT D'OBSERVATION VISUELLE DE MÉTÉORITES

Date 12-13/8/88 Observateur ALASTAIR McBEATH

Lieu MORPETH, NORTHUMBERLAND : 55° 10' N, 1°42' W Mag. Lim. +6,3

Conditions TEMPS CLAIR

Heures - Début 01.10 TU Fin 02.10 TU Durée 1 heure

Heure	Mag.	Type	Rel.	Durée	Remarques
01.11 TU	3	PERSÉIDE	A		PONCTUEL
01.13	2	PERSÉIDE	A	1 s	VITESSE MOYENNE. COURT
01.14	3	δ AQUARIDE (N)	A		MOYENNEMENT RAPIDE
01.15	3	SPORADIQUE	A		VITESSE MOYENNE. LONG
01.17	4	PERSÉIDE	B		RAPIDE
01.22	2	PERSÉIDE	C	0,25 s	RAPIDE
01.22	5	PERSÉIDE	A		RAPIDE
01.29	1	SPORADIQUE	C		VITESSE MOYENNE
01.31	4	PERSÉIDE	A		LENT. COURT
01.33	-1	SPORADIQUE	C		2 PANACHES. JAUNE. RAPIDE. LONG
01.33	-1	PERSÉIDE	B	0,5 s	RAPIDE. BLEU-BLANC. QQ. SEC. APRÈS LE PRÉCÉDENT
01.34	4	PERSÉIDE	B		RAPIDE
01.35	2	PERSÉIDE	B		RAPIDE. A TRAVERSÉ LE CHAMP DE L'APPAREIL PHOTO
01.35	3	α COCHER	B	0,25 s	RAPIDE
01.41	-1?	PERSÉIDE	C	1 s	TRÈS RAPIDE. BLEU-BLANC. PANACHE
01.42	2	PERSÉIDE	A	0,25 s	TRÈS RAPIDE
01.43	1	PERSÉIDE	C		TRÈS RAPIDE. JAUNE
01.43	0	PERSÉIDE	B		TRÈS RAPIDE
01.47	0	PERSÉIDE	A	0,5 s	TRÈS RAPIDE. BLEU-BLANC
01.49	3	PERSÉIDE	A	0,25 s	RAPIDE
01.50	4	SPORADIQUE	A		MOYENNEMENT RAPIDE
01.52	-3	PERSÉIDE	C		JAUNE. RAPIDE
01.53	-2	SPORADIQUE	C		LENT. JAUNE. BRILLANT
01.53	3	SPORADIQUE	A		LENT
01.54	3	α CYGNIDE	A		MOYENNEMENT RAPIDE. COURT
01.54	0?	PERSÉIDE	C		RAPIDE. BLEU-BLANC
01.55	0	PERSÉIDE	A	2,5 s	TRÈS COURT. PRÈS DU RADIANT VITESSE MOYENNE. BLEU-BLANC
01.55	1?	PERSÉIDE	C		RAPIDE. LONG
01.58	-2	PERSÉIDE	B	2 s	RAPIDE. BLEU-BLANC. BRILLANT A TRAVERSÉ LE CHAMP PHOTO
02.02	3	PERSÉIDE	B		RAPIDE
02.06	3	SPORADIQUE	B		COURT, VITESSE MOYENNE
02.07	3	PERSÉIDE	A		RAPIDE
02.08	-1?	PERSÉIDE	C	3 s	RAPIDE. JAUNE

L'observation en groupe

Plusieurs personnes peuvent collaborer pour des séances d'observation en groupe. Cela permet de surveiller la totalité du ciel, chacun ayant la responsabilité d'un secteur bien précis. En outre, lorsqu'on a de la compagnie, le temps paraît moins long... et il est plus facile de rester éveillé !

La méthode la plus courante consiste à ce que tous les membres du groupe, sauf un, forment un cercle, chacun étant tourné vers l'extérieur, afin de surveiller le secteur qui lui est imparti. Le dernier participant, qui sera remplacé de temps en temps pour éviter que l'ennui ne s'installe, est chargé de noter tout ce que les autres lui signalent.

Si vous voyez une boule de feu...

Un météore dont la magnitude atteint − 5 ou davantage est ce que l'on appelle un bolide, bien que l'on ait aujourd'hui tendance à ne plus utiliser ce terme. Les objets qui produisent ce type de phénomène sont généralement plus gros que les météorites ordinaires, et plus ils sont gros, plus ils sont brillants. Certains atteignent même de telles dimensions qu'ils ne se désintègrent pas complètement et achèvent leur course à la surface de la Terre. Si leur trajectoire a été enregistrée avec suffisamment de précision, il est alors possible de localiser leur point de chute.

Déterminer la magnitude d'objets de ce type n'est pas toujours facile, faute d'éléments de comparaison. Le plus brillant « objet comparable », en dehors de la Lune, est Vénus, dont la magnitude maximale est de − 4,4. Si vous avez le moindre doute sur la magnitude d'un bolide, notez-le dans votre compte rendu. Quant aux autres détails à signaler, ce sont les mêmes que dans le cas des météores ordinaires. Il est surtout important de bien préciser la trajectoire d'un bolide, les coordonnées de ses points d'apparition et de disparition devant être établies en ascension droite et déclinaison. Enfin, n'oubliez pas d'indiquer la date et l'heure de l'observation, ainsi que l'endroit où vous vous trouvez.

OBSERVATION DES OBJETS LOINTAINS

Trouver des points de repère

Pour quiconque s'intéresse aux astres, il importe avant tout de se familiariser avec la configuration du ciel nocturne. Comme chaque objet céleste est rattaché à l'une des constellations, celles-ci constituent des repères essentiels qu'il faut savoir identifier. En commençant par l'une des plus évidentes, comme Cassiopée (dans le ciel boréal) ou la Croix du Sud (dans le ciel austral), fixez-vous comme premier objectif d'apprendre à en reconnaître une nouvelle chaque nuit. Beaucoup de constellations permettent d'en repérer d'autres. C'est le cas, par exemple, du Baudrier d'Orion, dont on peut suivre l'alignement jusqu'à Sirius du Grand Chien d'un côté et Aldébaran du Taureau de l'autre ; de même, les deux étoiles Merak et Dubhe de la Grande Ourse indiquent la direction de l'étoile Polaire de la Petite Ourse. Mémorisez l'aspect général et les principales étoiles des différentes constellations, afin de vous y retrouver facilement dans le ciel nocturne.

Il faut ensuite acquérir un minimum de connaissances sur les étoiles. Qu'est-ce qui vaut à Aldébaran et à Arcturus leur coloration rouge orangé ? Pourquoi Sirius est-elle aussi brillante ? Quelle est la taille d'une étoile ?... Lorsque vous aurez acquis certaines notions de base, les étoiles vous seront devenues familières et vous ne les considérerez plus comme de simples points lumineux dans le ciel.

Apprendre à localiser les objets

Amas stellaires, nébuleuses et galaxies sont parmi les formations les plus intéressantes à observer pour un astronome amateur. Si des milliers de ces objets sont à la portée d'une lunette ou d'un télescope de taille moyenne, il n'est pas toujours facile, en revanche de les localiser.

La méthode de la « dérive » est relativement simple. Cadrez le champ visuel sur une étoile située légèrement à l'ouest de l'objet recherché, en vous référant à un catalogue astronomique pour connaître la distance qui les sépare. Ne touchez plus au télescope et laissez le ciel dériver dans le champ visuel jusqu'à ce que l'objet recherché y fasse son apparition. Cette méthode nécessite de la patience, et également de trouver une étoile appropriée.

Si votre équipement est fixe, vous pouvez aussi recourir à des cercles de coordonnées, mais cette méthode ne convient pas pour un instrument transportable : vous passeriez beaucoup trop de temps à monter et à démonter ce système, dont la précision risquerait, en outre, d'être faussée.

La meilleure technique consiste à repérer une étoile très brillante située dans la région de l'objet recherché, pour progresser ensuite d'étoile en étoile dans la direction voulue, jusqu'à que l'objectif soit atteint. Avec ce système, un bon chercheur est indispensable. Lorsque vous aurez effectué plusieurs observations d'un même objet, vous serez capable de le localiser beaucoup plus facilement, sans avoir besoin d'utiliser une carte du ciel.

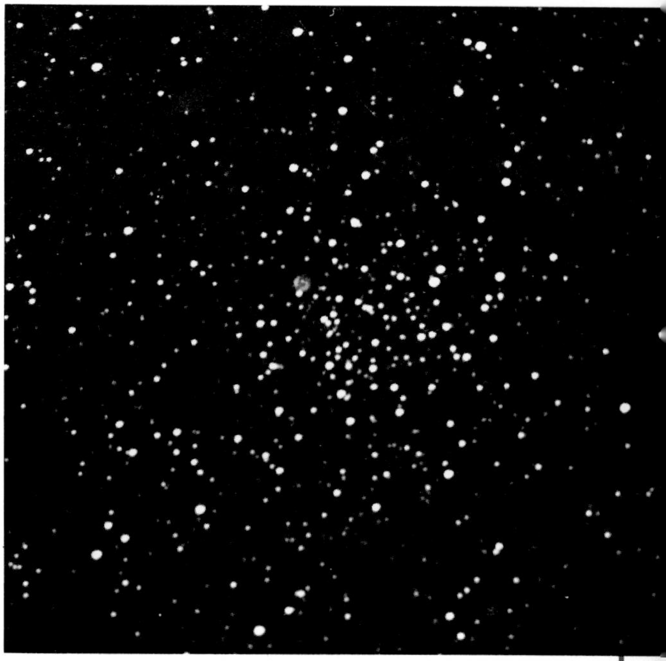

L'amas ouvert M 46 de la Poupe est l'un des objets célestes que les amateurs observent le plus volontiers. On peut le voir avec des jumelles, mais un petit télescope révèle davantage de détails.

Les techniques

Avant de vous lancer dans l'observation d'objets lointains tels que ceux que l'on vient d'énumérer, il est indispensable que vos yeux aient le temps de s'accoutumer à l'obscurité. Les nuits claires et sans Lune sont donc préférables. Et, si une séance de recherche s'est révélée infructueuse, ne vous découragez pas : vous obtiendrez sans doute de meilleurs résultats la nuit suivante.

D'une façon générale, un faible grossissement et un large champ visuel sont essentiels pour l'observation des objets lointains. Ceux-ci sont le plus souvent relativement étendus ou diffus, voire les deux à la fois, et, dans beaucoup de cas, un fort grossissement n'en dévoilerait que les régions centrales.

Les amas ouverts sont à la portée de lunettes ou de télescopes de petites dimensions, et même des jumelles peuvent en offrir des aperçus intéressants. L'une des cibles favorites de nombreux astronomes amateurs est l'amas ouvert des Pléiades (M 45), dans le Taureau. Les observateurs les plus expérimentés parviennent à distinguer des traces de la nébulosité qui entoure

Ci-dessus Le Cygne renferme au moins deux douzaines d'amas ouverts, dont M 39 (NGC 7092), que l'on voit ici sur le brillant arrière-plan étoilé de la Voie lactée, est l'un de ceux qui se prêtent le mieux à l'observation avec des jumelles.

les étoiles des Pléiades, ce qui échappe en général aux néophytes, ceux-ci n'ayant pas assez l'habitude de scruter le ciel nocturne. Comme les étoiles des amas ouverts sont très dispersées, un large champ est indispensable. Cela est encore plus important lorsqu'on veut repérer un amas ouvert sur un brillant arrière-plan étoilé.

Les amas globulaires, qui contiennent pourtant davantage d'étoiles, sont beaucoup plus compacts et présentent souvent un aspect diffus, faiblement lumineux. Lorsque vous en observez, essayez des grossissements et des champs différents. Les plus forts grossissements peuvent mettre en évidence les plus brillantes étoiles des amas de ce type.

Certaines nébuleuses et galaxies diffuses peuvent être observées indifféremment avec un grossissement fort ou faible. Toutefois, beaucoup sont vastes et peu lumineuses ; elles offrent donc peu de contraste par rapport au ciel environnant, ce qui nécessite de les observer par une nuit sans Lune, avec un faible grossissement. De plus forts grossissements sont parfois nécessaires dans le cas de certaines nébuleuses, pour exclure le rayonnement lumineux d'étoiles brillantes situées à proximité. La nébuleuse Tête de Cheval, par exemple, peut être « effacée » par l'éclat voisin de Zêta Orionis.

Ci-dessus Epsilon Lyrae, que l'on voit ici à gauche, est une célèbre double étoile double. Si l'on a une très bonne vue, les deux composantes principales de ce système quadruple sont visibles à l'œil nu.

Des grossissements faibles à moyens peuvent être utilisés pour les nébuleuses planétaires, qui, la plupart du temps, sont petites et relativement distinctes. Avec de très faibles grossissements, certaines planétaires peuvent se confondre avec des étoiles, ce qui rend de prime abord leur identification difficile. Les nébuleuses planétaires sont des objets très intéressants, dont beaucoup présentent des formes insolites. C'est le cas, par exemple, de la célèbre nébuleuse Haltère (M 27), du Petit Renard, et de la nébuleuse du Papillon (M 76), de Persée.

Un problème important qui se pose aux observateurs d'astres lointains est celui de la pollution lumineuse. On peut y remédier par l'utilisation de filtres spéciaux, dont il existe différents types. Ces derniers ont pour but d'accentuer le contraste entre l'objet observé et son environnement. Ils éliminent, en outre, certaines zones gênantes du spectre lumineux, tout en permettant à la lumière de la nébuleuse de parvenir jusqu'à nos yeux.

OBSERVATION DES ÉTOILES VARIABLES

L'observation d'une étoile variable se fait à l'aide d'une carte de comparaison qui représente la région du ciel où elle se situe. On y trouve non seulement la variable elle-même (généralement représentée par un point au milieu d'un petit cercle), mais aussi d'autres étoiles voisines dont la magnitude est connue.

Il existe deux méthodes pour établir une estimation des modifications d'une étoile variable au cours de son cycle : la méthode fractionnelle et la méthode de Pogson. La première est celle qui convient le mieux aux débutants.

La méthode fractionnelle

Cette méthode requiert l'utilisation de deux étoiles de référence (nous les appellerons A et B), dont l'une sera plus brillante que l'étoile variable au moment de l'observation, et l'autre moins brillante. Leur différence de magnitude doit être, si possible, d'environ 0,5 ; à ce stade, toutefois, il n'est pas indispensable de connaître leur véritable magnitude, qu'il suffira de prendre en compte une fois l'observation terminée. On divise ensuite mentalement leur différence de magnitude en plusieurs parties, ou fractions (en cinquièmes, par exemple), puis on « positionne » l'éclat de la variable (V) par rapport à ses étoiles de référence. Et si l'on établit, par exemple, que cet éclat est une fois plus faible que A et quatre fois plus brillant que B, cette comparaison se transcrit par la formule : A (1) V (4) B.

En supposant, alors, que la liste des magnitudes figurant en annexe de la carte donne, par exemple, pour les étoiles de référence, respectivement 3,5 (étoile A) et 4,0 (étoile B), un simple calcul permet de déterminer que la variable était de magnitude 3,6 au moment de l'observation.

La méthode de Pogson

Cette méthode implique que l'observateur puisse évaluer l'éclat d'une étoile à un dixième de magnitude près. Or, cela suppose déjà une bonne expérience.

Il s'agit de comparer la variable au plus grand nombre pos-

La variable à longue période Khi Cygni, photographiée tandis qu'elle était à sa magnitude maximale. A droite de l'image, on peut voir la constellation de la Lyre. Albireo (Bêta Cygni) se trouve en bas, à gauche.

sible d'étoiles de magnitude équivalente : plus on a d'éléments de comparaison, meilleurs sont les résultats. Dans le cas de l'exemple cité précédemment, dans lequel la magnitude de la variable est inférieure de 0,1 à l'étoile A et supérieure de 0,4 à l'étoile B, l'observation doit se transcrire ainsi : A−1, B + 4. Le signe − indique que la variable est moins brillante que l'une des étoiles de référence, et le signe + qu'elle est plus brillante que l'autre.

Dans cet exemple, l'estimation de magnitude de chacune des deux étoiles de référence permet de conclure à une magnitude de 3,6, mais il peut arriver que l'on n'obtienne pas un nombre aussi précis. Dans ce cas, il faut établir une moyenne pour les magnitudes et arrondir à la décimale la plus proche. Par exemple, si l'on obtient une magnitude de 7,34, il faut l'arrondir à 7,3, tandis que pour une magnitude de 6,28, on l'arrondit à 6,3. Si le dernier chiffre est un 5, arrondissez à la décimale suivante : 5,25 s'établit à 5,3.

Quelques conseils utiles

- Veillez à être confortablement installé pour vos observations. L'inconfort et la fatigue pourraient émousser vos facultés de jugement et fausser vos estimations.
- Vérifiez plutôt deux fois qu'une l'identification de la variable et de son étoile de référence. Un objet de passage que vous n'avez pas l'habitude de trouver dans la région observée (une comète ou un astéroïde, par exemple) peut être un facteur de confusion.
- Amenez l'étoile de référence le plus près possible du centre du champ visuel. Dans certains cas, en effet, il peut être utile de jouer sur la mise au point de la variable et de son étoile de référence pour en favoriser la comparaison. Les étoiles situées en bordure de champ risquent d'être légèrement déformées ou floues, ce qui rend alors plus difficile l'estimation de leur éclat.
- Méfiez-vous des erreurs de visée. Sachez vous concentrer en faisant abstraction de vos précédentes observations.

Les comptes rendus d'observation

Pour votre usage personnel, notez simplement vos observations sur votre carnet. En revanche, si vous avez l'intention de les soumettre au département spécialisé d'un organisme d'astronomie, il est souhaitable de les transcrire le plus rapidement possible sur l'un des formulaires que ces organismes consacrent aux étoiles variables, pendant que vous en avez encore un souvenir précis.

Vous devez indiquer dans ce compte rendu : le nom de l'étoile ; la date et l'heure de l'observation, en temps local ou en temps universel (UT) ; votre site d'observation ; le procédé optique utilisé (lunette, télescope, jumelles ou œil nu) ; enfin, la méthode d'observation, fractionnelle ou de Pogson, en précisant le degré d'exactitude dont vous créditez vos estimations. Dans le cas d'un astronome expérimenté travaillant dans de bonnes conditions d'observation, cette précision peut être de l'ordre de +/− 0,2 magnitude.

La fréquence des observations

Les binaires à éclipses, comme Algol ou Delta Librae, n'ont besoin d'être observées qu'à l'occasion d'une de leurs éclipses, dont on trouve les prévisions dans la plupart des publications astronomiques. Dans le cas des variables irrégulières, telles que U Antliae ou Bêta Pegasi, il faut les observer une ou deux fois par semaine, de même que les variables semi-régulières, comme Mira et R Andromedae, qui nécessitent, elles aussi, au moins une observation hebdomadaire.

Quant aux variables à plus courtes périodes, telles que les céphéides, on doit les observer chaque fois que les conditions de visibilité nocturne le permettent. Il est également indispensable d'étudier très régulièrement des variables telles que Bêta Lyrae et W Virginis, car leurs fluctuations d'éclat interviennent sur des périodes de plusieurs jours.

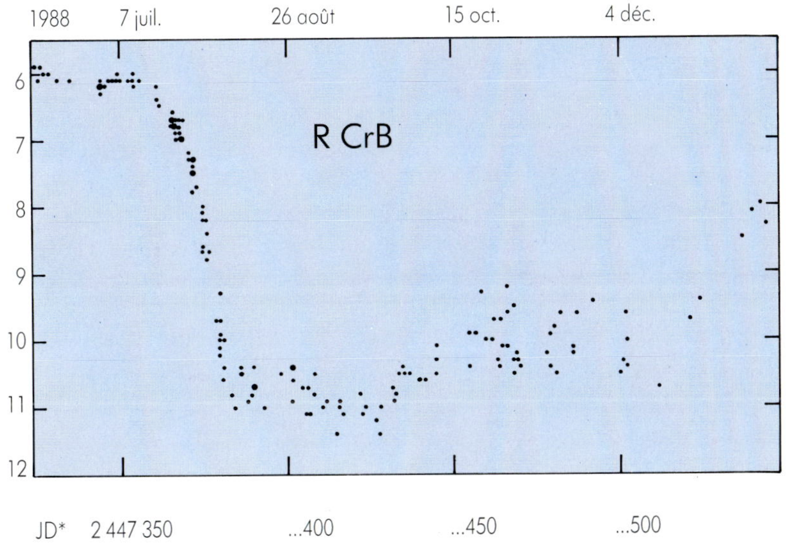

Courbe des changements d'éclat de l'étoile variable R Coronae Borealis, établie d'après des estimations effectuées entre juillet et décembre 1988. Chaque petit point correspond à une seule estimation, les points les plus gros à deux estimations ou plus. Les variables de ce type sont sujettes à des diminutions d'éclat imprévisibles, bien qu'elles demeurent la plupart du temps en pulsations lentes au voisinage de leur maximum.

* JD = jours juliens

OBSERVATION DES SATELLITES ARTIFICIELS

Un satellite est visible parce qu'il réfléchit la lumière solaire, aussi arrive-t-il souvent qu'il disparaisse brusquement lorsqu'il atteint l'ombre de la Terre. Les meilleurs moments pour localiser des satellites se situent juste après le coucher du Soleil ou juste avant son lever. La plupart ont un éclat constant, mais ceux qui ont une forme irrégulière peuvent donner l'impression de clignoter.

Plus un satellite est bas, plus son déplacement dans le ciel est rapide, ceux qui se situent à environ 200 kilomètres d'altitude effectuant leur rotation orbitale autour de la Terre en 90 minutes. Ils deviennent visibles à l'œil nu pendant à peine 2 minutes. Les satellites qui tournent à plusieurs milliers de kilomètres sont beaucoup plus lents. Leur période orbitale est de l'ordre de plusieurs heures, et il peut leur falloir près de 15 minutes pour traverser le ciel. L'altitude joue aussi un rôle dans la luminosité apparente d'un satellite, de même que sa taille, sa forme, son orientation et la structure de sa surface. En général, les satellites dont l'éclat est au moins de magnitude 3 sont visibles à l'œil nu. Des jumelles deviennent nécessaires jusqu'à la magnitude 7 ou 8. Au-delà, il faut une lunette ou un télescope.

Les observations chronométrées

Avant d'envisager l'utilisation d'une lunette ou d'un télescope, voire de jumelles, mieux vaut commencer par un certain nombre d'observations chronométrées à l'œil nu. Scrutez le ciel pour y guetter l'apparition de satellites et entraînez-vous à estimer leur position par référence à des étoiles voisines. Il est nécessaire, pour vos observations, de déterminer à quel moment un satellite passe à proximité d'une étoile donnée, ou franchit une ligne imaginaire reliant deux étoiles. Il est également possible de considérer le moment où il franchit une ligne imaginaire joignant verticalement une étoile à l'horizon. Bien que cela puisse paraître facile, il faut un bon coup d'œil pour relever ainsi la position d'un satellite par rapport aux étoiles de l'arrière-plan et savoir utiliser le chronomètre au bon moment. Cela est affaire de pratique, et vous devrez consacrer pas mal de temps à de telles observations avant qu'elles deviennent précises.

On trouve des prévisions sur le passage des satellites dans diverses revues, mais elles sont rarement précises. Aussi est-il conseillé de commencer à observer le ciel quelques instants avant le moment indiqué. Ces prévisions doivent normalement donner le moment de l'apparition et celui de la disparition du satellite, la direction de sa trajectoire et la plus haute altitude qu'il atteindra.

Réglez votre chronomètre sur l'heure officielle de la radio ou sur celle de l'horloge parlante. Cette dernière méthode est préférable, car elle permet de faire cette synchronisation peu de temps avant l'observation, au moment où vous devez déclencher le chronomètre. Lorsque le satellite apparaît, suivez sa trajectoire dans le ciel et arrêtez le chronomètre au moment où il passe à proximité d'une étoile ou franchit une ligne imaginaire, selon le procédé décrit plus haut. En ajoutant le temps qu'indique le chronomètre à celui sur lequel vous l'avez réglé, vous pourrez déterminer le moment précis où le satellite se trouvait au point de référence. Si, par exemple, le chronomètre a été déclenché à 21 h 12 mn 30 s et arrêté 2 mn 42,5 s plus tard, le passage du satellite se situe à 21 h 15 mn 12,5 s.

Vous pouvez aussi déclencher le chronomètre au moment de l'observation et l'arrêter ensuite sur une indication horaire de la radio ou du téléphone. En soustrayant le temps enregistré de celui de l'indication sonore, vous obtiendrez le moment précis de l'observation.

L'identification des étoiles

Il faut, bien sûr, que vous puissiez identifier à coup sûr les étoiles utilisées comme points de repère pour vos observations. Un bon atlas céleste est donc indispensable. Pour les observations avec des jumelles, sachez que cet ouvrage doit indiquer les étoiles allant jusqu'à la magnitude de celles que vous comptez choisir. Il serait absurde de prendre pour références des étoiles trop peu brillantes pour figurer sur l'atlas et que vous ne pourriez donc pas identifier ! Le mieux est d'utiliser un document qui mentionnent les étoiles jusqu'à la magnitude 8 ou 9.

Notez le moment précis de l'observation, avec, en regard, la position correspondante du satellite. Cette position peut être indiquée sur une carte du ciel, de même, éventuellement, que la trajectoire du satellite.

La photographie des satellites artificiels

Un objectif ordinaire de 50 mm (en ouverture maximale) offre une largeur de champ tout à fait suffisante pour obtenir de bonnes images des satellites artificiels. Utilisez un film de 400 ISO, couleur ou noir et blanc, avec des temps de pose allant jusqu'à 30 secondes.

Déclenchez de préférence l'ouverture avant l'entrée du satellite dans le champ et calculez combien de temps il lui faut pour le traverser. Après la prise de vue, notez tous les détails qui concernent l'objectif et le temps de pose, le film utilisé, le moment de l'entrée dans le champ et celui de la sortie, ainsi que l'emplacement géographique du site d'observation. Une fois reconnues les étoiles de la photographie, vous aurez un relevé très précis du satellite et de sa trajectoire. Cela vous permettra de l'identifier, dans le cas où vous n'avez pas déjà ce renseignement.

Ci-dessus Un satellite Écho révèle sa présence, sur cette photographie, par une longue traînée lumineuse qui traverse la Voie lactée dans le Sagittaire.

A droite Les prévisions sur le passage des satellites fournissent de précieuses indications qui permettent aux astronomes de préparer leurs observations. Ici, modèle d'une fiche d'observation de l'observatoire de Greenwich.
L'endroit d'où le satellite peut être aperçu au moment indiqué.
Le nom du satellite considéré (généralement visible à l'œil nu).
L'horaire du moment où le satellite sera visible dans le ciel. Comme on le voit ici, cet horaire peut varier selon la latitude.
La hauteur maximale en degrés d'arc que doit atteindre le satellite au cours de son passage.
Les points cardinaux où le satellite doit apparaître (lever) et disparaître (coucher).
La date pour laquelle les prévisions sont établies.
Le temps de référence utilisé. Dans le cas des satellites, comme les prévisions sont établies pour le grand public, on utilise généralement le temps local, et non le système UT ou GMT. On dit qu'un satellite sort d'éclipse ou est éclipsé, selon qu'il émerge de, ou pénètre dans l'ombre de la Terre ou dans celle de la Lune.

Satellite predictions

LONDON	From	To	Max Elev	Rises/Sets
Seasat 1	22.08	22.16	30NW	NNE/WSW
Erbs	01.38	01.43	55NE	WNW/*ENE
	22.27	22.34	50N	W/NE
MANCHESTER	**From**	**To**	**Max Elev**	**Rises/Sets**
Seasat 1	05.07	05.16	60NE	SE/NNW
	22.07	22.16	40NW	NNE/WSW
Erbs	01.37	01.43	70N	WNW/*E
	03.18	03.19	25W	WNW/*W
	22.27	22.34	65NNE	WSW/ENE

* Leaves or enters eclipse. Predictions are for tomorrow, times are BST.
● Weather information supplied by the Meteorological Office.
Road information supplied by the Department of Transport.
Satellite predictions by the Royal Greenwich Observatory.

UTILISATION DES CARTES DU CIEL

Dans les pages qui suivent, vous trouverez quatorze cartes du ciel : deux sont consacrées à l'environnement des pôles célestes, les douze autres à l'aspect du ciel pour chacun des mois de l'année. Les cartes mensuelles sont axées sur une ascension droite, qui correspond au méridien de l'observateur (la ligne imaginaire passant par les deux pôles célestes et par le zénith de l'observateur) pour la période considérée. Elles représentent le ciel entre 60° N et 60° S de déclinaison, et chacune couvre un total de 5 heures en ascension droite. Les étoiles indiquées sont celles que peut voir un observateur de l'hémisphère Nord regardant vers le sud, ou un observateur de l'hémisphère Sud regardant vers le nord. Un certain nombre d'étoiles de ces cartes ne seront pas visibles pour un observateur très éloigné de l'équateur terrestre. Seules les personnes se trouvant à moins de 30° de l'équateur pourront voir toutes les étoiles qui figurent sur les cartes mensuelles. Quant aux cartes circumpolaires, elles couvrent les régions du ciel qui vont jusqu'à 50° de distance de chacun des pôles.

Les étoiles mentionnées vont jusqu'à la 6e magnitude. Il s'agit donc d'une sélection, ces cartes ne prétendant pas offrir un panorama complet du ciel. Il y manque beaucoup d'objets, qui ne peuvent y figurer faute de place.

Vous constaterez que les étoiles de ces cartes s'identifient de diverses façons. Les plus brillantes peuvent être accompagnées par leur nom propre (Bételgeuse, Rigel, Castor), d'autres par une lettre de l'alphabet grec (gamma, mu, etc.). Les étoiles variables portent généralement leur appellation officielle du catalogue (R Trianguli, S Sculptoris), mais certaines ont un nom propre, comme Mira (Omicron Ceti).

Les objets célestes (amas stellaires, nébuleuses, galaxies) s'identifient soit par leur numéro dans le catalogue de Messier (M 1, M 55, etc.), soit par leur désignation dans le New General Catalogue (NGC), qui fut publié pour la première fois en 1888 par J.L.E. Dreyer. Certains peuvent avoir en outre un nom courant, par exemple la nébuleuse d'Orion (M 42), les Pléiades (M 45) du Taureau et l'Amas double de Persée (NGC 869 et NGC 884).

Chaque carte est accompagnée d'une ou de plusieurs petites cartes sélectives destinées à faciliter la localisation de certains objets célestes. Chacune représente une région particulière du ciel, telle qu'on peut la découvrir dans le champ des jumelles ou du chercheur d'une lunette ou d'un télescope, avec des étoiles de référence qui figurent également sur la carte principale. Pour localiser un objet précis du ciel, tel qu'amas stellaire ou galaxie, commencez par identifier la région où il se trouve sur la carte principale, en vous aidant de la carte sélective. Cadrez ensuite ce que celle-ci représente dans le champ visuel de votre instrument et procédez à une « approche d'étoile en étoile » jusqu'à l'objet recherché, selon la méthode décrite page 116. N'oubliez pas que les jumelles donnent une image normale, tandis que celle d'un chercheur de lunette ou de télescope est inversée, et tenez-en compte pour vos observations. Cela ne devrait pas poser de problème, puisqu'il suffit de suivre les étoiles de référence dans l'ordre indiqué pour aboutir à l'objet recherché.

Des photographies et des dessins (dus pour la plupart à des amateurs) accompagnent également les cartes. Dans beaucoup de cas, notamment avec les dessins, ces images vous fourniront de précieuses indications sur la façon dont un objet va se présenter dans votre champ visuel. Les débutants sont souvent désorientés en constatant que ce que leur révèle leur modeste instrument ne correspond pas aux photographies de leurs guides astronomiques, car celles-ci ont bien souvent été prises par des télescopes géants. Pour que vos observations vous offrent un maximum de satisfaction, sachez procéder par étapes et ne vous attendez pas, du moins au début, à découvrir des spectacles mirifiques. Apprenez d'abord à vous y retrouver parmi toutes ces étoiles, en progressant pas à pas sur les chemins de la connaissance. Et sachez apprécier ce que vous découvrirez ainsi au fur et à mesure.

En bas et à gauche de cette photographie se dessine la forme caractéristique de la Grande Ourse. Merak et Dubhe, les deux étoiles qui délimitent l'extrémité de sa « casserole », servent de points de repère pour découvrir l'étoile Polaire. Celle-ci se situe, en effet, dans le prolongement de la ligne que forment ces deux étoiles.

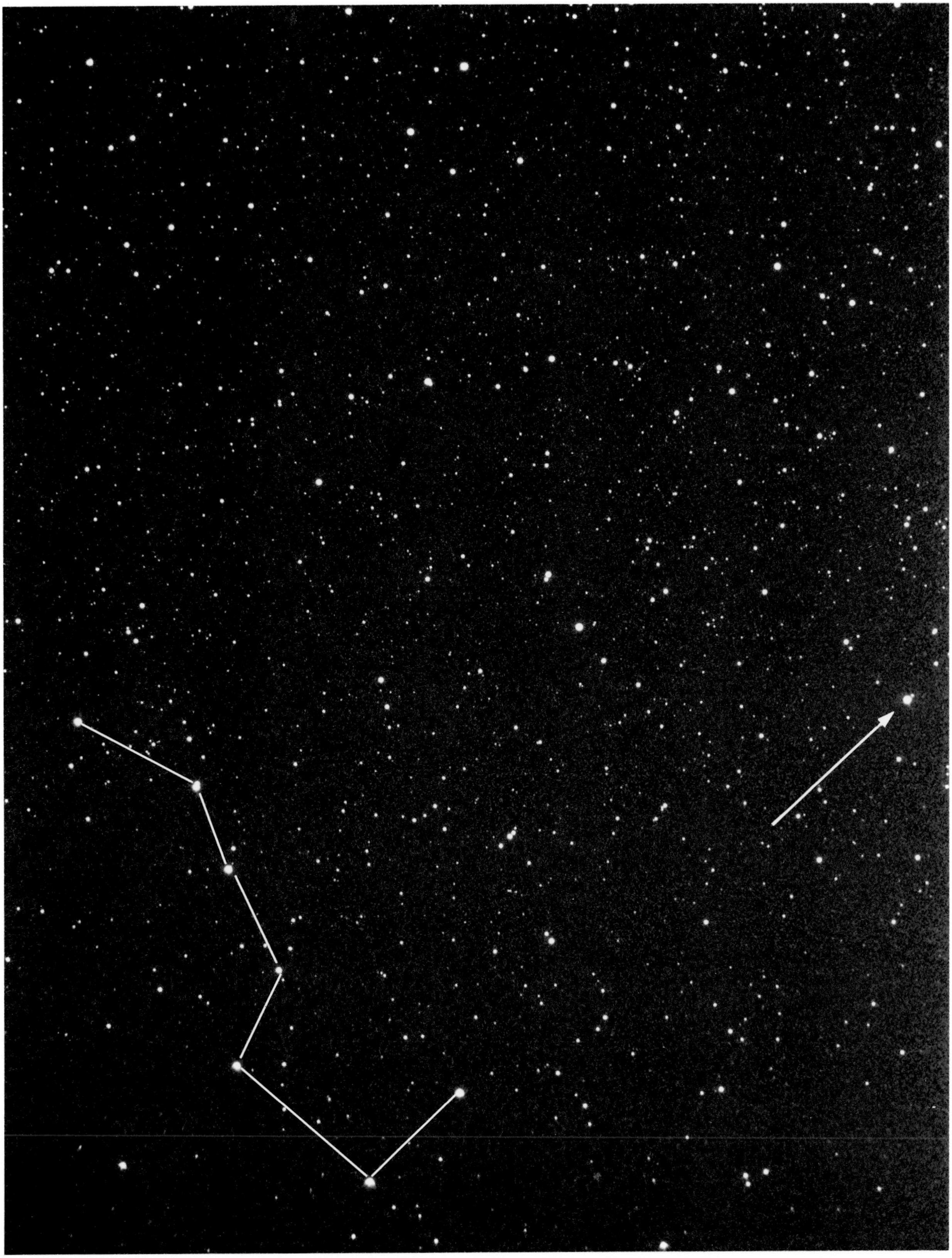

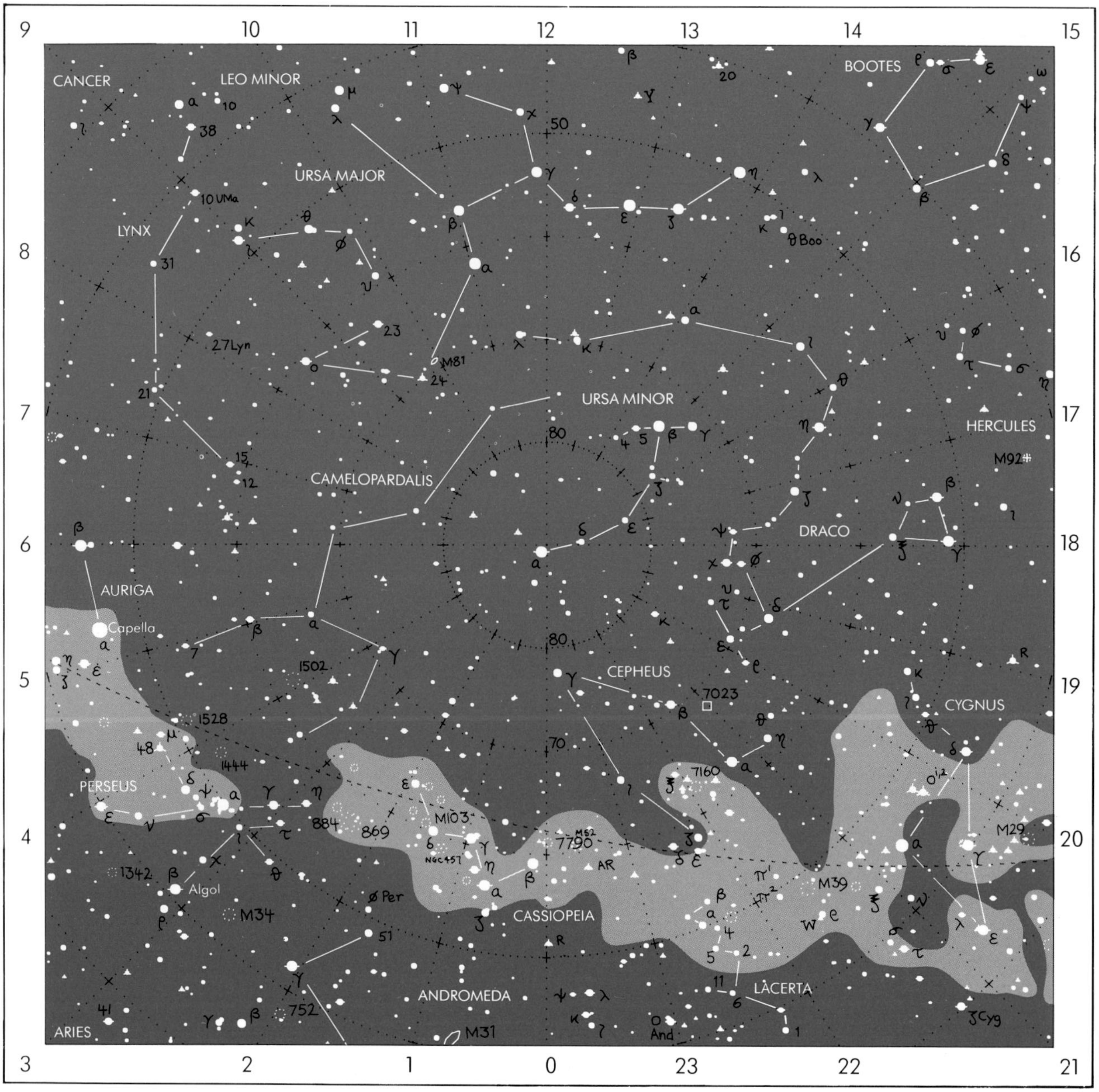

LÉGENDE

Magnitude visuelle apparente

0 1 2 3 4 5 6

Amas globulaire 3 4 5 6 7 8

Nuage gazeux 3 4 5 6 7 8

Magnitude apparente

Galaxies 3 4 5 6 7 8

Amas ouvert

Étoile multiple

Étoile variable

Nébuleuse planétaire

ÉTOILES CIRCUMPOLAIRES BORÉALES

Alcor et Mizar

L'avant-dernière étoile de la Grande Ourse (Ursa Major) est Zêta Ursae Majoris, ou Mizar, qui forme avec Alcor une étoile double, visible à l'œil nu. Mizar est elle-même une étoile double, la première qui fut découverte à la lunette par Giovanni Riccioli, en 1650. Ses deux composantes, A (magnitude 2,3) et B (magnitude 4,0), se situent à 14,4" l'une de l'autre, et l'on pense qu'elles sont en gravitation réciproque.

Mizar est aussi la première étoile double qui fut photographiée, en 1857, par George Bond. Sa plus brillante composante, Mizar A, fut, en 1889, la première binaire spectroscopique que l'on identifia ; ses deux composantes gravitent l'une autour de l'autre en 20,54 jours. On découvrit par la suite que Mizar B était également une binaire spectroscopique. Mizar est donc un système quadruple.

Les amas de Cassiopée

La riche constellation de Cassiopée (Cassiopeia) comprend un certain nombre d'amas ouverts. L'un d'eux, NGC 457, est un amas jeune et particulièrement bien peuplé, qui se situe à plus de 9 000 années de lumière de distance. Avec 6,4 de magnitude, il est facile à repérer, près de Phi Cassiopeiae. Des jumelles ne permettent de l'apercevoir que sous la forme d'une petite tache de lumière diffuse, mais il suffit d'une lunette ou d'un télescope de 75 mm pour individualiser plus d'une douzaine de ses composants.

Parmi les autres amas de Cassiopée qui méritent d'être observés, on peut citer M 52 et M 103. M 52, découvert par Charles Messier, en 1774, a une magnitude de 6,9. Pour le repérer, il suffit de suivre l'alignement de Eta à Bêta et de le prolonger jusqu'à 4 Cassiopeiae. On distingue alors M 52 juste au sud de 4 Cassiopeiae. Cet amas occupe une très vaste zone céleste, et un petit télescope permet d'individualiser bon nombre de ses composants. Quant à M 103, situé près de Delta Cassiopeiae, c'est un objet de magnitude 7,4. Un télescope d'environ 100 mm d'ouverture est nécessaire pour parvenir à distinguer ses membres.

Les galaxies M 81 et M 82

La Grande Ourse comprend un certain nombre d'objets intéressants à étudier, notamment les deux galaxies voisines M 81 et M 82. Pour les trouver, il faut suivre la ligne qui part de Merak (Bêta) et passe par Dubhe (Alpha). Dans le même champ télescopique, on peut également apercevoir la galaxie NGC 3077, qui ne figure pas sur cette carte. M 81 et M 82 ont été toutes deux découvertes par Johann Bode, en 1774. Elles forment, avec NGC 3077 et plusieurs autres galaxies moins brillantes, le groupe M 81, qui est un voisin du Groupe local situé à près de 10 millions d'années de lumière.

Le groupe M 81 s'étend jusque dans la constellation voisine de la Girafe (Camelopardalis), aussi lui donne-t-on souvent le nom de groupe Grande Ourse-Girafe. M 81 et M 82 sont visibles à l'aide d'une lunette ou d'un télescope de petites dimensions, mais un instrument plus grand, d'au moins 100 mm d'ouverture, permet d'en distinguer les formes. La configuration spiralée de M 81 contraste avec celle de M 82. Celle-ci est très probablement une galaxie spirale, vue de profil, qui a été soumise à des perturbations gravitationnelles dues au voisinage de la très massive M 81.

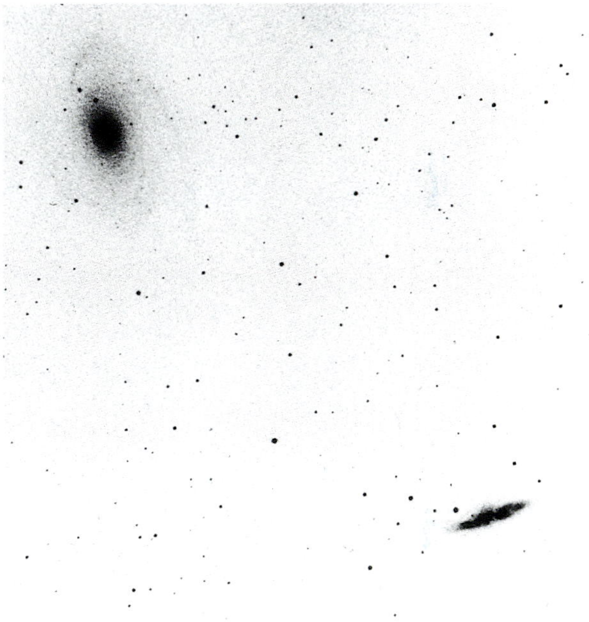

Les galaxies M 81 et M 82.

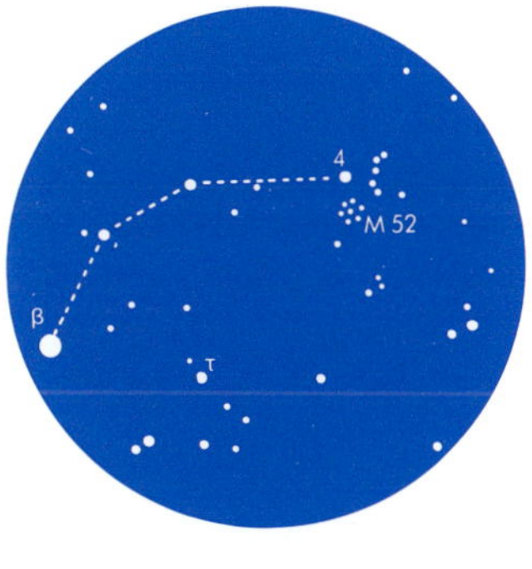

Carte sélective pour l'amas ouvert M 52 de Cassiopée.

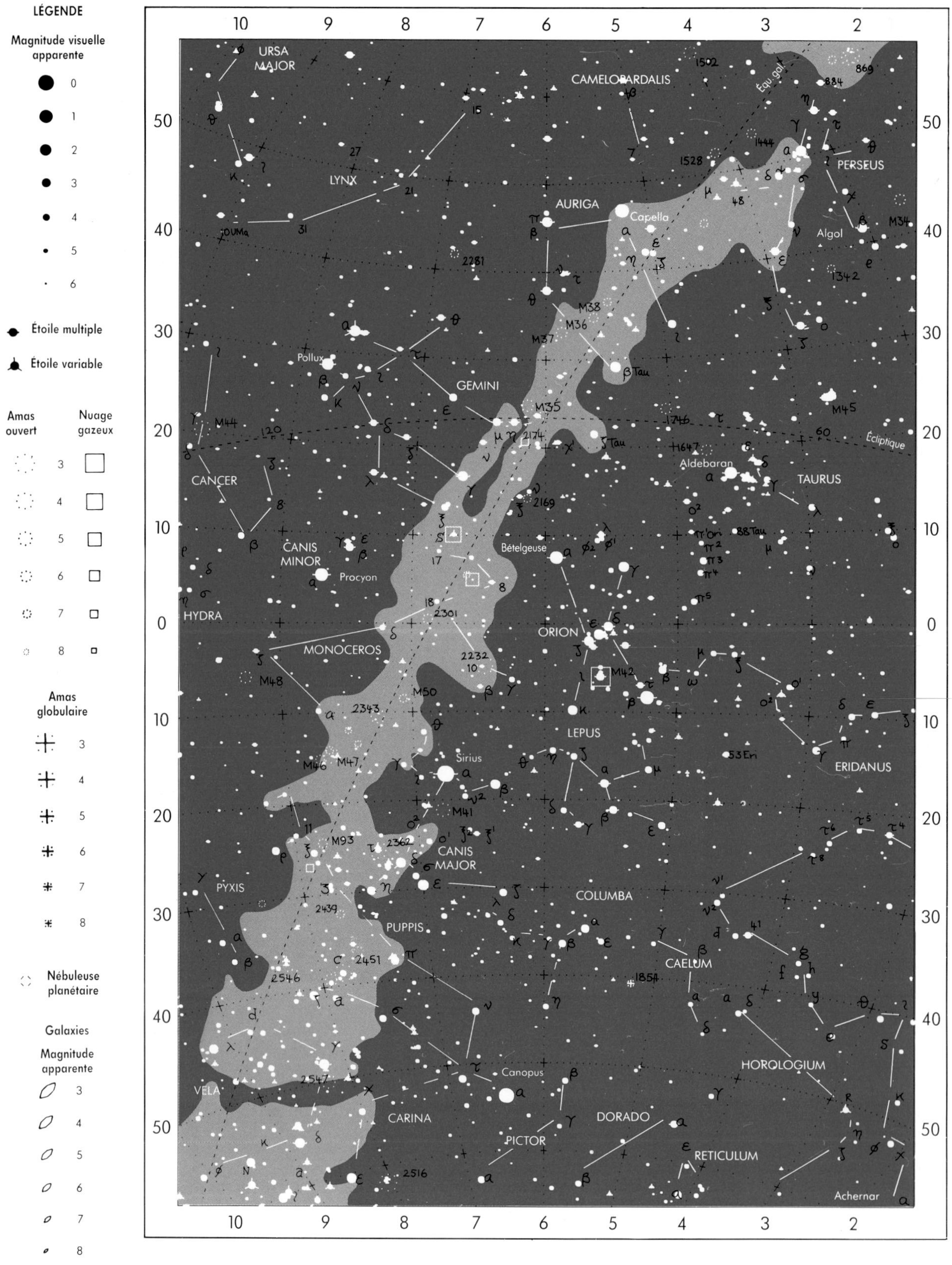
LÉGENDE
Magnitude visuelle apparente
0
1
2
3
4
5
6
Étoile multiple
Étoile variable
Amas ouvert
Nuage gazeux
3
4
5
6
7
8
Amas globulaire
3
4
5
6
7
8
Nébuleuse planétaire
Galaxies
Magnitude apparente
3
4
5
6
7
8
10
9
8
7
6
5
4
3
2
URSA MAJOR
CAMELOPARDALIS
LYNX
PERSEUS
AURIGA
Capella
Algol
GEMINI
Pollux
M35
M45
Équ. gal.
Écliptique
CANCER
M44
Aldebaran
TAURUS
CANIS MINOR
Procyon
Bételgeuse
HYDRA
ORION
MONOCEROS
M42
M48
M50
LEPUS
M46
M47
Sirius
ERIDANUS
M41
M93
CANIS MAJOR
PYXIS
COLUMBA
PUPPIS
CAELUM
HOROLOGIUM
VELA
Canopus
CARINA
DORADO
PICTOR
RETICULUM
Achernar
50
40
30
20
10
0
10
20
30
40
50

CARTE DU CIEL - JANVIER

La nébuleuse d'Orion

La constellation d'Orion est à cheval sur l'équateur céleste, de sorte que l'on peut la voir de toutes les parties habitées de la Terre, la période la plus favorable pour l'observer étant l'hiver boréal/été austral.

L'un de ses principaux points de repère est le gros éclat rouge de la célèbre géante gazeuse Bételgeuse. Formant l'épaule du Chasseur, à l'angle nord-est d'Orion, Bételgeuse est l'une des plus grosses étoiles connues des astronomes. Son éclat varie légèrement sur une période sétendant sur 2 110 jours, ces variations étant dues à des phénomènes internes de dilatation et de contraction.

Constrastant nettement avec Bételgeuse, Rigel est une très brillante supergéante bleu clair, qui occupe l'angle sud-ouest du groupe. Cette étoile se situe à une distance d'environ 900 années de lumière et sa luminosité représente près de 60 000 fois celle du Soleil.

Les trois étoiles Alnitak, Alnilam et Mintaka forment le Baudrier d'Orion, d'où part, vers le sud, l'alignement des étoiles de faible luminosité qui composent l'Épée. Et c'est à l'extrémité de celle-ci que se trouve la grande nébuleuse M 42, dite nébuleuse d'Orion. Cette gigantesque masse incandescente de gaz se situe à une distance de plus de 1 600 années de lumière. Son éclat est dû à l'énorme dégagement d'énergie des jeunes étoiles très chaudes qu'elle renferme.

Trois beaux amas ouverts

La plus brillante étoile du Cocher (Auriga) est Capella. C'est l'étoile de 1re magnitude la plus proche du pôle céleste boréal et, par l'intensité de son éclat, la sixième étoile du ciel. Capella, dont le nom signifie, en latin, « la Chèvre », se situe à une distance de 45 années de lumière et sa luminosité est d'environ 80 fois celle du Soleil. Elle surmonte un petit triangle d'étoiles (les Chevreaux) : Epsilon, Eta et Zêta Aurigae. Epsilon est une célèbre binaire à éclipses dont la composante secondaire obscure tourne autour de la primaire en 9 892 jours. Une fois par révolution, l'étoile visible est éclipsée par l'autre, la magnitude d'Epsilon tombant alors de 2,9 à 3,8. La durée totale de cette éclipse est d'environ 2 années.

Le Cocher comprend un certain nombre d'amas ouverts intéressants, dont les trois plus brillants sont M 36 (NGC 1960), M 37 (NGC 2099) et M 38 (NGC 1912). Ces amas se situent de part et d'autre d'une ligne allant de Thêta Aurigae à Bêta Tauri. Ils ne sont absolument pas visibles à l'œil nu, mais une observation très attentive avec des jumelles permet cependant de les distinguer sous forme de petites taches de lumière diffuses, et il est même possible d'individualiser quelques-unes de leurs composantes.

M 36 comprend environ 60 étoiles, dont certains contrastes de couleurs peuvent être révélés par un télescope. M 37 comprend environ 150 étoiles, et il est considéré comme l'un des plus beaux amas stellaires du ciel. Le moins brillant des trois, M 38, est lui aussi d'un bel effet, surtout lorsqu'on l'observe avec un télescope à large champ et faible grossissement. Ces trois amas stellaires se situent entre 4 000 et 5 000 années de lumière, ce qui en fait des objets extrêmement lointains.

L'amas ouvert M 37 du Cocher.

La constellation du Cocher.

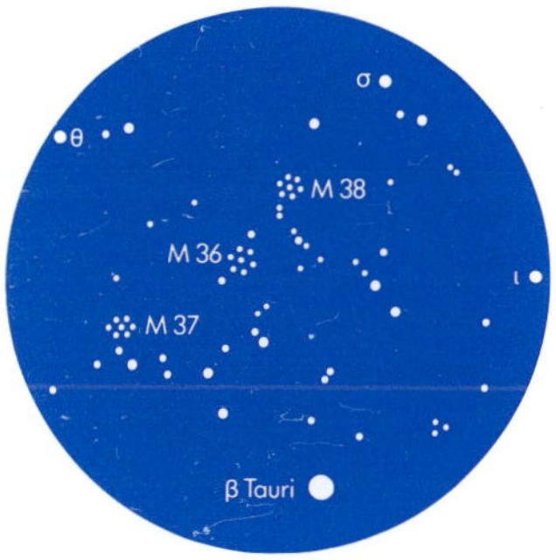

Carte sélective pour les amas ouverts M 36, M 37 et M 38.

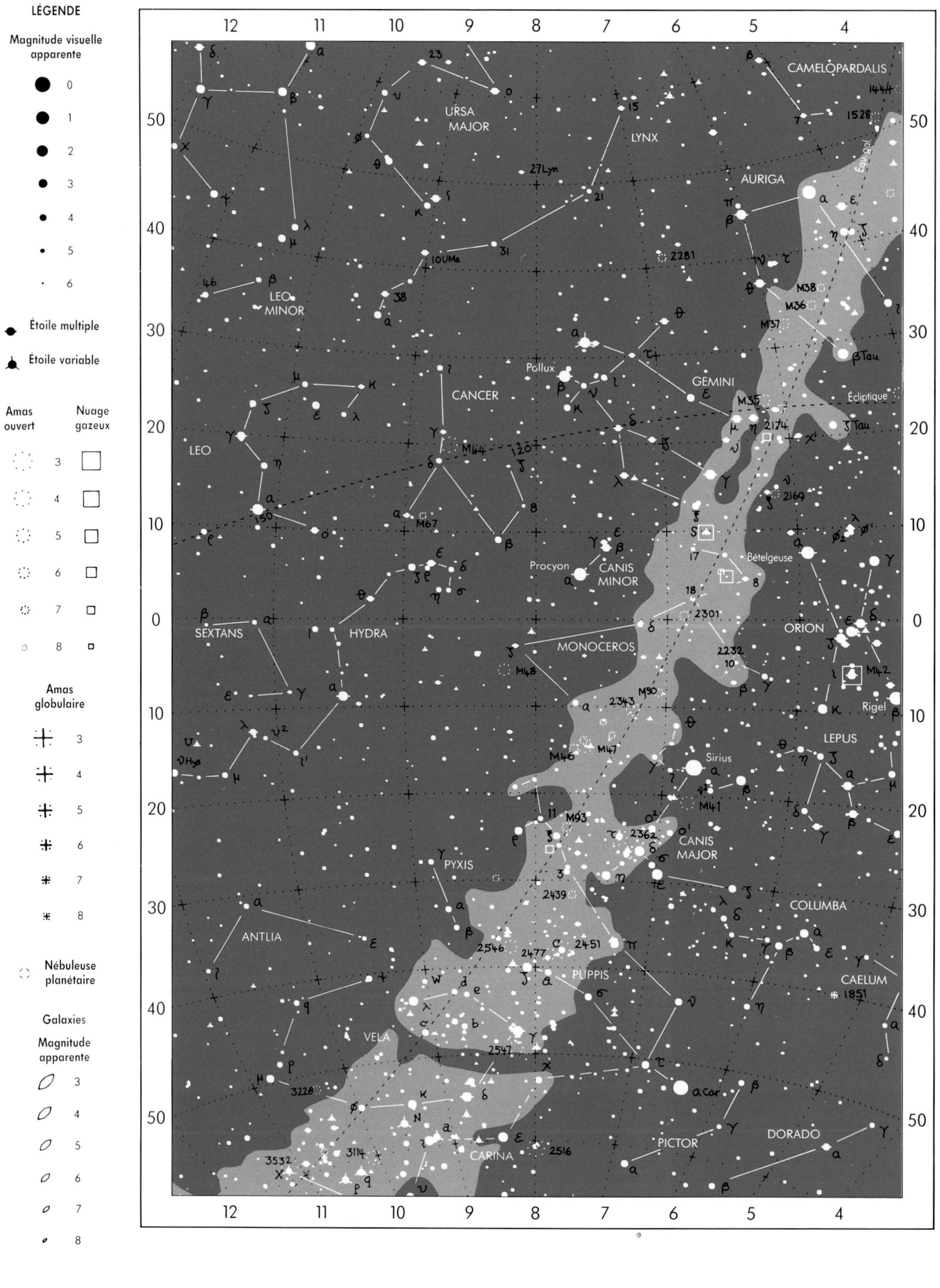
LÉGENDE
Magnitude visuelle apparente
0
1
2
3
4
5
6
Étoile multiple
Étoile variable
Amas ouvert
Nuage gazeux
3
4
5
6
7
8
Amas globulaire
3
4
5
6
7
8
Nébuleuse planétaire
Galaxies
Magnitude apparente
3
4
5
6
7
8
12
11
10
9
8
7
6
5
4
50
40
30
20
10
0
10
20
30
40
50
CAMELOPARDALIS
URSA MAJOR
LYNX
AURIGA
LEO MINOR
Pollux
GEMINI
CANCER
Écliptique
LEO
Équ. gal.
Procyon
CANIS MINOR
Bételgeuse
SEXTANS
HYDRA
MONOCEROS
ORION
Sirius
LEPUS
Rigel
CANIS MAJOR
PYXIS
COLUMBA
ANTLIA
PUPPIS
CAELUM
VELA
PICTOR
DORADO
CARINA
M35
M36
M37
M38
M41
M42
M44
M46
M47
M48
M50
M67
M93
βTau
ζTau
27Lyn
10UMa
α Car

CARTE DU CIEL - FÉVRIER

Les amas stellaires des Gémeaux

La constellation des Gémeaux (Gemini) comprend un certain nombre d'objets célestes intéressants. Plusieurs amas ouverts sont visibles près de Mu et de Eta Geminorum, dont le plus évident est M 35 (NGC 2168). Situé à une distance de 2 200 années de lumière, M 35 regroupe plus de 200 étoiles sur un rayon d'environ 30 années de lumière. Dans d'excellentes conditions de visibilité, cet amas de 5e magnitude est visible à l'œil nu, et des jumelles de 10 × 50 permettent de distinguer certaines de ses étoiles périphériques.

Légèrement au sud-ouest dans le même champ visuel que M 35, on trouve l'amas NGC 2158, dont la luminosité est nettement plus faible. Cet objet de 11e magnitude se situe à une distance d'environ 16 000 années de lumière. Observé avec des jumelles ou un petit télescope, il apparaît sous la forme d'une petite tache de lumière brumeuse.

Le bel amas stellaire de l'Hydre

En partant de Procyon du Petit Chien (Canis Minor), une ligne orientée au sud-est conduit à un petit triangle d'étoiles de faible luminosité, qui sont 27, 28 et Zêta Monocerotis. En continuant un peu plus loin dans le même alignement, on aboutit à l'amas ouvert de 6e magnitude M 48 (NGC 2548), un ensemble d'environ 80 étoiles qui se situe à 1 600 années de lumière de distance en bordure de l'Hydre (Hydra). M 48 fut découvert, en 1771, par Charles Messier. Son diamètre est de 20 années de lumière, ce qui lui donne un diamètre visuel apparent de 30'. Il est donc préférable d'utiliser un instrument à grand champ pour l'observer.

Les amas de la Poupe

Deux beaux amas ouverts occupent l'extrémité septentrionale de la Poupe (Puppis) : M 46 (NGC 2437) et M 47 (NGC 2422). On peut les localiser en prolongeant l'alignement de Sirius et de Gamma Canis Majoris. A mi-chemin entre Gamma Canis Majoris et les deux amas, on peut voir un petit triangle d'étoiles de faible luminosité, à l'ouest duquel se trouve un autre amas ouvert, NGC 2360, d'une cinquantaine d'étoiles d'un diamètre de 10'.

M 46 et M 47 ne sont séparés que de 1,5°, dans un axe à peu près est-ouest, ce qui permet de les localiser dans le même champ visuel. C'est Messier qui découvrit ces deux amas, en 1771. De 6e magnitude, M 46 est un bel ensemble d'une centaine d'étoiles, situé à 5 000 années de lumière de distance. Son diamètre visuel est de presque 0,5°, ce qui correspond à un diamètre réel de 50 années de lumière. M 47 est plus brillant, avec une magnitude de 4,4, mais ne comprend qu'environ 45 étoiles. Cet amas se répartit sur plus de 0,5° de ciel et se situe à une distance légèrement supérieure à 1 500 années de lumière, soit un bon tiers de la distance de M 46. Son diamètre réel est d'environ 17 années de lumière.

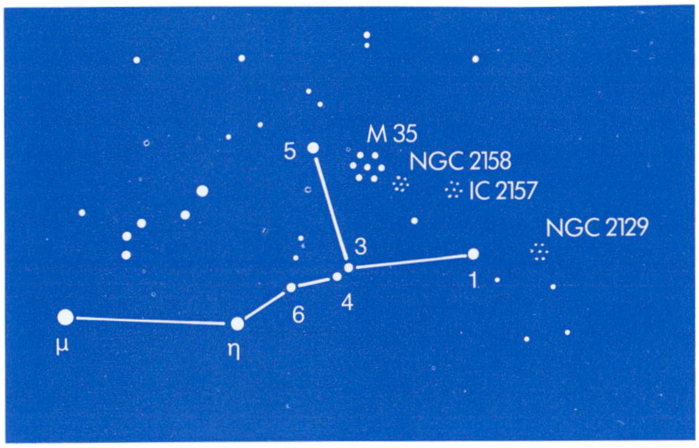

Carte sélective pour l'amas ouvert M 35.

M 35 et NGC 2158 des Gémeaux.

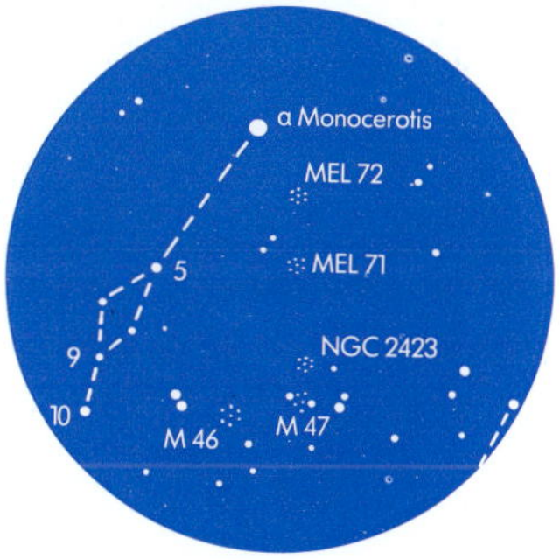

Carte sélective pour les amas ouverts M 46 et M 47.

LÉGENDE

Magnitude visuelle apparente

0
1
2
3
4
5
6

Étoile multiple

Étoile variable

Amas ouvert		**Nuage gazeux**
	3	
	4	
	5	
	6	
	7	
	8	

Amas globulaire

3
4
5
6
7
8

Nébuleuse planétaire

Galaxies

Magnitude apparente

3
4
5
6
7
8

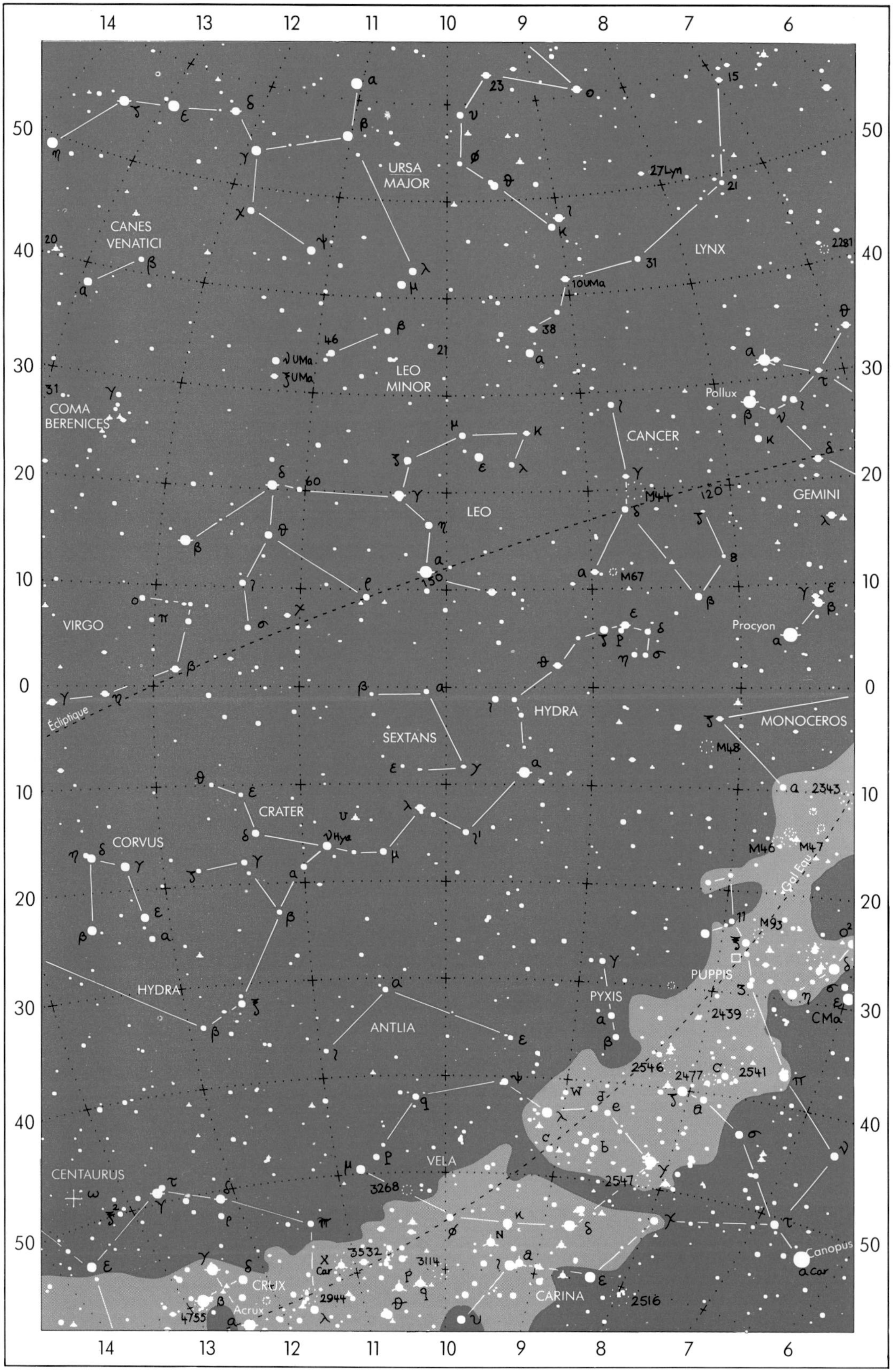

CARTE DU CIEL - MARS

Trois galaxies du Lion (Leo)

On peut localiser dans le même champ visuel les trois galaxies M 65 (NGC 3623), M 66 (NGC 3627) et NGC 3628. Ces trois systèmes stellaires se situent à 2,5° au sud-sud-est de Thêta Leonis, à peu près à mi-chemin entre cette étoile et 78 Leonis. Une bonne paire de jumelles permet d'apercevoir M 65 et M 66 si la nuit est suffisamment sombre et bien dégagée. Avec une magnitude de 9,7, M 66 est la plus brillante des deux, M 65 n'ayant qu'une magnitude de 10,2. Ces galaxies, toutes deux découvertes par Pierre Méchain, en 1780, se situent à une distance d'environ 30 millions d'années de lumière. Le diamètre de M 65 est de 60 000 années de lumière et celui de M 66 de 50 000 années de lumière.

Le Lion comprend un certain nombre d'autres galaxies et, dans de bonnes conditions de visibilité, c'est une constellation intéressante à étudier, à l'aide de puissantes jumelles ou d'un télescope à champ large.

Le sud de la Voie lactée

Dans le bas de la carte page ci-contre figure notamment la région de la Voie lactée qui comprend la Croix du Sud (Crux), le Centaure (Centaurus), les Voiles (Vela), la Mouche (Musca) et la Carène (Carina). Comparez avec ce que l'on en voit sur la carte du ciel circumpolaire austral de la page 150. L'un des principaux points de repère de la Carène est la nébuleuse Eta Carina (NGC 3372), l'une des régions H II (hydrogène ionisé) les plus lumineuses de la Voie lactée.

Cette région est particulièrement riche en amas ouverts. Dans la Croix du Sud, on peut voir, près de Bêta Crucis, l'amas NGC 4755, dit la Boîte à bijoux, et, juste au-dessous, la bordure de la célèbre nébuleuse obscure du Sac à charbon. Dans le Centaure, l'amas ouvert NGC 3766, de magnitude 5,1, se situe sur une ligne qui va de Lambda à Omicron 1 et 2 Centauri. Au télescope, il offre une vision superbe, avec ses étoiles aux couleurs constrastées.

Des volutes de nébulosité scintillante se distinguent nettement autour des étoiles de l'amas ouvert IC 2948, près de Lambda Centauri. Tout aussi remarquable, le brillant amas ouvert NGC 3532 de la Carène comprend environ 150 étoiles. Avec une magnitude de 3,0, il est facile à localiser avec des jumelles ou un petit télescope, l'un comme l'autre permettant d'en individualiser les composantes.

Entourant l'étoile Thêta Carinae, de magnitude 2,8, IC 2602 est plus généralement appelé amas Thêta Carinae. Avec une magnitude globale de 1,9 et une extension de 50', il est parfaitement visible, même avec des jumelles. Il est d'ailleurs très proche, puisqu'il se situe à une distance d'à peine 500 années de lumière.

Dans le bas de la carte se trouve l'amas ouvert NGC 3114, de magnitude 4,2, un brillant rassemblement de plusieurs douzaines d'étoiles dont beaucoup peuvent se distinguer à l'aide d'un petit télescope. Signalons également NGC 3293, un amas ouvert de magnitude 4,7 proche de la nébuleuse Eta Carinae. Comprenant une cinquantaine d'étoiles, il se situe à une distance d'environ 8 400 années de lumière.

M 65 et M 66 du Lion.

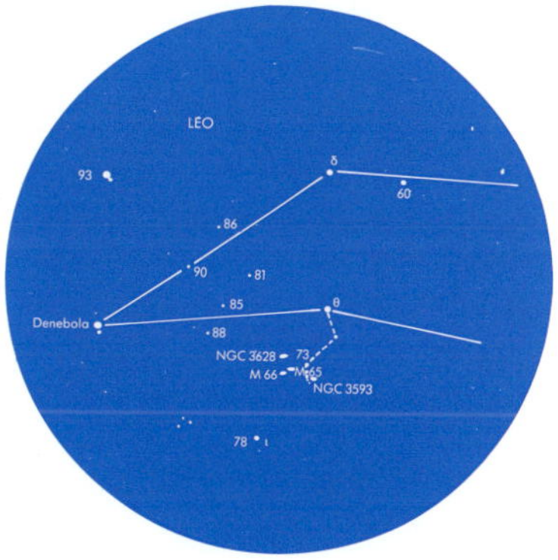

Carte sélective pour les galaxies M 65 et M 66.

LÉGENDE

Magnitude visuelle apparente

0, 1, 2, 3, 4, 5, 6

Étoile multiple

Étoile variable

Amas ouvert		Nuage gazeux
	3	
	4	
	5	
	6	
	7	
	8	

Amas globulaire

3, 4, 5, 6, 7, 8

Nébuleuse planétaire

Galaxies

Magnitude apparente

3, 4, 5, 6, 7, 8

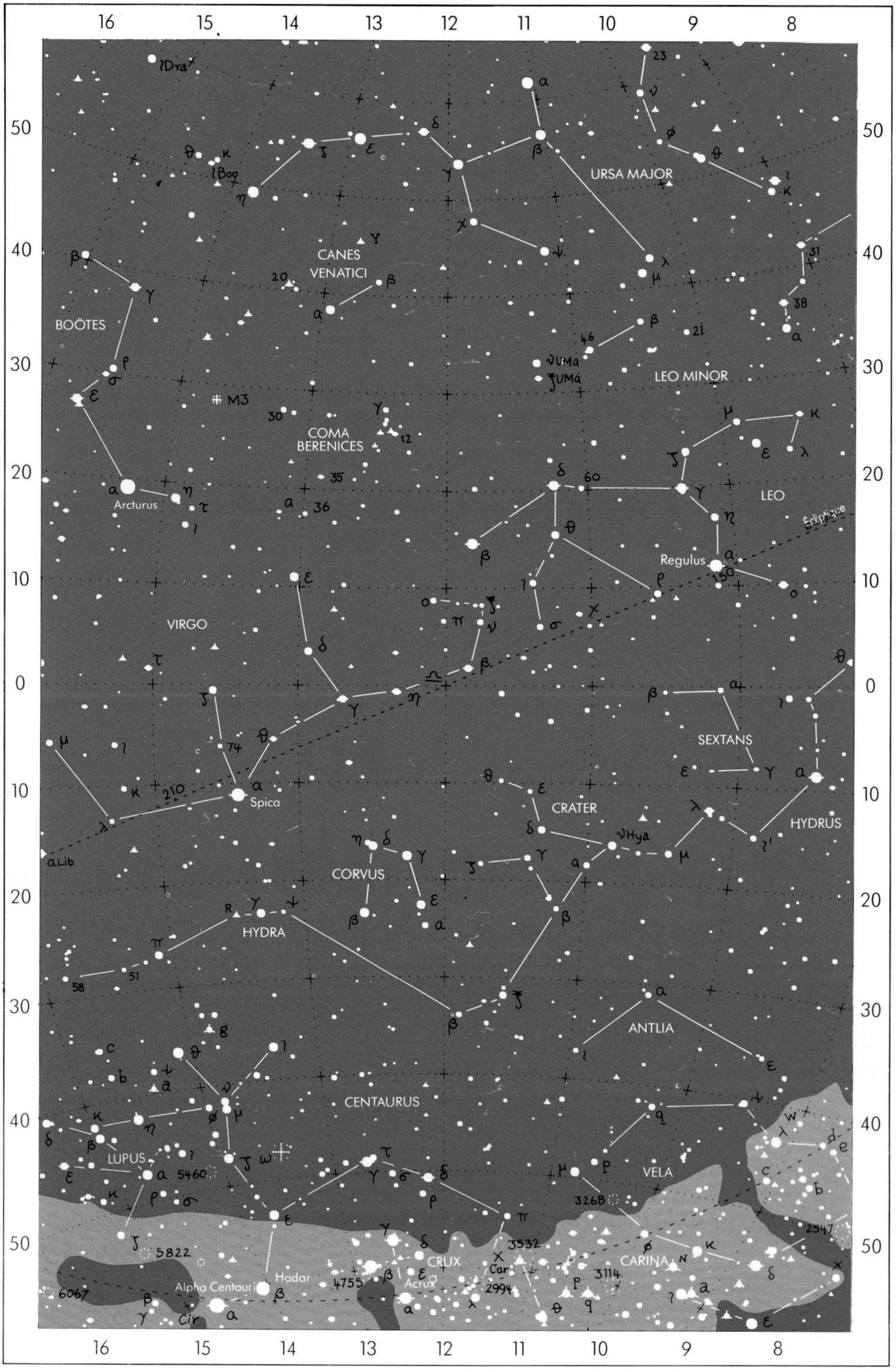

CARTE DU CIEL - AVRIL

La Chevelure de Bérénice et ses trésors

La constellation Coma Berenices, ou Chevelure de Bérénice, semble bien faiblement peuplée, mais elle n'en comprend pas moins un certain nombre de galaxies intéressantes. Beaucoup de ces galaxies sont des membres éloignés de l'amas de la Vierge, dont les régions centrales se situent plus au sud près de la constellation de la Vierge.

L'une des galaxies les plus brillantes est M 64 (NGC 4826), qui fut découverte, en 1779, par Johann Bode. C'est l'une des plus brillantes galaxies spirales du ciel. Située à environ 1° à l'est-nord-est de l'étoile 35 Comae Berenicis, M 64 a un tel éclat qu'on se demande si elle fait bien partie de l'amas de la Vierge. Si c'est effectivement l'un de ses membres, elle doit être beaucoup plus proche de nous que les autres.

A plusieurs degrés au sud-est de M 64 et à 1° au nord-est d'Alpha Comae Berenicis se trouve le brillant amas globulaire, M 53 (NGC 5024). Cet objet de 8e magnitude est facilement repérable avec des jumelles, mais il faut cependant une lunette ou un télescope d'au moins 152 mm d'ouverture pour individualiser ses étoiles. Découvert par Johann Bode, en 1775, M 53 se situe à une distance d'environ 65 000 années de lumière, et on le considère comme l'un des plus beaux objets célestes de ce type.

Un aperçu du Centaure

Situé en bordure de la Voie lactée, le Centaure (Centaurus) est une constellation nettement visible, particulièrement riche en objets intéressants pour un astronome amateur. Signalons notamment Alpha Centauri, une étoile double de magnitude 0,0 et 1,3, dont les composantes gravitent l'une autour de l'autre en l'espace de 79,9 ans.

Une troisième étoile de 11e magnitude, Proxima Centauri, se distingue à proximité. Ce système triple offre un superbe spectacle lorsqu'on l'observe avec un télescope de 152 mm, le jaune de la primaire contrastant avec l'orange et le rouge des deux autres composantes.

Plus au nord, on trouve Oméga Centauri (NGC 5139), que l'on peut localiser en prolongeant l'alignement de Bêta et d'Epsilon Centauri. On considère généralement Oméga Centauri comme le plus splendide amas globulaire du ciel. C'est un objet de magnitude 3,7, parfaitement visible à l'œil nu.

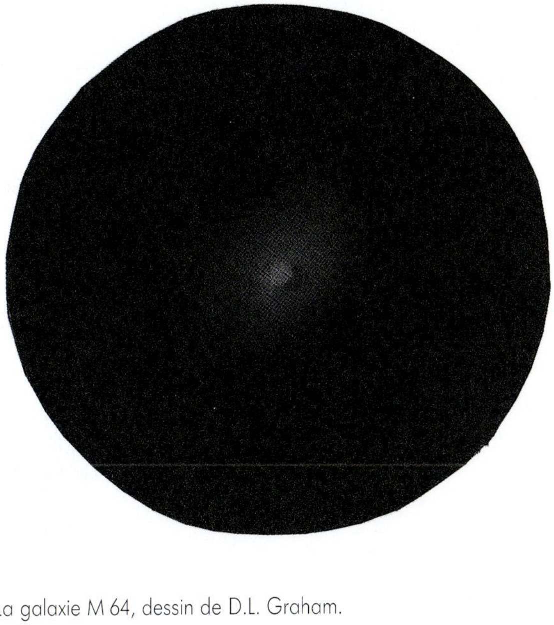

La galaxie M 64, dessin de D.L. Graham.

Oméga Centauri (NGC 5139).

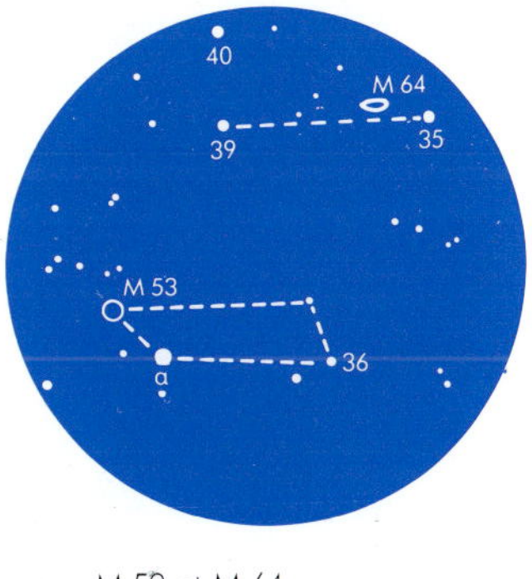

Carte sélective pour M 53 et M 64.

LÉGENDE

Magnitude visuelle apparente

0
1
2
3
4
5
6

Étoile multiple

Étoile variable

Amas ouvert		Nuage gazeux
	3	
	4	
	5	
	6	
	7	
	8	

Amas globulaire

3
4
5
6
7
8

Nébuleuse planétaire

Galaxies

Magnitude apparente

3
4
5
6
7
8

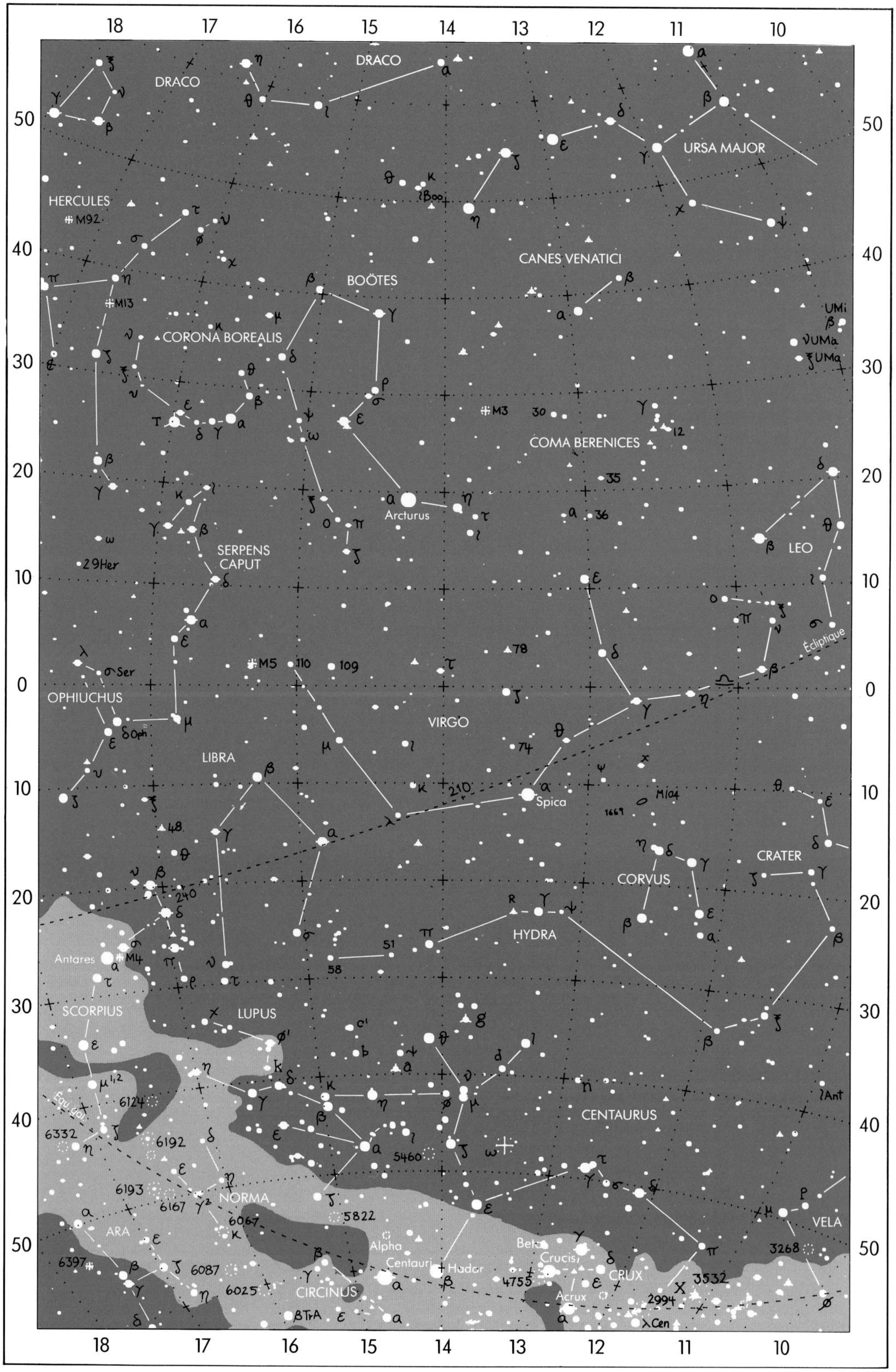

CARTE DU CIEL - MAI

Deux galaxies de la Vierge

La constellation de la Vierge (Virgo) se situe à l'écart du plan principal de la Galaxie. Elle ne renferme ni amas ouverts ni nébuleuses. C'est, en revanche, une zone très riche en galaxies. M 104 (NGC 4594) est une galaxie spirale disposée de profil, l'une des rares de ce type à présenter une traînée de poussières visible à l'aide d'un télescope d'amateur. M 104 est assez facile à localiser, tout près d'un des côtés du triangle que forment Psi et Khi Virginis avec Sigma 1669 de la constellation voisine du Corbeau (Corvus).

Désignée couramment sous le nom de galaxie Sombrero, M 104 fut découverte par Pierre Méchain, en 1781. C'est un objet de 8e magnitude, facilement repérable à l'aide d'une lunette ou d'un télescope de petites dimensions, mais qui nécessite un instrument d'au moins 200 mm d'ouverture pour en apprécier toute la beauté. Ce vaste système, qui s'étend sur plus de 100 000 années de lumière de large, est distant de 40 millions d'années de lumière.

Au nord de la ligne qui va de Psi à Khi se trouve la galaxie spirale de 10e magnitude NGC 4699. Dans de bonnes conditions d'observation, un télescope de 152 mm d'ouverture permet de l'apercevoir, sous la forme d'une tache lumineuse allongée.

Sigma 1669 du Corbeau est une étoile triple. Ses deux composantes principales, de magnitudes 6,0 et 6,1, sont distantes de 5,4", et un petit télescope suffit à les individualiser. A 59" des deux autres, la troisième composante est de magnitude 10,5.

La Mouche

La constellation de la Mouche (Musca) est un petit groupe bien caractérisé. La région que délimite la carte de référence ci-contre inclut, en outre, des éléments des constellations voisines du Caméléon (Chamaeleon), de l'Oiseau de Paradis (Apus), du Compas (Circinus) et de la Croix du Sud (Crux). Alpha Crucis, ou Acrux, est la brillante étoile que l'on voit en haut à gauche, au-dessus d'un fragment de la nébuleuse obscure du Sac à charbon.

La photographie qui est également consacrée à la Mouche comprend un certain nombre d'objets intéressants, notamment les étoiles variables R et S Muscae. Toutes les deux sont des variables du type céphéide, S présentant des écarts de magnitude de 6,4 à 7,2 sur des périodes de 9,66 jours.

Près de Gamma Muscae, on peut apercevoir l'amas globulaire de 8e magnitude NGC 4372, distant de 16 000 années de lumière. Près de Delta se trouve un autre amas globulaire, NGC 4833. Ce système de magnitude 7,3 se situe à une distance d'environ 18 000 années de lumière. Une lunette ou un télescope de 75 mm d'ouverture permet d'individualiser un ou deux membres de chacun de ces amas.

La galaxie spirale M 104, ou galaxie Sombrero.

Le ciel autour de la constellation de la Mouche.

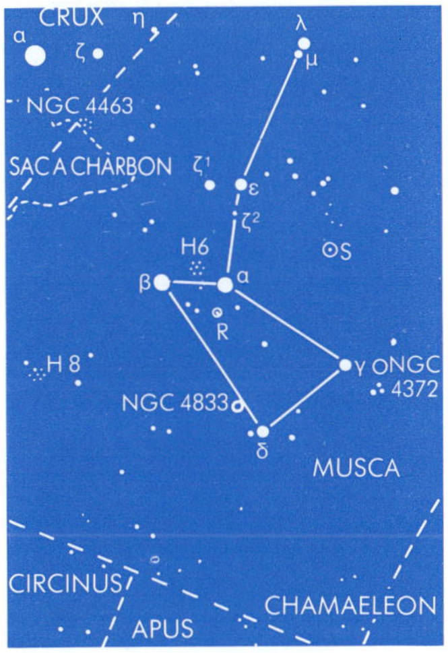

Carte de référence pour la photographie de la Mouche.

LÉGENDE

Magnitude visuelle apparente

0
1
2
3
4
5
6

Étoile multiple

Étoile variable

Amas ouvert — **Nuage gazeux**

3
4
5
6
7
8

Amas globulaire

3
4
5
6
7
8

Nébuleuse planétaire

Galaxies

Magnitude apparente

3
4
5
6
7
8

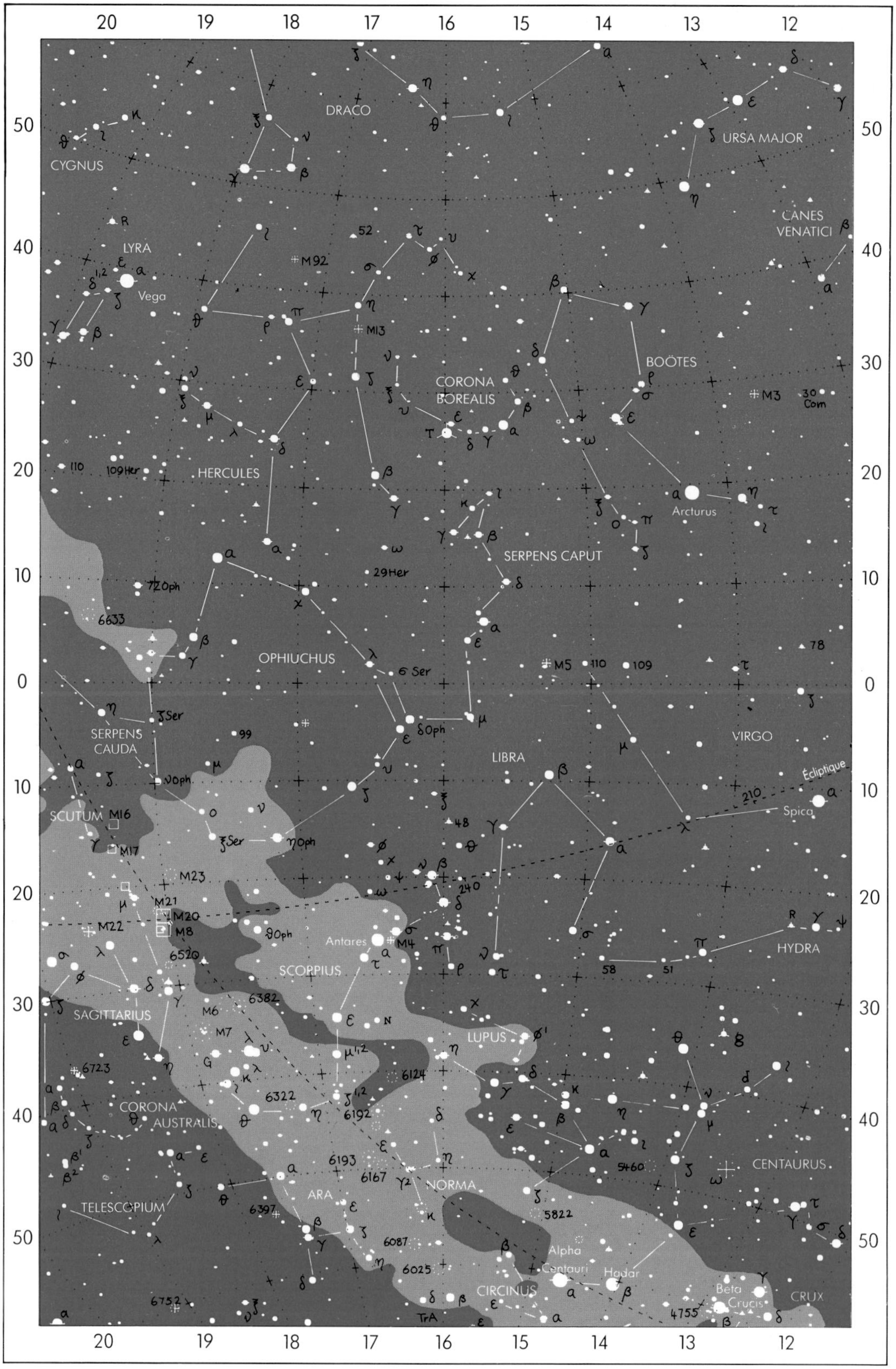

CARTE DU CIEL - JUIN

Les amas stellaires d'Hercule
La constellation d'Hercule (Hercules) renferme l'amas globulaire le plus fréquemment observé de l'hémisphère Nord. Situé à peu près au tiers de la distance entre Eta et Zêta, M 13 (NGC 6205) est à peine visible à l'œil nu, et uniquement dans d'excellentes conditions d'observation, lorsque la nuit est très obscure. Il est nettement visible avec des jumelles, mais il faut un télescope d'au moins 100 mm d'ouverture pour individualiser certains de ses membres. M 13 est distant d'environ 22 000 années de lumière et son diamètre dépasse 160 années de lumière. Un télescope d'au moins 150 mm d'ouverture peut permettre de distinguer NGC 6207, une galaxie de 11e magnitude située légèrement au nord-est de M 13.

En remontant au nord-est, où il forme un petit triangle avec Iota et 74 Herculis, on trouve l'amas globulaire M 92 (NGC 6341), que découvrit Johann Bode en 1777. Un peu moins impressionnant que M 13, M 92 se situe à une distance d'environ 35 000 années de lumière. Un petit télescope permet d'individualiser certaines étoiles périphériques de cet amas. Avec des jumelles, celui-ci apparaît sous la forme d'une petite tache ronde de lumière diffuse.

Hercule comprend d'autres objets intéressants, notamment l'étoile variable 68 Herculis, une binaire à éclipse dont la magnitude passe de 4,6 à 5,3 tous les 2,05 jours. 95 et 100 Herculis sont toutes deux des étoiles doubles, dont un petit télescope permet de distinguer les composantes. 95 Herculis se signale par ses couleurs contrastées, que William Smyth décrivit par la formule « vert pomme et rouge cerise ». Kappa Herculis est une autre étoile double dont les composantes, de magnitude 5,3, sont distantes de 28,4", l'une étant jaune et l'autre rouge.

La queue du Scorpion
La constellation du Scorpion (Scorpius), qui occupe l'une des régions les plus peuplées du ciel, est très riche en objets intéressants. On y trouve notamment les deux brillants amas ouverts M 6 (NGC 6405) et M 7 (NGC 6475), pour lesquels il est conseillé d'utiliser un faible grossissement et un large champ optique. M 6 a une magnitude de 4,2, ce qui le rend visible à l'œil nu, à condition toutefois que les conditions d'observation soient suffisamment favorables. Il a un diamètre réel de 20 années de lumière et contient environ 80 étoiles, dont la disposition particulière lui vaut l'appellation d'amas Papillon.

Situé à 3,5° au sud-est de M 6, l'amas ouvert M 7 a une magnitude globale de 3,3. Plus brillant que son voisin, c'est l'un des principaux points de repère du Scorpion et l'objet le plus méridional du catalogue de Messier. Distant d'environ 800 années de lumière, il comprend plus de 80 étoiles.

L'amas globulaire M 13 d'Hercule.

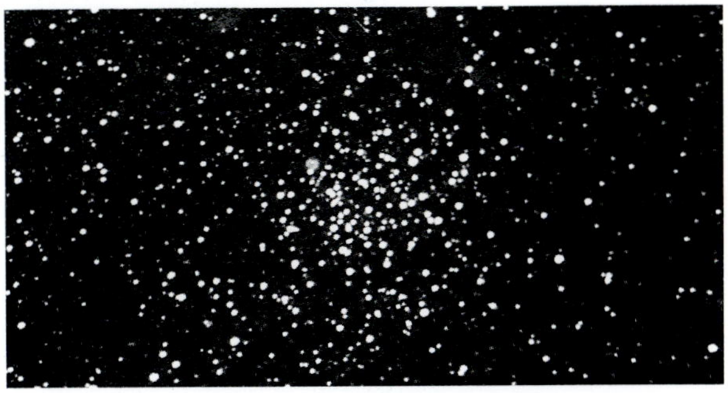

L'amas globulaire M 6 d'Hercule.

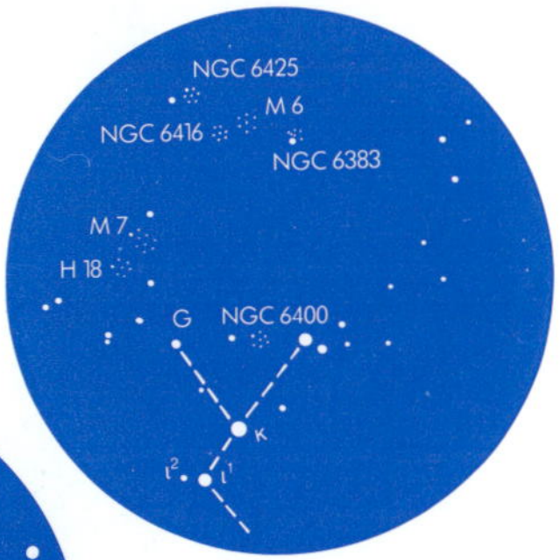

Carte sélective pour les amas ouverts M 6 et M 7.

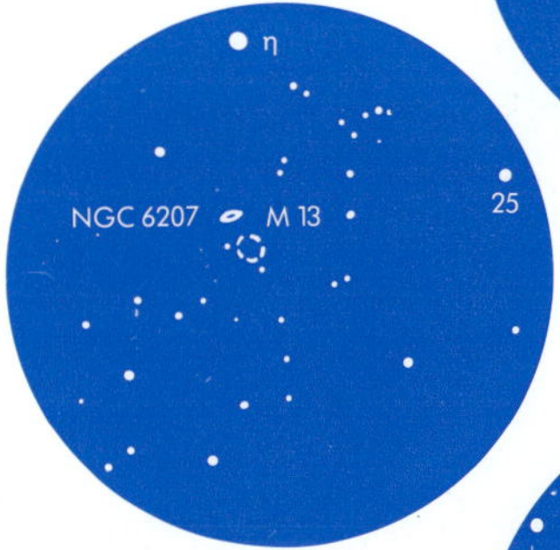

Carte sélective pour l'amas globulaire M 13.

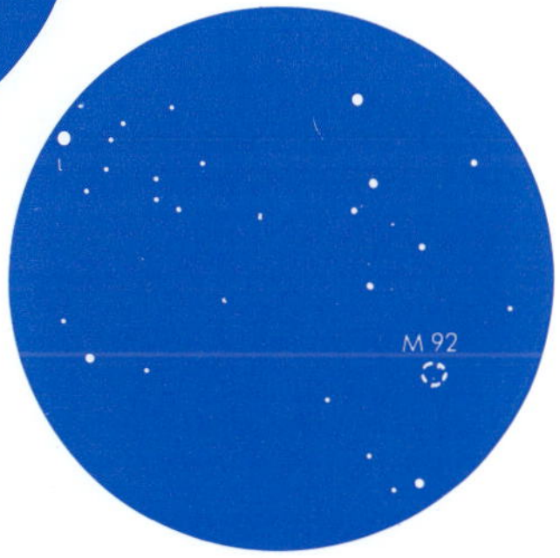

Carte sélective pour l'amas globulaire M 92.

LÉGENDE

Magnitude visuelle apparente

0, 1, 2, 3, 4, 5, 6

Étoile multiple

Étoile variable

Amas ouvert		Nuage gazeux
	3	
	4	
	5	
	6	
	7	
	8	

Amas globulaire

3, 4, 5, 6, 7, 8

Nébuleuse planétaire

Galaxies

Magnitude apparente

3, 4, 5, 6, 7, 8

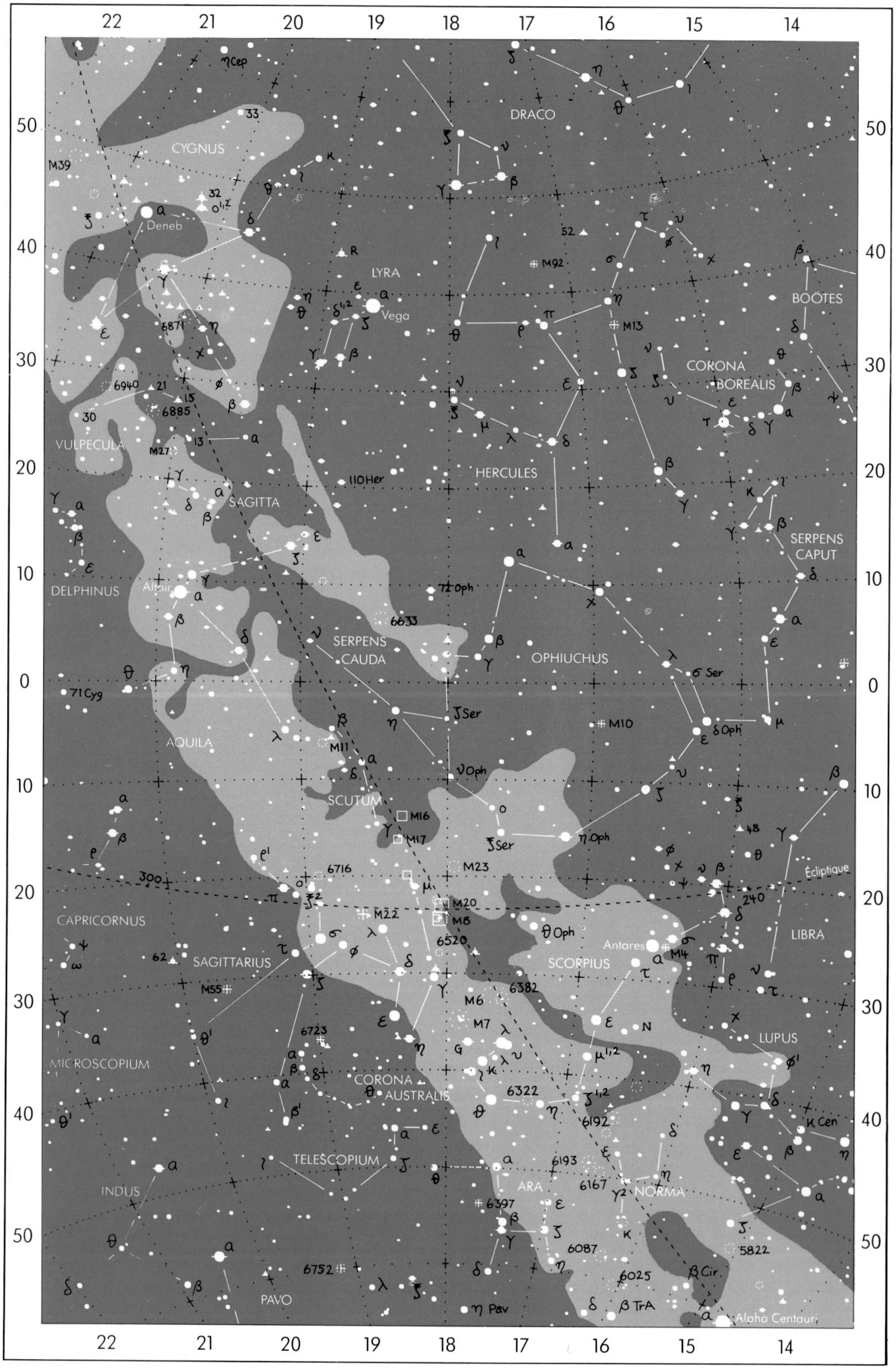

CARTE DU CIEL - JUILLET

La Voie lactée dans le Sagittaire

La photographie (le nord est en haut) montre la Voie lactée dans la région du Sagittaire (Sagittarius). Mu (l'étoile la plus brillante), 15 et 16 Sagittarii forment un petit triangle situé légèrement au-dessus et à gauche du centre. Le Sagittaire est en plein cœur de notre Galaxie, la Voie lactée. Aussi n'est-il pas étonnant d'y trouver la plus forte concentration de nuages stellaires et de matière interstellaire de tout le ciel, ce qui en fait une région passionnante à étudier.

On y remarque, en bas à droite, la nébuleuse Lagune (M 8), au nord-nord-ouest de laquelle (vers le haut, à droite) on peut voir aussi la nébuleuse Trifide (M 20), qui est plus petite mais d'une égale beauté. Juste au-dessus de M 20 se trouve l'amas ouvert M 21 (NGC 6531), de 6e magnitude.

Découvert par Messier, en 1764, M 21 requiert de préférence un télescope de 100 mm d'ouverture, avec un oculaire de faible grossissement, qui en révèle toute la splendeur. Il contient environ 70 étoiles, dont certaines peuvent être individualisées avec des jumelles.

Près de la bordure droite de l'image, juste au-dessus du centre, on distingue l'amas ouvert M 23 (NGC 6494). Contenant environ 150 étoiles, il est de magnitude 5,5, ce qui le met à portée de jumelles ou d'un petit télescope. Situé à une distance de 2 000 années de lumière, ses étoiles sont dispersées sur un ensemble de plus de 25' de diamètre, ce qui correspond à un diamètre réel de 15 années de lumière.

M 24, appelé aussi Petit Nuage stellaire du Sagittaire, est nettement visible en haut à gauche. Ce n'est pas un véritable amas, mais simplement une zone plus claire de la Voie lactée, qui se détache nettement sur les nébulosités obscures de l'arrière-plan. C'est un secteur particulièrement riche à observer pour quiconque dispose d'une lunette ou d'un télescope à large champ.

L'Autel

Ce petit groupe d'étoiles avait été répertorié par Ptolémée au nombre des 48 constellations dont il établit la liste. Située dans la Voie lactée au sud du Scorpion, la constellation de l'Autel (Ara) contient plusieurs amas ouverts, dont le principal est NGC 6193. Situé à une distance de plus de 4 000 années de lumière, il est de magnitude 5,2 et regroupe une trentaine d'étoiles. Celles-ci sont dispersées sur un secteur d'environ 15' de large, ce qui permet de les distinguer à l'aide d'un télescope à large champ ou avec des jumelles.

L'Autel inclut également trois amas globulaires, dont le plus représentatif est NGC 6397, qu'on peut localiser sur une ligne allant de Bêta à Thêta Arae. De magnitude 5,6, c'est un objet très brillant, facilement repérable avec des jumelles. Sans doute est-ce l'amas globulaire le plus proche de nous, sa distance étant de 8 000 années de lumière. NGC 6397 a une formation relativement dispersée, ce qui permet d'en individualiser les étoiles à l'aide d'un télescope moyen.

Gamma Arae est une étoile triple dont deux des composants sont de magnitudes 3,3 et 10,3, avec un écartement de 17,9". La troisième composante, de magnitude 11,8, se situe à 41,6" de l'étoile la plus brillante. Il faut un télescope d'au moins 127 mm d'ouverture pour obtenir la résolution de ces trois étoiles.

On peut voir sur notre carte la variable de type Algol R Arae, avec un certain nombre d'étoiles de référence. Sa magnitude varie de 6,0 à 7,0 sur une période de 4 425 jours. Sur cette carte figure également une partie de la constellation voisine de la Règle (Norma), où se trouvent un certain nombre d'amas ouverts intéressants. NGC 6067 est de magnitude 5,6 et comprend une centaine d'étoiles, tandis que NGC 6087 est légèrement plus brillante (5,4 de magnitude) et se compose d'environ 40 étoiles. Ces deux objets peuvent s'observer à l'aide d'un petit télescope, avec un oculaire à faible grossissement. CR 299 est moins brillant et moins peuplé que ses voisins, mais n'en vaut pas moins la peine d'être observé.

La Voie lactée dans la région du Sagittaire.

Étoiles de référence

A	6,5
B	6,0
C	7,3
D	6,9
E	6,6

Carte de référence pour l'étoile variable R Arae.

LÉGENDE

Magnitude visuelle apparente: 0, 1, 2, 3, 4, 5, 6

Étoile multiple

Étoile variable

Amas ouvert	Nuage gazeux
3	
4	
5	
6	
7	
8	

Amas globulaire: 3, 4, 5, 6, 7, 8

Nébuleuse planétaire

Galaxies

Magnitude apparente: 3, 4, 5, 6, 7, 8

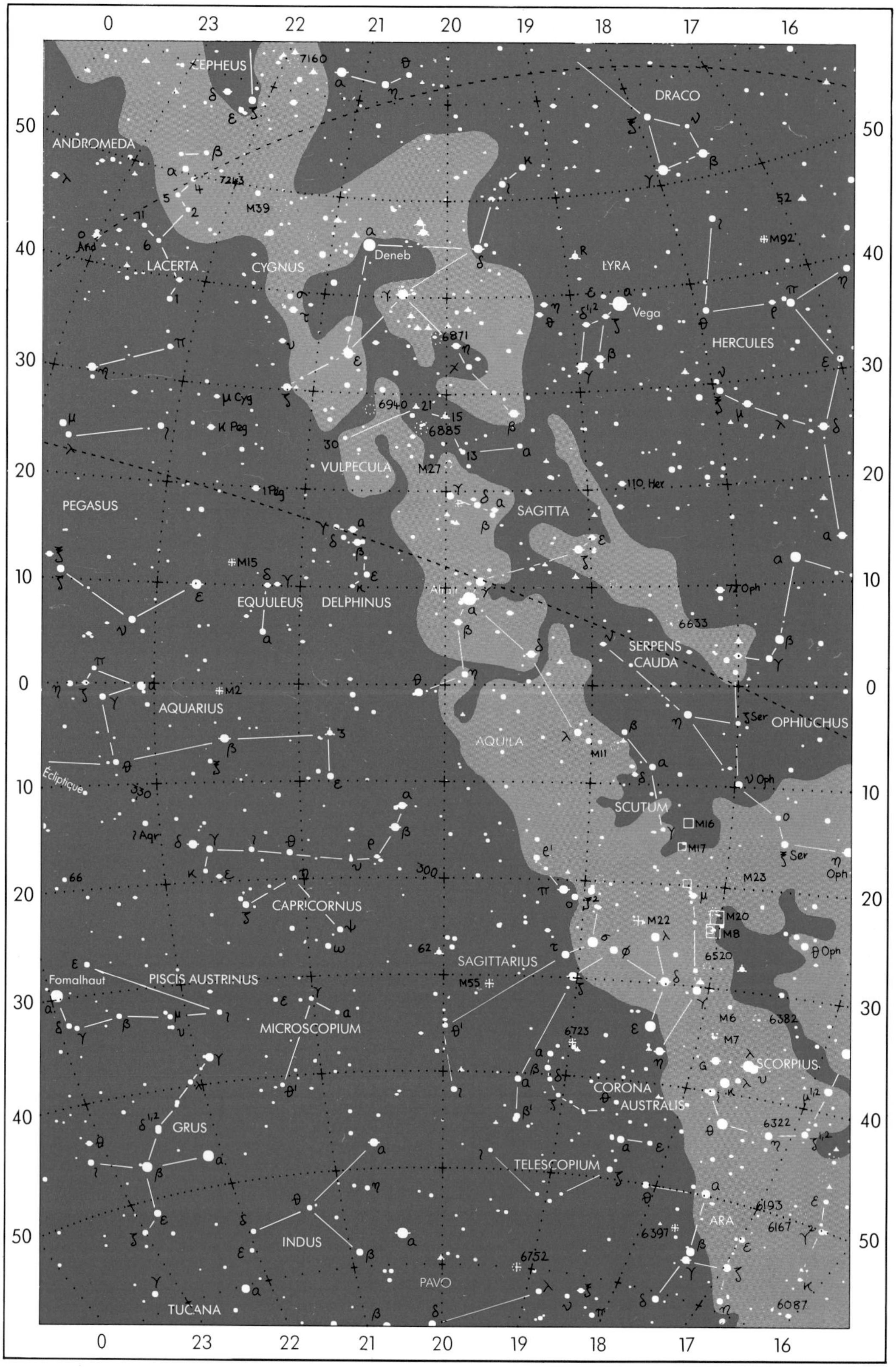

CARTE DU CIEL - AOUT

Le Cygne

Dominant le ciel austral en été, la constellation du Cygne (Cygnus) traverse la Voie lactée et comprend un grand nombre d'objets intéressants, entre autres l'amas ouvert M 39 (NGC 7092), un groupement d'étoiles qui se situe à l'est-nord-est de Déneb, où il forme un triangle nettement dessiné avec Rhô et Pi-2. Distant d'environ 800 années de lumière, cet objet se compose d'une trentaine d'étoiles, dispersées sur une zone céleste un peu plus grande que la pleine Lune. Avec un aussi grand diamètre apparent, le mieux est d'observer cet objet avec des jumelles ou un télescope à large champ.

Autre amas du Cygne, M 29 (NGC 6913) est un objet de 7e magnitude, dont la lumière a mis 7 000 ans à nous parvenir. En raison de sa distance considérable et du fait qu'on le voit à travers une partie très obscurcie de la Voie lactée, cet objet est loin d'avoir l'éclat qui serait le sien dans une région du ciel plus dégagée. Un instrument de 150 mm permet de l'observer dans de bonnes conditions.

Khi Cygni est une variable à longue période dont la magnitude varie de 3,3 à 14,2 sur des périodes de 406,9 jours. Non loin de là se trouve la belle étoile double Albireo (Bêta Cygni), dont un petit télescope suffit à révéler le contraste entre le jaune et le bleu de ses deux composantes. Autre étoile double intéressante à observer, 61 Cygni se compose de deux naines rouges. Cet objet a une grande importance historique, car il fut le premier dont on détermina la distance par la mesure de sa parallaxe. Parmi les nombreuses autres étoiles doubles du Cygne, on peut également citer Psi Cygni, dont les deux composantes, de 5e et 7e magnitude, peuvent s'individualiser à l'aide d'un instrument de 75 mm.

Les amas stellaires de la Flèche

La Flèche (Sagitta) est une toute petite constellation, mais de forme nettement reconnaissable. Elle comprend deux amas intéressants : le globulaire M 71 (NGC 6838) et, légèrement au sud-ouest, l'amas ouvert Harvard 20. Situé juste au sud d'une ligne joignant Gamma et Delta Sagittae, l'amas M 71, de 8e magnitude, est visible à l'aide d'un télescope de 75 mm, sous l'aspect d'une formation brillante et compacte ; pour en individualiser les membres, il faut une plus large ouverture. On a longtemps débattu pour déterminer si M 71 était un amas ouvert ou globulaire, la tendance actuelle semblant privilégier la seconde hypothèse. Distant d'environ 18 000 années de lumière, cet amas a un diamètre d'une trentaine d'années de lumière.

Non loin de là, dans la constellation voisine du Petit Renard (Vulpecula), on trouve l'amas ouvert Collinder 399, plus connu sous le nom de Porte-manteau. Repérable à l'œil nu et nettement visible avec des jumelles, cet objet doit son surnom à sa forme caractéristique. De 4e magnitude, il se situe à un peu plus de 400 années de lumière et regroupe une quarantaine d'étoiles. Son apparition dans le champ des jumelles ou d'un petit télescope ravit toujours l'observateur qui en fait pour la première fois la découverte, surtout s'il le trouve par hasard, en promenant son objectif dans cette région du ciel.

Alpha Capricorni

Alpha Capricorni est une très large double, dont on peut facilement obtenir la résolution à l'œil nu ou avec des jumelles. En fait, ces deux étoiles ne sont pas physiquement liées l'une à l'autre, Alpha-2 n'étant qu'à 120 années de lumière, alors que la distance d'Alpha-1 est estimée à plus de 1 500 années de lumière. Après avoir observé cet ensemble à l'œil nu, essayez d'étudier à tour de rôle chacune de ses composantes. Vous constaterez que l'une comme l'autre est entourée d'un certain nombre d'autres étoiles. Celles-ci sont toutefois très peu lumineuses et ne peuvent s'individualiser qu'à l'aide d'une lunette ou d'un télescope.

Située à environ 2,5° au sud d'Alpha, Bêta Capricorni est une large étoile double, distante d'environ 150 années de lumière, avec un écartement de 3,5°. Pour obtenir la résolution de ses deux composantes, et pour distinguer le bleu et le blanc de leur coloration, des jumelles de grossissement 10× ou un petit télescope suffisent.

La Flèche et l'amas ouvert Collinder 399, le Porte-manteau.

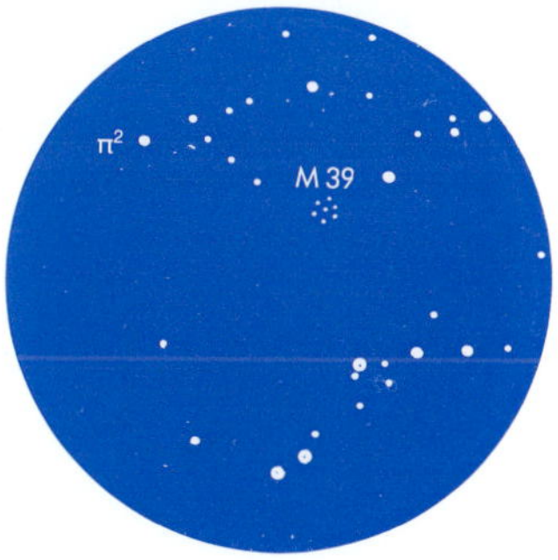

Carte sélective pour l'amas ouvert M 39.

LÉGENDE
Magnitude visuelle apparente
0
1
2
3
4
5
6
Étoile multiple
Étoile variable
Amas ouvert
Nuage gazeux
3
4
5
6
7
8
Amas globulaire
3
4
5
6
7
8
Nébuleuse planétaire
Galaxies
Magnitude apparente
3
4
5
6
7
8

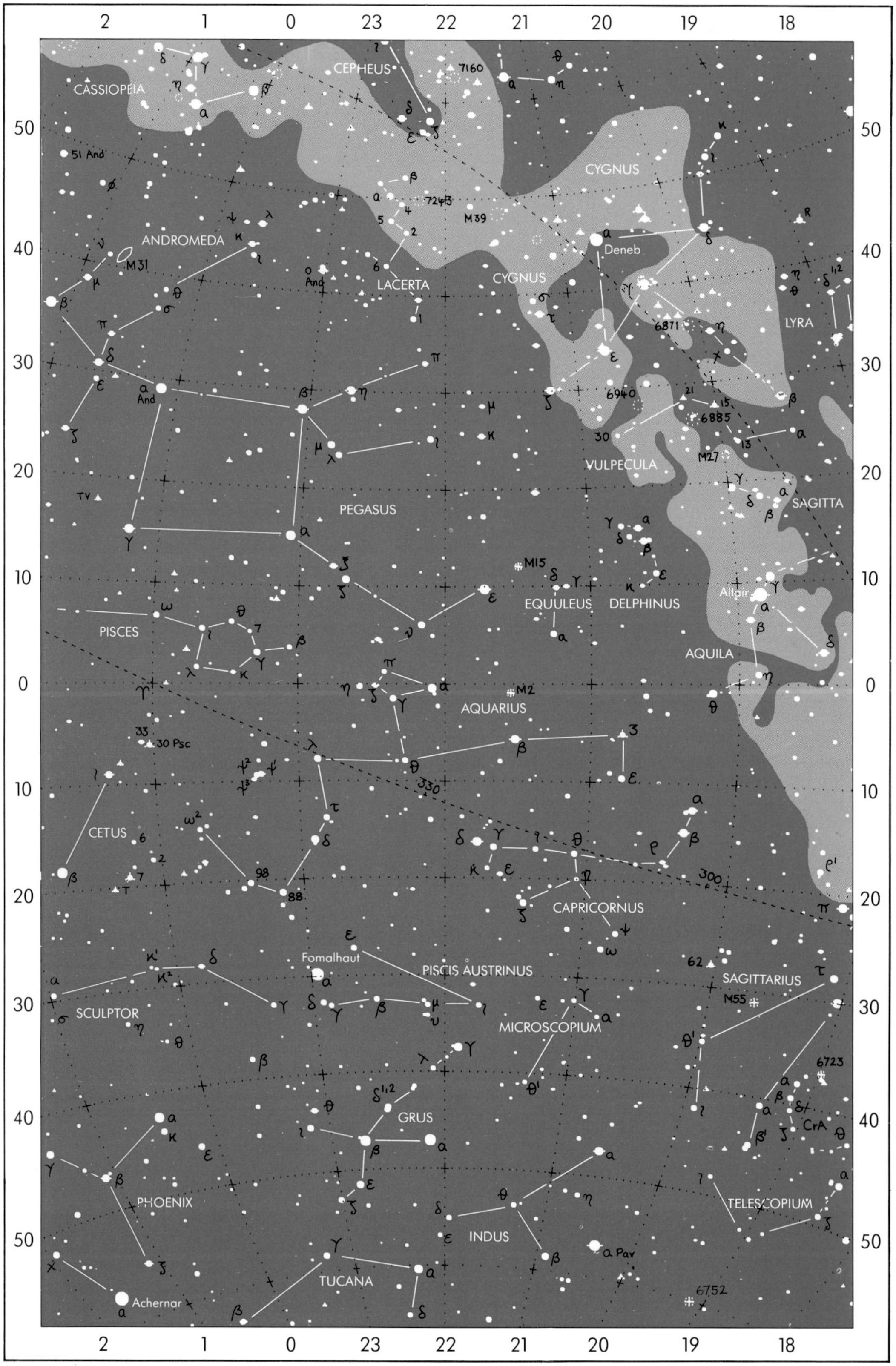
2
1
0
23
22
21
20
19
18
50
40
30
20
10
0
10
20
30
40
50
CASSIOPEIA
CEPHEUS
7160
51 And
CYGNUS
7243
M39
ANDROMEDA
M31
Deneb
LACERTA
LYRA
6871
6940
6885
VULPECULA
M27
SAGITTA
PEGASUS
M15
EQUULEUS
DELPHINUS
Altair
PISCES
AQUILA
M2
AQUARIUS
30 Psc
330
CETUS
300
CAPRICORNUS
Fomalhaut
PISCIS AUSTRINUS
SAGITTARIUS
M55
SCULPTOR
MICROSCOPIUM
6723
GRUS
CrA
PHOENIX
TELESCOPIUM
INDUS
α Par
TUCANA
6752
Achernar

CARTE DU CIEL - SEPTEMBRE

Pégase, le Cheval ailé

Sur une carte astronomique, Pégase (Pegasus) donne l'impression d'être une constellation importante, mais il en va différemment une fois qu'on l'a localisée dans le ciel. Les quatre étoiles qui délimitent son Grand Carré ne sont guère brillantes et, d'une façon générale, on constate qu'il s'agit d'une région plutôt dépeuplée. Essayez, par exemple, de compter à l'œil nu combien il y a d'étoiles dans le Grand Carré. Dans des conditions de visibilité exceptionnelles, vous en trouverez tout au plus une vingtaine.

La carte sélective ci-contre représente le secteur de l'amas globulaire M 15 (NGC 7078), un objet de magnitude 7,3 situé au nord-ouest d'Epsilon Pegasi, ou Enif. M 15 est considéré comme l'un des plus beaux amas globulaires du ciel. Avec des jumelles ou un petit télescope, il apparaît sous la forme d'un point lumineux flou, d'apparence stellaire. Il faut une ouverture d'au moins 75 mm pour pouvoir individualiser des membres de cet amas distant de 40 000 années de lumière et dont le diamètre réel est de l'ordre de 130 années de lumière.

Epsilon Pegasi est une étoile triple, mais dont les trois composantes ne sont pas physiquement liées entre elles. La primaire a une magnitude de 2,31, et sa plus proche compagne, située à 81,1'', est de magnitude 11,2. Quant à la troisième composante, de magnitude 9,4, elle est située à 142,5'' de la primaire. Il faut au moins 100 mm d'ouverture pour obtenir la résolution de ces trois étoiles.

Une autre étoile triple, Bêta Pegasi, ou Schéat, occupe l'angle nord-ouest du Grand Carré. Sa primaire est une variable irrégulière dont la magnitude varie de 2,3 à 2,8. Les deux autres composantes sont beaucoup moins brillantes : l'une, qui se situe à 108,5'' de la primaire, est de magnitude 11,6, et l'autre, dont l'écartement est de 253,1'', a une magnitude de 9,4.

Le Poisson austral et la Grue

Sur la photographie ci-contre (le nord est en haut), on voit la région des deux constellations du Poisson austral (Piscis Austrinus) et de la Grue (Grus). La brillante étoile, en haut à gauche de la Grue, est Fomalhaut, dont le nom vient de l'arabe *Foum al Hût*, « la bouche du poisson ». Appelée aussi la Solitaire, parce qu'elle se trouve dans un secteur relativement peu peuplé, elle est distante de 23 années de lumière. Par son éclat, de magnitude 1,17, c'est la 18e étoile la plus brillante du ciel.

Juste au-dessous de Fomalhaut, on distingue deux paires d'étoiles. La plus basse et la plus écartée se compose de Delta et Gamma Piscis Austrini. Un télescope d'au moins 75 mm d'ouverture révèle qu'il s'agit de deux étoiles doubles. Delta, à gauche, est formée de deux étoiles, respectivement de magnitude 4,2 et 9,2, dont l'écartement est de 5,0''. Les composantes de Gamma, de magnitude 4,5 et 8,0, ont un écartement de 4,2''.

L'amas globulaire M 15 de Pégase.

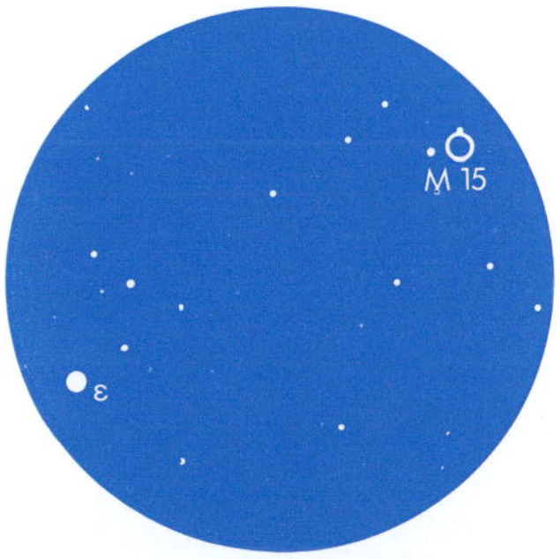

Carte sélective pour l'amas globulaire M 15.

La région du Poisson austral et de la Grue.

LÉGENDE

Magnitude visuelle apparente

0
1
2
3
4
5
6

Étoile multiple

Étoile variable

Amas ouvert	Nuage gazeux	
		3
		4
		5
		6
		7
		8

Amas globulaire

3
4
5
6
7
8

Nébuleuse planétaire

Galaxies

Magnitude apparente

3
4
5
6
7
8

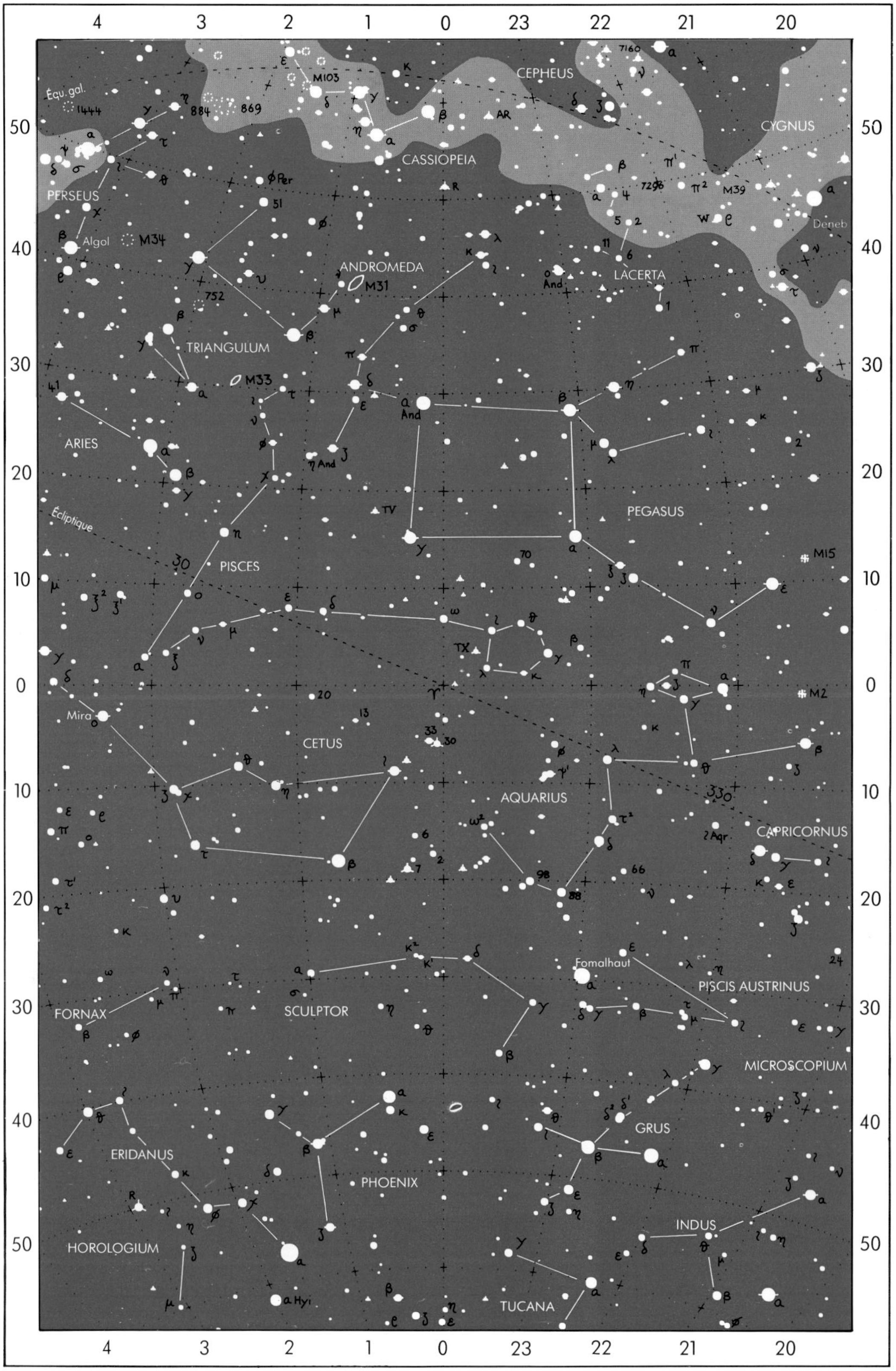

CARTE DU CIEL - OCTOBRE

Andromède

Distante de 2,2 millions d'années de lumière, la grande galaxie d'Andromède (Andromeda), ou M 31 (NGC 224), est le membre le plus vaste du Groupe local. Elle se situe à 1° à l'ouest de Nu Andromedae. M 31 est visible à l'œil nu, sous la forme d'une tache de lumière oblongue et diffuse, de magnitude 3,5. Dans de bonnes conditions de visibilité, des jumelles permettent de déterminer sa longueur à environ 4°.

M 31 a un diamètre de 180 000 années de lumière et comprend près de 300 millions d'étoiles, ce qui en fait un système gigantesque en comparaison de la Voie lactée. Des jumelles suffisent à distinguer la brillante tache lumineuse de son noyau. Le disque environnant est, en revanche, beaucoup plus difficile à voir, et il faut un télescope d'au moins 250 mm d'ouverture pour discerner certains éléments de sa structure.

Un instrument de 152 mm, avec un oculaire à faible grossissement, révèle la présence de deux points lumineux à proximité de M 31. Il s'agit de deux des galaxies satellites des spirales d'Andromède, M 32 (NGC 221) et M 110 (NGC 205), toutes deux de forme elliptique. La plus grande est M 110, de magnitude 8,0, qui se situe à environ 0,5° au nord-ouest de la région centrale d'Andromède. M 32 a une magnitude de 8,2 et se situe à un peu moins de 0,5° au sud de M 31.

Andromède comprend d'autres objets intéressants, notamment la belle étoile double Gamma Andromedae, dont les deux composantes (une jaune, une blanc bleuté) sont distantes de 9,4" et de magnitude 3,0 et 5,0. Pi Andromedae se compose de deux étoiles de magnitude 4,4 et 8,6, distantes de 35,9". 59 Andromedea est une autre double, dont les deux composantes (une jaune, une bleue) ont un écartement de 16,7", avec 6,0 et 6,7 de magnitude. R Andromedae est une variable de type Mira, dont l'éclat varie de 5,8 à 14,9, sur une période de 409,3 jours.

Les galaxies du Sculpteur

Le Sculpteur (Sculptor) est une constellation discrète, que l'on peut toutefois localiser facilement, à l'est de Fomalhaut du Poisson Austral (Piscis Austrinus) et au-dessous de Bêta Ceti. Elle ne compte aucune étoile brillante et, à l'œil nu, paraît très peu peuplée, mais l'on y trouve plusieurs galaxies, dont on voit la plus brillante sur notre photographie.

La carte sélective indique la position de la galaxie spirale NGC 253 et de l'amas globulaire NGC 288, situé à environ 2° au sud-est de NGC 253. Celle-ci apparaît sous la forme d'une tache lumineuse très étirée, d'environ 0,5° de long. De magnitude 7,1, NGC 253 présente une importante surface de luminosité, ce qui permet d'en découvrir de nombreux détails, si l'on dispose d'un équipement approprié. Un oculaire de faible grossissement monté sur un télescope de 152 mm révèle la forme tout à fait caractéristique de cette galaxie. Un instrument plus puissant permet de distinguer le noyau et certaines structures des bras spiraux. Distante de 10 millions d'années de lumière, NGC 253 est le membre dominant du groupe de galaxies du Sculpteur.

NGC 288 est un objet de magnitude 8,1, que des jumelles font apparaître sous la forme d'une tache ronde de lumière diffuse. Un télescope de 75 mm d'ouverture permet d'individualiser certaines des étoiles de cet amas. NGC 288 a un diamètre visuel de 14' et se situe à environ 27 000 années de lumière.

Delta Sculptoris est une étoile double dont les composantes, de magnitude 4,5 et 11,5, ont un écartement de 3,9". Un grand télescope est nécessaire pour en obtenir la résolution. Il est également possible d'individualiser une troisième composante, de magnitude 9,3, située à 74,3" du membre le plus brillant de ce système.

Au sud-est de Delta, on trouve la variable S Sculptoris de type Mira. La magnitude de cette étoile varie de 5,5 à 13,6, sur une période de 365,3 jours, exactement une année terrestre.

La galaxie NGC 253, dans la région du Sculpteur.

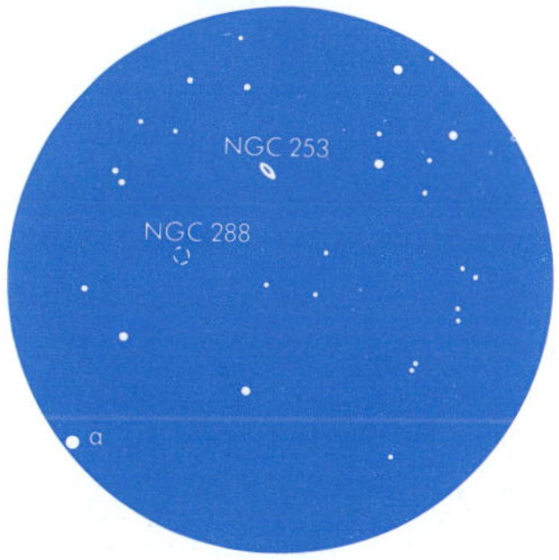

Carte sélective pour la galaxie spirale NGC 253 et l'amas globulaire NGC 288.

LÉGENDE

Magnitude visuelle apparente

0
1
2
3
4
5
6

Étoile multiple

Étoile variable

Amas ouvert		Nuage gazeux
	3	
	4	
	5	
	6	
	7	
	8	

Amas globulaire

3
4
5
6
7
8

Nébuleuse planétaire

Galaxies

Magnitude apparente

3
4
5
6
7
8

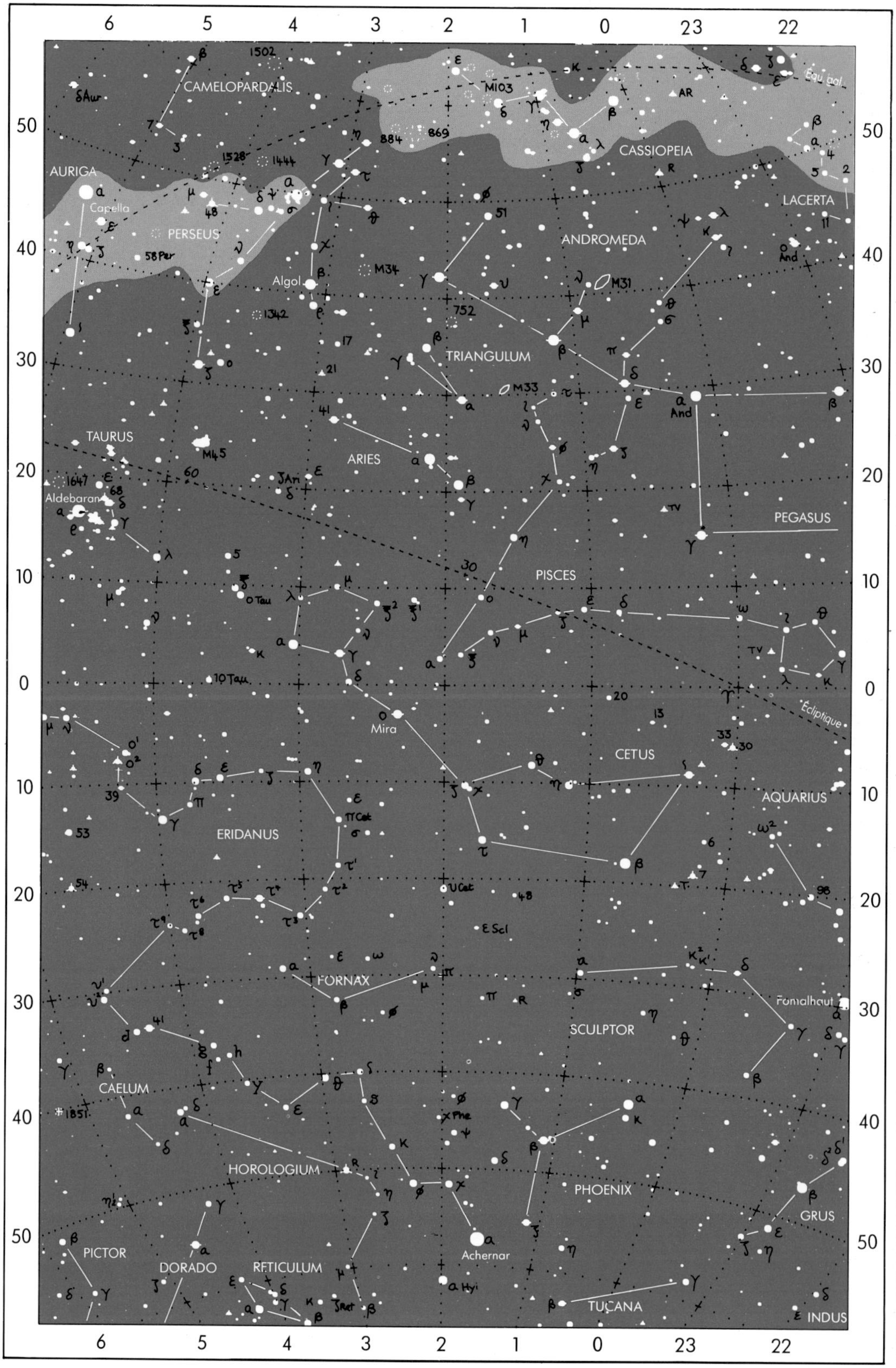

CARTE DU CIEL - NOVEMBRE

La galaxie du Triangle

La galaxie spirale du Triangle (Triangulum-M 33) est l'un des membres les plus brillants du Groupe local. Il est conseillé de l'observer à l'aide d'un instrument à large champ. Le mieux est en fait d'utiliser une puissante paire de jumelles pour cet objet qui se répartit sur une zone céleste relativement vaste et présente une faible surface de luminosité. Sachez que vous devez rechercher un halo d'environ 0,5° de large, à peu près la taille de la pleine Lune. (Un grand télescope permet de distinguer des détails atteignant un diamètre de 1° ou davantage).

Le meilleur moyen de localiser cet objet consiste, sans doute, à situer d'abord la région où il se trouve, puis à y promener le champ des jumelles. Certains observateurs ont réussi à repérer M 33 à l'œil nu, mais cela implique une solide expérience et un ciel exceptionnellement obscur.

Lorsque Messier découvrit cette galaxie, en 1764, il la décrivit comme « une lumière blanchâtre d'un éclat presque uniforme », ce qui concorde fort bien avec ce que l'on voit avec des jumelles ou un petit télescope. M 33 se situe à environ 2,3 millions d'années de lumière, presque la même distance que la galaxie d'Andromède. Un grand télescope en révèle de nombreux détails et permet d'y individualiser des étoiles, des nuages stellaires et des nébuleuses, tous localisés dans une vaste structure spiralée émanant d'un noyau brillant.

R Trianguli est une variable de type Mira, dont la magnitude varie de 5,4 à 12,6, sur une période d'un peu plus de 266 jours. Un télescope est nécessaire pour suivre la totalité de son cycle. Juste au sud du Triangle, on trouve la petite constellation du Bélier (Aries), où se distingue l'étoile double Gamma Arietis, dont les deux composantes, de magnitude 4,8, ont un écartement de 7,8''.

Mira

Mira, ou Omicron Ceti, est la mieux connue des étoiles variables à longue période et la première étoile de ce type que l'on découvrit. Répertoriée par Bayer, en 1603, sous le nom d'Omicron Ceti, Mira ne fut identifiée comme une variable qu'un certain nombre d'années plus tard. Comme les autres variables de ce type, Mira est une géante rouge. Elle varie plus ou moins de la 3e à la 10e magnitude, sur une période s'étendant sur 331 jours. Toutefois, comme dans le cas des autres variables à longue période, le maximum et le minimum n'ont pas une valeur constante.

Mira a atteint plusieurs fois la 2e magnitude et s'est même approchée une fois de la 1re. C'est un objet idéal à observer pour un amateur. Ces observations doivent se faire au moins une fois par semaine, en procédant à des comparaisons avec les étoiles de référence de la carte ci-contre. Comme Mira ne tombe presque jamais au-dessous de la 9e magnitude au cours de son cycle, il suffit d'utiliser un instrument modeste, tel que jumelles ou petit télescope.

L'étoile double Gamma Ceti a deux composantes (une jaune pâle, une bleue), séparées de 2,8'', ce qui implique un télescope d'au moins 75 mm d'ouverture pour l'observer.

Carte sélective et photographie de la galaxie spirale M 33.

Carte de référence pour l'étoile variable Mira (Omicron Ceti).

Étoiles de référence

Bêta Ceti	2,00	71 Ceti	6,40
Alpha Ceti	2,52	F	6,49
Mu Ceti	4,26	A	7,19
75 Ceti	5,34	B	8,00
70 Ceti	5,41	C	8,60
G	6,00	D	8,80
71 Ceti	6,40	E	9,20

LÉGENDE

Magnitude visuelle apparente

0
1
2
3
4
5
6

Étoile multiple

Étoile variable

Amas ouvert		Nuage gazeux
	3	
	4	
	5	
	6	
	7	
	8	

Amas globulaire

3
4
5
6
7
8

Nébuleuse planétaire

Galaxies

Magnitude apparente

3
4
5
6
7
8

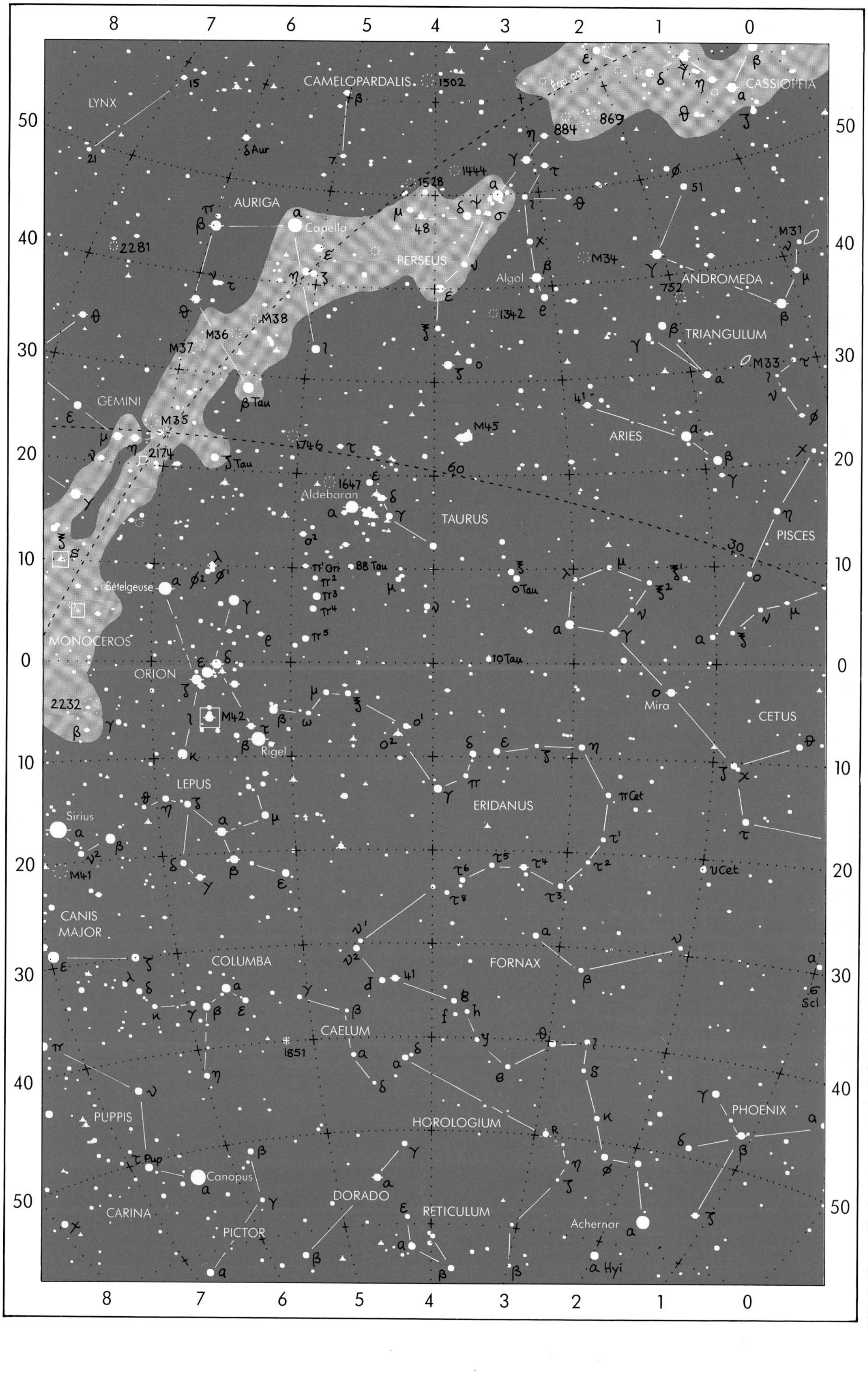

CARTE DU CIEL - DÉCEMBRE

Persée

Sur le fond luminescent de la Voie lactée, Persée (Perseus) se reconnaît facilement à sa forme en Y renversé. Son étoile la plus brillante est Algenib, une géante dont la lumière que nous percevons a été émise il y a près de 6 siècles. Sa luminosité réelle est plus de 6 000 fois celle du Soleil. Algenib est une étoile blanche, bien que certains observateurs affirment y avoir décelé des nuances jaunâtres.

Algol, l'ogre clignotant

La plus célèbre étoile de la constellation de Persée est sans doute Algol (Bêta Persei), dont le nom vient de l'arabe *ras al-ghul,* la « tête de l'ogre ». La légende l'identifie à la tête de Méduse, qui avait été tranchée par Persée. Algol est une binaire à éclipses, dont l'éclat varie dans une période bien déterminée. Sa variabilité fut établie pour la première fois avec précision en 1782, par l'astronome anglais John Goodricke. Une longue série d'observations l'amena à découvrir que la luminosité d'Algol faiblissait nettement tous les 2 jours 20 heures 49 minutes. Il émit alors l'idée qu'il devait s'agir d'une étoile binaire dont les deux composantes tournaient autour de leur centre de gravité commun.

L'une des composantes est beaucoup moins lumineuse que l'autre. Leur plan orbital est presque exactement dans l'alignement de notre position dans l'espace, de sorte que la composante obscure passe régulièrement devant l'autre. Au cours de cette éclipse, qui dure une dizaine d'heures au total, la magnitude globale du système passe de 2,1 à 3,4. Algol se situe à une distance de 100 années de lumière.

L'amas double de Persée

Situé approximativement à mi-chemin entre Persée et Cassiopée, l'amas stellaire double de Persée est l'un des objets les plus spectaculaires du ciel nocturne. Il comprend les deux amas NGC 869 et NGC 884 (Khi et H Persei), visibles à l'œil nu sous la forme d'une petite tache lumineuse diffuse. Des jumelles permettent d'individualiser un grand nombre des étoiles qui les composent.

Situé entre 7 000 et 8 000 années de lumière, NGC 884 est légèrement plus éloigné que son compagnon. Chacun de ces amas a un diamètre d'environ 70 années de lumière, et leur luminosité totale représente à peu près 100 000 fois celle du Soleil. Ce sont tous deux des objets relativement jeunes, NGC 869 ayant un peu plus de 6 millions d'années et NGC 884 11,5 millions d'années.

L'amas double de Persée se situe dans l'une des régions les plus riches de la Voie lactée. Plusieurs amas stellaires peuvent être localisés à proximité. Distant d'environ 5 000 années de lumière, NGC 744 est de magnitude 7,9 et comprend une vingtaine d'étoiles. Avec 7,6 de magnitude, NGC 957 est un peu plus brillant et se compose d'une trentaine d'étoiles. Des jumelles suffisent amplement pour voir ces deux amas stellaires, le plus diffcile étant d'arriver à les repérer sur l'arrière-plan de la Voie lactée.

Trumpler 2 se situe juste au nord de 11 Persei ; de magnitude 5,9, il est également visible avec des jumelles. Pour individualiser les étoiles de ces amas ouverts, il est nécessaire, en revanche, d'utiliser une lunette ou un télescope.

Les amas ouverts NGC 869 et NGC 844.

Cette carte de référence et la liste ci-dessous vous permettront de suivre les variations d'Algol, en procédant par comparaison avec l'éclat d'étoiles proches de magnitude connue. La carte indique également la position de l'amas double de Persée.

Étoiles de référence

Gamma Persei	2,91	Alpha Arietis	2,00
Delta Persei	3,00	Bêta Arietis	2,65
Epsilon Persei	2,88	Alpha Trianguli	3,49
Zêta Persei	2,83	Bêta Trianguli	2,99
Gamma Andromedae	2,12		

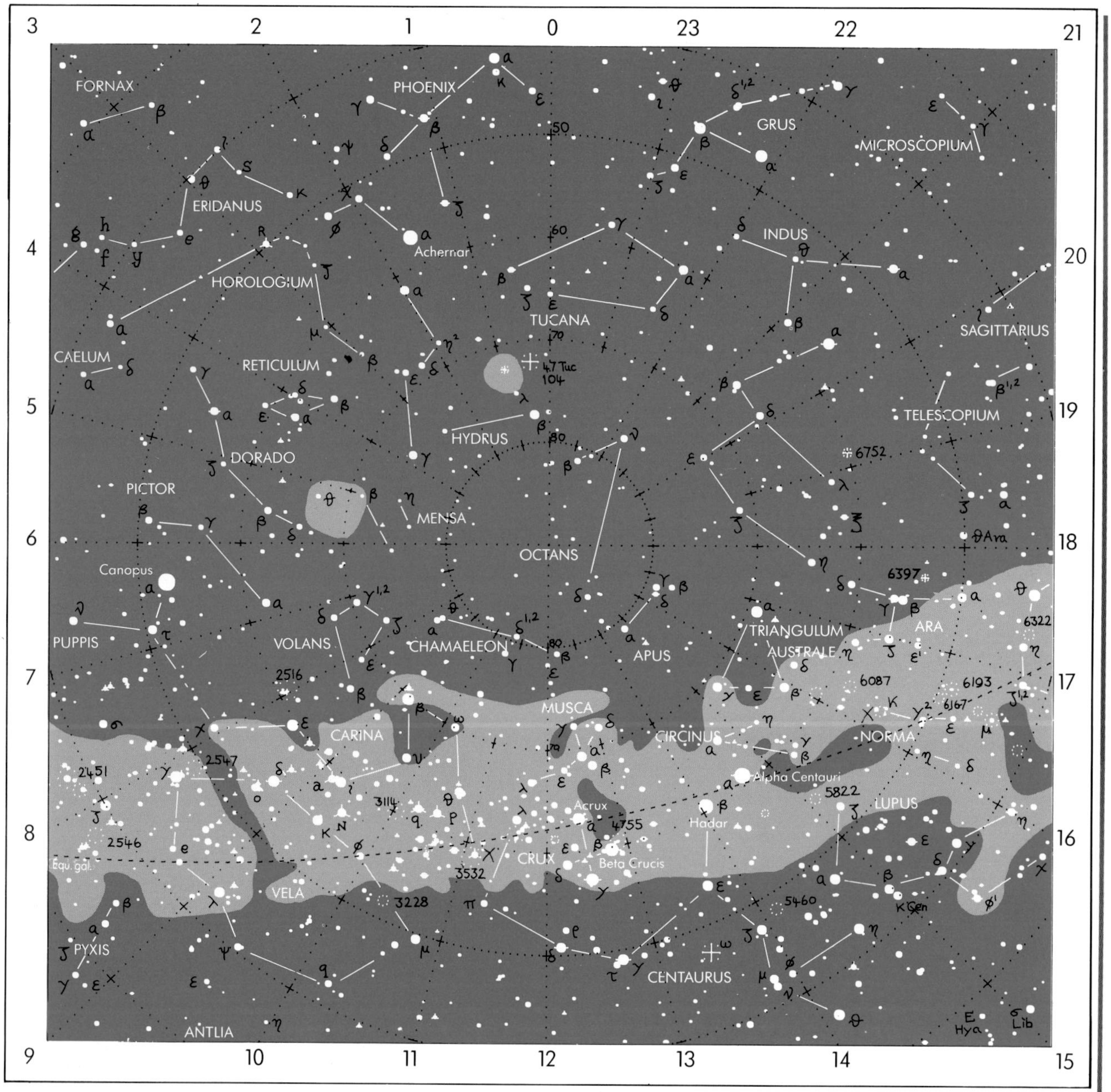

LÉGENDE

Magnitude visuelle apparente

0 1 2 3 4 5 6

Amas globulaire 3 4 5 6 7 8

Nuage gazeux 3 4 5 6 7 8

Amas ouvert

Magnitude apparente

Galaxies 3 4 5 6 7 8

Étoile multiple

Étoile variable

Nébuleuse planétaire

CARTE DU CIEL - ÉTOILES CIRCUMPOLAIRES AUSTRALES

La région polaire

Le pôle céleste boréal est aisément repérable, car il est indiqué par une étoile relativement brillante : Alpha Ursae Minoris, autrement dit Polaris, l'étoile Polaire. Mais, dans le cas du pôle céleste austral (PCA), il n'y a point de repère aussi évident, la plus proche étoile visible à l'œil nu étant Sigma Octantis, de magnitude 5,46.

La photographie du centre, à droite, prise avec 90 secondes de pose sur 1 600 ISO, montre les étoiles qui entourent le PCA sous forme de points lumineux. Le petit quadrilatère d'étoiles que l'on voit juste au-dessous et à droite du centre se compose de Delta, Pi-1, Pi-2, Rhô et Oméga Octantis. A partir de là, on peut localiser Sigma Octantis et la position du PCA. L'autre photographie, prise avec 5 minutes de pose, montre la même région, avec un effet de traînée pour les étoiles qui entourent le PCA.

La Croix du Sud

La photographie du haut montre la région de la Croix du Sud (Crux), avec les deux brillantes étoiles qui permettent de localiser cette constellation, Alpha et Bêta Centauri (sur la gauche). La nébuleuse obscure du Sac à charbon se reconnaît facilement, sous l'aspect d'une zone apparemment dépourvue d'étoiles, juste à gauche de la Croix du Sud. Le point brillant que l'on voit au-dessus et à gauche de Bêta Crucis est l'amas ouvert de la Boîte à bijoux (NGC 4755).

L'étoile la plus brillante de la Croix du Sud (et la 14e étoile la plus brillante du ciel) est Alpha Crucis, ou Acrux. C'est une étoile double dont les composantes, de magnitude 1,4 et 1,9, ont un écartement de 4,4" et peuvent s'individualiser avec un télescope de 75 mm. A une distance de 90,1", on trouve une troisième étoile, de magnitude 4,9.

L'amas ouvert de la Boîte à bijoux forme un petit triangle avec Iota et Bêta Crucis. Considéré comme l'un des plus beaux objets de ce type, on peut l'observer à l'aide d'une lunette ou d'un télescope de dimensions moyennes. La plupart des étoiles de cet amas sont d'un blanc bleuté sur lequel contraste l'éclat rouge orangé de Kappa Crucis.

Le Petit Nuage de Magellan

Sur la photographie (en bas) du Petit Nuage de Magellan (ou SMC, *Small Magellanic Cloud*), dans le Toucan, on peut voir aussi les amas globulaires NGC 104, à l'ouest (en haut, à droite) et NGC 362, un peu plus au nord (vers la gauche). Également appelé 47 Tucana, NGC 104 est un amas globulaire très riche et l'un des plus beaux du ciel. Des jumelles de grossissement 10× ou davantage permettent d'individualiser quelques-unes de ses étoiles périphériques. Quant à NGC 362, il faut un télescope de 75 mm pour obtenir la résolution d'un certain nombre de ses étoiles.

La région de la Croix du Sud.

Effet de traînée autour du pôle céleste austral.

L'Oiseau de Paradis (Apus) et le pôle céleste austral.

Le Petit Nuage de Magellan (SMC), dans le Toucan.

Ces deux amas globulaires sont associés à notre Galaxie, et non à SMC, dont ils paraissent proches parce qu'ils se situent dans le même alignement pour un observateur terrestre. 200 000 années de lumière nous séparent de SMC, alors que NGC 104 et NGC 362 ne sont, respectivement, qu'à 15 000 et 30 000 années de lumière. SMC comprend toutefois un certain nombre d'amas ouverts, dont quelques-uns sont nettement visibles sur cette photographie.

GLOSSAIRE

Amas *Voir* GLOBULAIRE et OUVERT.

Année de lumière Distance que parcourt la lumière en une année (dans le vide), soit environ 10 000 000 000 000 de kilomètres (la lumière se déplace dans le vide à la vitesse de 300 000 km/s). Elle est utilisée comme unité de distance en astronomie.

Aphélie Point de l'ORBITE d'une planète ou d'une comète où ce corps céleste est le plus éloigné du Soleil.

Apogée Point de l'ORBITE d'un SATELLITE terrestre où celui-ci est le plus éloigné de la Terre.

Ascension droite (AD) Distance angulaire, mesurée d'ouest en est, d'un objet de la SPHÈRE CÉLESTE par rapport à son ÉQUINOXE VERNAL. L'AD s'exprime en heures, minutes et secondes. L'ascension droite est l'équivalent dans le ciel de la longitude terrestre.

Ashen (lumière d') Faible luminosité qui s'observe parfois sur la partie obscure de Vénus, lorsque cette planète n'est visible que sous la forme d'un très mince croissant. On s'explique encore mal ce phénomène.

Astéroïde Petit corps planétaire qui gravite autour du Soleil, principalement entre l'ORBITE de Mars et celle de Jupiter. On dit aussi « petite planète » ou « planétoïde ».

Aurore Phénomène lumineux qui apparaît surtout dans les régions polaires, où il est dû à la pénétration dans la haute atmosphère terrestre de particules chargées en provenance du Soleil.

Austral Qui se rapporte au sud. Par exemple : le PÔLE CÉLESTE austral, l'hémisphère austral.

Azimutale (monture) Monture qui permet d'orienter une lunette ou un télescope à la fois verticalement et horizontalement.

Binaire Système formé de deux ÉTOILES qui orbitent autour de leur centre de gravité commun. Un tel système est dit *spectroscopique* lorsque ses deux composantes sont tellement rapprochées qu'on ne peut les individualiser visuellement mais seulement à l'aide d'un spectroscope. Celui-ci est un instrument qui permet d'isoler les différentes longueurs d'onde de la lumière.

Bolide MÉTÉORE très brillant. Le terme n'est plus guère utilisé par les astronomes.

Boréal Qui se rapporte au Nord. Par exemple : le PÔLE CÉLESTE BORÉAL, l'hémisphère boréal.

Circumpolaire Se dit d'une ÉTOILE qui ne disparaît jamais du ciel à partir d'une latitude donnée.

Comète Objet céleste formé de gaz, de poussière et de glace, qui gravite autour du Soleil, généralement selon une ORBITE très excentrique.

Conjonction Position de deux astres qui sont vus dans un même alignement par un observateur terrestre. La conjonction est dite *supérieure* lorsqu'une planète se trouve de l'autre côté du Soleil par rapport à la Terre, et *inférieure* pour une planète qui se trouve entre le Soleil et la Terre.

Constellation L'un des 88 regroupements conventionnels d'ÉTOILES qui se répartissent le long de l'ÉQUATEUR CÉLESTE, dans la même zone (zodiaque) où se situe la trajectoire apparente du Soleil. Les constellations sont d'excellents points de repères pour la localisation des étoiles et des autres objets célestes.

Déclinaison (D) Distance angulaire entre un objet céleste et l'ÉQUATEUR CÉLESTE. La déclinaison est l'équivalent dans le ciel de la latitude terrestre.

Double Se dit d'un système formé par deux ÉTOILES qui paraissent très proches l'une de l'autre. Si ces deux étoiles sont physiquement liées, c'est un système BINAIRE (on parle aussi d'étoile binaire). Sinon, il s'agit d'un double optique, dont les deux composantes se situent dans un même alignement pour un observateur terrestre, mais peuvent être séparées par une distance considérable.

Éclipse Disparition temporaire d'un objet céleste lorsque celui-ci passe dans l'ombre d'un autre objet. La LUNE, par exemple, peut éclipser le Soleil et elle-même peut être éclipsée par la Terre.

Écliptique Trajectoire apparente du Soleil dans le ciel. Cette trajectoire suit le zodiaque, la zone de la SPHÈRE SÉLESTE où se situent les CONSTELLATIONS.

Ellipse Tracé de forme ovale correspondant au plan de section d'un cône selon un certain angle. Toutes les PLANÈTES du système SOLAIRE ont une ORBITE elliptique.

Éphémérides Tables des prévisions sur le mouvement d'objets célestes tels que COMÈTES et PLANÈTES.

Équateur céleste Cercle imaginaire, parallèle à l'équateur terrestre et qui divise la SPHÈRE CÉLESTE en deux hémisphères (Nord et Sud).

Équatoriale (monture) Monture permettant d'orienter une lunette ou un télescope autour d'un seul axe.

Équinoxe Point où l'ÉCLIPTIQUE coupe l'ÉQUATEUR CÉLESTE. L'équinoxe d'automne est le point où le Soleil franchit l'équateur céleste du nord au sud. L'équinoxe vernal (ou de printemps) est le point où le Soleil franchit cette ligne du sud au nord. On donne aussi le nom d'équinoxe aux deux moments de l'année où s'effectuent ces passages.

Étoile Corps céleste producteur de chaleur et de lumière sous l'effet des réactions thermonucléaires qui interviennent dans son noyau.

Étoile filante Nom populaire d'un MÉTÉORE, et notamment d'un BOLIDE.

Galactique (amas) Synonyme d'amas OUVERT.

Galaxie Vaste ensemble d'ÉTOILES, de gaz et de poussières interstellaires mesurant de nombreuses ANNÉES DE LUMIÈRE de large.

Gegenschein Lueur très faible qui apparaît fugitivement au-dessus de l'horizon dans la direction opposée à celle du Soleil.

Globulaire (amas) Vaste groupe d'ÉTOILES anciennes, de forme sphérique.

Groupe local Groupe de GALAXIES, dont la nôtre fait partie.

Hertzsprung-Russell (diagramme de) Diagramme de classification des ÉTOILES, fondée sur le rapport type spectral/luminosité.

Hubble (système de) Système de

classification des GALAXIES d'après leur forme.

Limbe Bordure du disque visible d'un astre.

Lune Le seul SATELLITE naturel de la Terre.

Magnitude absolue Magnitude apparente qu'aurait une étoile à une distance de 10 PARSECS.

Magniture apparente Mesure de l'éclat d'une ÉTOILE ou d'un autre corps céleste, tel que nous le voyons dans le ciel.

Magnitude bolométrique Mesure de toute l'énergie de rayonnement émise par une ÉTOILE et qui ne se limite donc pas seulement à son rayonnement visible.

Méridien Ligne imaginaire qui traverse la SPHÈRE CÉLESTE en passant à la fois par les PÔLES CÉLESTES et par le ZÉNITH.

Météore Phénomène lumineux qui accompagne la traversée du ciel par une MÉTÉORITE.

Météorite Fragment de matière interplanétaire (météoroïde) qui traverse l'atmosphère terrestre.

Nadir Point de la SPHÈRE CÉLESTE qui se situe, sur la verticale, à l'opposé du ZÉNITH.

Nébuleuse Nuage interstellaire de gaz et de poussières.

Neutrons (étoile à) Résidu stellaire de l'explosion d'une SUPERNOVA.

Nova ÉTOILE dont l'éclat augmente brusquement d'intensité avant de revenir lentement à la normale.

Objectif Élément d'un instrument d'optique qui recueille la lumière émise par l'objet observé. Il peut s'agir d'une lentille (jumelles, lunette) ou d'un miroir (télescope).

Occultation Passage d'un corps céleste devant un autre, qui disparaît alors temporairement.

Opposition Point de l'ORBITE d'une PLANÈTE supérieure qui se trouve directement à l'opposé du Soleil dans le ciel par rapport à la Terre.

Orbite Trajectoire d'un corps céleste qui tourne autour d'un autre, de masse supérieure.

Ouvert (amas) Groupement d'ÉTOILES de forme irrégulière et généralement peu concentré.

Ouverture Diamètre de l'OBJECTIF d'un instrument optique. Plus l'ouverture est grande, plus elle laisse pénétrer la lumière.

Parallaxe Décalage apparent d'un objet proche par rapport à son arrière-plan lointain lorsqu'on l'observe de deux points différents.

Parsec Unité de mesure astronomique correspondant à la distance qu'aurait une ÉTOILE dont la PARALLAXE serait d'une seconde d'arc.
1 parsec = 3,26 ANNÉES DE LUMIÈRE.

Pénombre 1. La partie la plus claire d'une tache solaire. 2. Zone d'ombre partielle qui entoure l'ombre principale projetée par la LUNE au cours d'une ÉCLIPSE solaire ou par la Terre au cours d'une ÉCLIPSE lunaire.

Périgée Point de l'ORBITE d'un corps céleste où celui-ci est le plus proche de la Terre.

Planète Corps céleste qui n'émet pas de lumière, mais réfléchit celle de l'ÉTOILE autour de laquelle il gravite. Les planètes dont l'ORBITE est plus proche du Soleil que celle de la Terre sont dites *intérieures* ou *inférieures* (Mercure et Vénus). Les autres sont dites *extérieures* ou *supérieures.*

Pôles célestes Points de la SPHÈRE CÉLESTE qui correspondent à l'intersection de celle-ci avec l'axe des pôles terrestres Nord et Sud.

Précession Mouvement conique de l'axe terrestre, principalement dû à l'influence gravitationnelle du Soleil et de la LUNE.

Pulsar ÉTOILE à NEUTRONS en rotation rapide et qui émet régulièrement des impulsions radio.

Quasar Objet très lointain, extrêmement lumineux, et qui serait le noyau d'une jeune GALAXIE très active.

Satellite Corps céleste (naturel ou artificiel) gravitant autour d'un autre de plus grande taille.

Sidérale (période) Intervalle de temps qui sépare deux passsages consécutifs d'un corps céleste en un même point de son ORBITE.

Solaire (système) Ensemble de tous les corps célestes qui s'organisent sous l'influence gravitationnelle du Soleil, c'est-à-dire les PLANÈTES (et leurs SATELLITES), les ASTÉROÏDES, les COMÈTES et les résidus interplanétaires qui gravitent autour du Soleil.

Sphère céleste Représentation du ciel vu de la Terre, sous l'aspect d'une boule creuse de dimensions infinies et dont notre planète occupe le centre.

Supernova Explosion d'une ÉTOILE très massive, dont la luminosité augmente alors dans des proportions colossales.

Synodique (période) Intervalle de temps qui sépare deux OPPOSITIONS ou deux CONJONCTIONS d'une PLANÈTE ou d'un SATELLITE.

Tellurique (planète) PLANÈTE dont la Terre est le modèle type. Les planètes telluriques sont Mercure, Vénus, la Terre et Mars.

Terminateur Ligne de démarcation entre l'hémisphère éclairé et l'hémisphère obscur d'une PLANÈTE ou d'un SATELLITE.

Transit Passage d'un objet céleste dans le MÉRIDIEN de l'observateur, ou devant le disque d'un autre objet de plus grande taille.

Trou noir Région de l'espace qui entoure une ÉTOILE effondrée très massive. L'effet gravitationnel y est tellement intense qu'aucun rayonnement lumineux ne peut s'en échapper.

Variable (étoile) Comme son nom l'indique, il s'agit d'une ÉTOILE dont l'éclat varie soit sous l'effet de phénomènes internes, soit par l'obscurcissement périodique d'une des composantes d'un système BINAIRE. Dans ce dernier cas, on parle d'une variable à ÉCLIPSES.

Voie lactée Ruban de luminosité diffuse qui traverse le ciel. Il est formé par l'éclat combiné des milliers d'ÉTOILES qui se situent dans le plan principal de notre GALAXIE.

Zénith Point imaginaire du ciel qui se situe directement à la verticale de l'observateur.

Zodiacale (lumière) Faible lueur d'aspect conique apparaissant parfois au-dessus de l'horizon. Elle est due à la réflexion de la lumière solaire par des particules interplanétaires.

CATALOGUE ASTRONOMIQUE

LE CATALOGUE DE MESSIER

Numérotation Messier	Désignation NGC	Ascension droite h. mn	Décl. (° ')	Constellation	Type	Nom usuel
1	1952	05 34,5	+22 01	Taureau	Résidu de supernova	Nébuleuse du Crabe
2	7089	21 33,5	−00 49	Verseau	Amas globulaire	
3	5272	13 42,2	+28 23	Chiens de chasse	Amas globulaire	
4	6121	16 23,6	−26 32	Scorpion	Amas globulaire	
5	5904	15 18,6	+02 05	Serpent	Amas globulaire	
6	6405	17 40,1	−32 13	Scorpion	Amas ouvert	Amas Papillon
7	6475	17 53,9	−34 49	Scorpion	Amas ouvert	
8	6523	18 03,8	−24 23	Sagittaire	Nébuleuse	Nébuleuse Lagune
9	6333	17 19,2	−18 31	Ophiucus	Amas globulaire	
10	6254	16 57,1	−04 06	Ophiucus	Amas globulaire	
11	6705	18 51,1	−06 16	Écu	Amas ouvert	Amas du Canard sauvage
12	6218	16 47,2	−01 57	Ophiucus	Amas globulaire	
13	6205	16 41,7	+36 28	Hercule	Amas golublaire	Grand Amas d'Hercule
14	6402	17 37,6	−03 15	Ophiucus	Amas globulaire	
15	7078	21 30,0	+12 10	Pégase	Amas globulaire	
16	6611	18 18,8	−13 47	Serpent	Nébuleuse et amas associé	Nébuleuse de l'Aigle
17	6618	18 20,8	−16 11	Sagittaire	Nébuleuse	Nébuleuse Oméga ou du Cygne
18	6613	18 19,9	−17 08	Sagittaire	Amas ouvert	
19	6273	17 02,6	−26 16	Ophiucus	Amas globulaire	
20	6514	18 02,6	−23 02	Sagittaire	Nébuleuse	Nébuleuse Trifide
21	6531	18 04,6	−22 30	Sagittaire	Amas ouvert	
22	6656	18 36,4	−23 54	Sagittaire	Amas globulaire	
23	6494	17 56,8	−19 01	Sagittaire	Amas ouvert	
24	6603	18 18,4	−18 25	Sagittaire	Nuage stellaire dans la Voie lactée	
25	4725	18 31,6	−19 15	Sagittaire	Amas ouvert	
26	6694	18 45,2	−09 24	Écu	Amas ouvert	
27	6853	19 59,6	+22 43	Renard	Nébuleuse planétaire	Nébuleuse Haltère
28	6626	18 24,5	−24 52	Sagittaire	Amas globulaire	
29	6913	20 23,9	+38 32	Cygne	Amas ouvert	
30	7099	21 40,4	−23 11	Capricorne	Amas globulaire	
31	224	00 42,7	+41 16	Andromède	Galaxie spirale	Galaxie d'Andromède
32	221	00 42,7	+40 52	Andromède	Galaxie elliptique (associée à M 31)	
33	598	01 33,9	+30 39	Triangle	Galaxie spirale	Spirale du Triangle
34	1039	02 42,0	+42 47	Persée	Amas ouvert	
35	2168	06 08,9	+24 20	Gémeaux	Amas ouvert	
36	1960	05 36,1	+34 08	Cocher	Amas ouvert	
37	2099	05 52,4	+32 33	Cocher	Amas ouvert	
38	1912	05 28,7	+35 50	Cocher	Amas ouvert	
39	7092	21 32,2	+48 26	Cygne	Amas ouvert	
40	—	12 22,4	+58 05	Grande Ourse	Étoile double Winnecke 4 ; magn. 9,0/0,6 ; écart 50"	
41	2287	06 47,0	−20 44	Grand Chien	Amas ouvert	
42	1976	05 35,4	−05 27	Orion	Nébuleuse	Grande nébuleuse d'Orion
43	1982	05 35,6	−05 16	Orion	Nébuleuse	Fait partie de M 42
44	2632	08 40,1	+19 59	Cancer	Amas ouvert	Praesepe
45	—	03 47,0	+24 07	Taureau	Amas ouvert	Pléiades
46	2437	07 41,8	−14 49	Poupe	Amas ouvert	
47	2422	07 36,6	−14 30	Poupe	Amas ouvert	
48	2548	08 13,8	−05 48	Hydre	Amas ouvert	
49	4472	12 29,8	+08 00	Vierge	Galaxie elliptique	
50	2323	07 03,2	−08 20	Licorne	Amas ouvert	
51	5194	13 29,9	+47 12	Chiens de chasse	Galaxie spirale	Galaxie du Tourbillon
52	7654	23 24,2	+61 35	Cassiopée	Amas ouvert	
53	5024	13 12,9	+18 10	Chevelure de Bérénice	Amas globulaire	
54	6715	18 55,1	−30 29	Sagittaire	Amas globulaire	
55	6809	19 40,0	−30 58	Sagittaire	Amas globulaire	

56	6779	19 16,6	+30 11	Lyre	Amas globulaire	
57	6720	18 53,6	+33 02	Lyre	Nébuleuse planétaire	Nébuleuse annulaire
58	4579	12 37,7	+11 49	Vierge	Galaxie spirale	
59	4621	12 42,0	+11 39	Vierge	Galaxie elliptique	
60	4649	12 43,7	+11 33	Vierge	Galaxie elliptique	
61	4303	12 21,9	+04 28	Vierge	Galaxie spirale	
62	6266	17 01,2	−30 07	Ophiucus	Amas globulaire	
63	5055	13 15,8	+42 02	Chiens de chasse	Galaxie spirale	
64	4826	12 56,7	+21 41	Chevelure de Bérénice	Galaxie spirale	
65	3623	11 18,9	+13 05	Lion	Galaxie spirale	
66	3627	11 20,2	+12 59	Lion	Galaxie spirale	
67	2682	08 50,4	+11 49	Cancer	Amas ouvert	
68	4590	12 39,5	−26 45	Hydre	Amas globulaire	
69	6637	18 31,4	−32 21	Sagittaire	Amas globulaire	
70	6681	18 43,2	−32 ,18	Sagittaire	Amas globulaire	
71	6838	19 53,8	+18 47	Flèche	Amas globulaire	
72	6981	20 53,5	−12 32	Verseau	Amas globulaire	
73	6994	20 58,9	−12 38	Verseau	Astérisme de quatre étoiles	
74	628	01 36,7	+15, 47	Poissons	Galaxie spirale	
75	6864	20 06,1	−21 55	Sagittaire	Galaxie globulaire	
76	650	01 42,4	+51 34	Persée	Nébuleuse planétaire	Petite Dumb-Bell
77	1068	02 42,7	−00 01	Baleine	Galaxie spirale	
78	2068	05 46,7	+00 03	Orion	Nébuleuse	
79	1904	05 24,5	−24 33	Lièvre	Amas globulaire	
80	6093	16 17,0	−22 59	Scorpion	Amas globulaire	
81	3031	09 55,6	+69 04	Grande Ourse	Galaxie spirale	
82	3034	09 55,8	+69 41	Grande Ourse	Galaxie irrégulière	
83	5236	13 37,0	−29 52	Hydre	Galaxie spirale	
84	4374	12 25,1	+12 53	Vierge	Galaxie spirale	
85	4382	12 25,4	+18 11	Chevelure de Bérénice	Galaxie spirale	
86	4406	12 26,2	+12 57	Vierge	Galaxie elliptique	
87	4486	12 30,8	+12 24	Vierge	Galaxie elliptique	
88	4501	12 32,0	+14 25	Chevelure de Bérénice	Galaxie spirale	
89	4552	12 35,7	+12 33	Vierge	Galaxie elliptique	
90	4569	12 36,8	+13 10	Vierge	Galaxie spirale	
91	4548	12 35,4	+14 30	Chevelure de Bérénice	Galaxie spirale	
92	6341	17 17,1	+43 08	Hercule	Amas globulaire	
93	2447	07 44,6	−23 52	Poupe	Amas ouvert	
94	4736	12 50,9	+41 07	Chiens de chasse	Galaxie spirale	
95	3351	10 44,0	+11 42	Lion	Galaxie spirale barrée	
96	3368	10 46,8	+11 49	Lion	Galaxie spirale	
97	3587	11 14,8	+55 01	Grande Ourse	Nébuleuse planétaire	Nébuleuse du Hibou
98	4192	12 13,8	+14 54	Chevelure de Bérénice	Galaxie spirale	
99	4254	12 18,8	+14 25	Chevelure de Bérénice	Galaxie spirale	
100	4321	12 22,9	+15 49	Chevelure de Bérénice	Galaxie spirale	
101	5457	14 03,2	+54 21	Grande Ourse	Galaxie spirale	
102					Observation doublée de M 101	
103	581	01 33,2	+60 42	Cassiopée	Amas ouvert	
104	4594	12 40,0	−11 37	Vierge	Galaxie spirale	Galaxie Sombrero
105	3379	10 47,8	+12 35	Lion	Galaxie elliptique	
106	4258	12 19,0	+47 18	Grande Ourse	Galaxie spirale	
107	6171	16 32,5	−13 03	Ophiucus	Amas globulaire	
108	3556	11 11,5	+55 40	Grande Ourse	Galaxie spirale	
109	3392	11 57,6	+53 23	Grande Ourse	Galaxie spirale	
110	205	00 40,4	+41 41	Andromède	Galaxie elliptique (associée à M 31)	

Dans sa mouture originelle, le catalogue de Messier ne comprenait que 103 objets : les 7 derniers ont été ajoutés plus récemment. M 104 y fut incorporé par Camille Flammarion, en 1921, après que celui-ci eut découvert une note de Messier sur l'observation de cet objet. Vinrent ensuite M 105, M 106 et M 107, que l'on doit à Helen Sawyer Hogg. M 108 et M 109 furent ajoutés par Owen Gingerich, après quoi le catalogue fut complété par Kenneth Glyn, avec l'adjonction de M 110, un objet qui avait été observé par Messier en 1773 et inclus dans son dessin de M 31, publié en 1807.

ÉTOILES DOUBLES POUR OBSERVATIONS A LA LUNETTE OU AU TÉLESCOPE

Étoiles	Ascension droite h. mn	Décl. (° ')	Magn.	Ecart (")	Angle de parallaxe (°)	Remarques
Bêta-1 Tucanae	00 31,5	−62 58	4,5/4,0	2,2	149	
Bêta-2 Tucanae	00 31,5	−62 58	4,9/5,7			Binaire 44,43 ans
Eta Cassiopeiae	00 49,1	+57 49	3,5/7,2	12,0	310	Binaire 480 ans ; contraste important
Bêta Phoenisis	01 06,1	−46 43	4,0/4,2	1,4	346	
Zêta Piscium	01 13,7	+07 35	4,2/5,3	23,6	063	Jaune et orange
Gamma Arietis	01 53,5	+19 18	4,8/4,8	7,8	000	Étoiles blanches identiques ; facile
Alpha Piscium	02 02,0	+02 46	4,2/5,1	1,9	279	Binaire 933 ans
Gamma Andromedae	02 03,9	+42 20	3,0/5,0	9,4	064	Jaune et bleu
Alpha Ursae Minoris	02 31,8	+89 16	2,0/9,0	18,4	218	Jaunâtre et blanc bleuté
Gamma ceti	02 43,3	+03 14	3,7/6,4	2,8	294	Jaune pâle et bleuté ; difficile
Eta Persei	02 50,7	+55 54	3,9/8,6	28,3	300	Jaune d'or et orangé
Sigma 331 Persei	03 00,9	+52 51	5,5/6,5	12,1	085	Jaune d'or et orangé
32 Eridani	03 54,3	−02 57	5,0/6,0	6,8	347	Jaune d'or et bleu-vert
1 Camelopardalis	04 32,0	+53 55	5,0/6,0	10,3	308	Blanc et bleuté
Bêta Orionis	05 14,5	−08 12	0,1/6,8	9,5	202	Rigel ; bleu et blanc ; difficile
118 Tauri	05 29,3	+25 09	6,0/6,5	4,8	204	Blanc et rouge
Lambda Orionis	05 35,1	+09 56	4,0/6,0	4,4	043	Blanc et orangé
Thêta-1 Orionis	05 35,3	−05 23	5,4/6,3	9,0	032	Le Trapèze ; quatre composantes ;
			v(6,7/7,7)			très joli
			v(8,0/8,7)			
Iota Orionis	05 35,4	−05 55	2,8/6,9	11,3	141	Blanc et bleu
Sigma Orionis	05 38,7	−02 36	3,9/6,5	42,0	061	Deux composantes principales
			7,5	12,9	084	170 ans ; triple ; orangé, bleu et blanc
Gamma Leporis	05 44,5	−22 27	3,6/6,2	96,3	350	Jaunâtre et bleu
Bêta Monocerotis	06 28,8	−07 02	4,7/5,2	7,3	132	Toutes jaunes ;
			6,1	10,0	124	belle triple
12 Lyncis	06 46,2	+59 27	5,4/6,0	8,5	308	Binaire 699 ans ; blanc bleuté
						et rouge orangé
Gamma-2 Volantis	07 08,8	−70 30	4,0/5,9	13,6	300	Binaire lente ; superbe
Delta Geminorum	07 20,1	+21 59	3,5/8,2			Binaire 1 200 ans
19 Lyncis	07 22,9	+55 17	5,6/6,5	14,8	315	Blanc bleuté et orange
Sigma Puppis	07 29,2	−43 18	3,3/9,4	22,3	074	
Alpha Geminorum	07 34,6	+31 53	1,9/2,9	2,7	085	Castor, binaire 511 (?) ans
			8,8	72,5	164	
Zêta Pyxidis	08 39,7	−29 34	4,9/9,1	52,4	061	
Iota-1 Cancri	08 46,7	+28 46	4,2/6,6	30,5	307	Orange et bleu ; joli contraste
Gamma Leonis	10 20,0	+19 51	2,5/3,5	4,3	122	Algieba ; binaire 619 ans
54 Leonis	10 55,6	+24 45	4,5/6,3	6,5	110	Blanc verdâtre et bleu
Alpha Crucis	12 26,6	−63 06	1,4/1,9	4,4	115	Acrux
			4,9	90,1	202	
Delta Corvi	12 29,9	−16 31	3,0/9,2	24,2	214	Jaune et rouge pourpre
24 Comae Berenicis	12 35,1	+18 23	5,2/6,7	20,3	271	Orange et blanc bleuté
Gamma Virginis	12 41,7	−01 27	3,5/3,5			Riche binaire 171,4 ans ; toutes deux blanches
Alpha Canum Venaticorum	12 56,0	+38 19	2,9/5,5	19,4	229	Cor Caroll ; toutes deux blanc jaunâtre
Thêta Virginis	13 09,9	−05 32	4,4/9,4	7,1	343	Jaune et rouge
Zêta Ursae Majoris	13 23,9	+54 56	2,3/4,0	14,4	152	Mizar ; blanc et blanc verdâtre
Kappa Boötis	14 13,5	+51 47	4,6/4,6	13,4	236	Blanc et bleu
Alpha Centauri	14 39,6	−60 50	0,0/1,2			Binaire 79,9 ans ; troisième composante :
						Proxima Centauri (magn. 10,7)
Pi Boötis	14 40,7	+16 25	4,9/5,8	5,6	108	Bleu et orange
Alpha Circini	14 42,5	−64 59	3,2/8,6	15,7	232	
Epsilon Boötis	14 45,0	+27 04	2,5/4,9	2,8	339	Izar ; jaune et bleu-vert
Xi Boötis	14 51,4	+19 06	4,7/7,0	7,2	332	Binaire 151,5 ans ; jaune et rouge pourpre
Delta Boötis	15 15,5	+33 19	3,5/8,7	104,9	079	
Delta Serpentis	15 34,8	+10 32	4,2/5,2	4,4	177	Binaire 3 168 ans ; toutes deux blanches
Zêta Coronae Borealis	15 39,4	+36 38	5,1/6,0	6,3	305	Blanc bleuté et verdâtre
Bêta Scorpii	16 05,4	−19 48	2,6/4,9	13,6	021	La primaire a un compagnon de 10e magn.
Nu Scorpii	16 12,0	−19 28	4,3/6,8	0,9	003	Binaire 45,7 ans
			6,4	41,1	337	
Sigma Coronae Borealis	16 14,7	+33 52	5,6/6,6	7,0	234	Binaire 1 000 ans
Sigma Scorpii	16 21,2	−25 36	2,9/8,5	20,0	273	
Alpha Scorpii	16 29,4	−26 26	1,2/5,4	2,9	275	Antarès ; binaire 878 ans ; rouge et vert
Zêta Herculis	16 41,3	+31 36	2,9/5,5			Binaire 34,5 ans

Mû Draconis	17 05,3	+54 28	5,7/5,7			Binaire 482 ans ; blanches
Alpha Herculis	17 14,6	−14 23	var/5,4	4,7	107	Rasalgheti ; binaire 3 600 ans
36 Ophiuchi	17 15,3	−26 36	5,1/5,1	4,7	150	Binaire 548,7 ans
Psi Draconis	17 41,9	+72 09	4,9/6,1	30,3	015	Jaune et pourpre
41 Draconis	18 00,2	+80 00	5,7/6,1	19,3	232	
95 Herculis	18 01,5	+21 36	5,0/5,1	6,3	258	Vert et rouge
100 Herculis	18 07,8	+26 06	5,9/5,9	14,2	183	
Lambda Coronae Australis	18 43,8	−38 19	5,1/9,7	29,2	214	
Epsilon-1 Lyrae	18 44,3	+39 40	5,0/6,1	2,6	357	Célèbre étoile double ; écart de 207,7′ entre
Epsilon-2 Lyrae			5,2/5,5	2,3	094	1 et 2 ; période d'Epsilon-1 : 1 165 ans ; période d'Epsilon-2 : 585 ans
Zêta-2 Lyrae	18 44,8	+37 36	4,3/5,9	43,7	150	Topaze et vert
Bêta Lyrae	18 50,1	+33 22	var/8,6	45,7	149	
Psi Cygni	19 55,6	+52 26	4,9/7,4	3,2	178	
Alpha-1 Capricorni	20 17,6	−12 30	4,2/13,7	44,3	182	
			9,2	45,4	221	
Alpha-2 Capricorni	20 18,1	−12 33	3,6/11,0	6,6	172	
			9,3	154,6	156	
			11,3	1,2	240	
Gamma Delphini	20 46,7	+16 07	4,0/5,0	10,1	268	Jaune et vert pâle
Bêta Cephei	21 28,7	+70 34	3,2/7,9	13,3	249	Blanc et bleu
Xi Cephei	22 03,8	+64 38	4,4/6,5	7,7	277	Binaire 3 800 ans ; bleu
Zêta Aquarii	22 28,8	−00 01	4,3/4,5			Binaire 856 ans ; blanche
Bêta Piscis Austrini	22 31,5	−32 21	4,4/7,9	30,3	172	Blanc jaunâtre et bleuté
107 Aquarii	23 46,0	−18 41	5,7/6,7	6,6	136	Blanc et bleu

ÉTOILES VARIABLES

Étoiles	Ascension droite h. mn	Décl. (° ′)	Magn.	Période jours	Type
S Sculptoris	00 15,4	−32 03	5,5 - 13,6	365,3	Mira
R Andromedae	00 24,0	+38 35	5,8 - 14,9	409,3	Mira
Gamma Cassiopeiae	00 56,7	+60 43	1,6 - 3,0	–	Gamma Cassiopeiae
Zêta Phoenicis	01 08,4	−55 15	3,9 - 4,4	1,67	Algol
S Cassiopeiae	01 19,7	+72 37	7,9 - 16,1	612,43	Mira
Omicron Ceti	02 19,3	−02 59	2,0 - 10,1	331,96	Mira
R Trianguli	02 37,0	+34 16	5,4 - 12,6	266,48	Mira
Bêta Persei	03 08,2	+40 57	2,1 - 3,4	2,87	Algol
Lambda Tauri	04 00,7	+12 29	3,3 - 3,8	3,95	Algol
VW Hydri	04 09,1	−71 18	8,4 - 14,4	100	Nova naine
R Leporis	04 59,6	−14 48	5,5 - 11,7	432,13	Mira
Epsilon Aurigae	05 02,0	+43 49	2,9 - 3,8	9892	A éclipses
Bêta Doradus	05 33,6	−62 29	3,5 - 4,1	9,84	Céphéide
Alpha Orionis	05 55,2	+07 24	0,1 - 0,9	2110	Semi-régulière
U Orionis	05 55,8	+20 10	4,8 - 12,6	372,4	Mira
Eta Geminorum	06 14,9	+22 30	3,2 - 3,9	233	Semi-régulière
S Monocerotis	06 41,0	+09 54	4,6 - 4,7	—	Irrégulière
Zêta Geminorum	07 04,1	+20 34	3,7 - 4,2	10,15	Céphéide
R Geminorum	07 07,4	+22 42	6,0 - 14,0	369,8	Mira
R Canis Majoris	07 19,5	−16 24	5,7 - 6,3	1,14	Algol
X Cancri	08 55,4	+17 14	5,6 - 7,5	195	Semi-régulière
R Carinae	09 32,2	−62 47	3,9 - 10,5	308,7	Mira
ZZ Carinae	09 45,2	−62 30	3,3 - 4,2	35,54	Céphéide
R Leonis	09 47,6	+11 26	4,4 - 11,3	312,4	Mira
S Carinae	10 09,4	−61 33	4,5 - 9,9	149,5	Mira
U Antliae	10 35,2	−39 34	5,7 - 6,8	–	Irrégulière
U Hydrae	10 37,6	−13 23	4,8 - 5,8	450	Semi-régulière
Eta Carinae	10 45,1	−59 41	−0,8 - 7,9	—	S Doradus
X Centauri	11 49,2	−41 45	7,0 - 13,8	315,1	Mira
S Centauri	12 24,6	−49 26	6,0 - 7,0	65	Semi-régulière
SS Virginis	12 25,3	+00 48	6,0 - 9,6	354,7	Mira
R Virginis	12 38,5	+06 59	6,0 - 12,1	145,6	Mira
S Hydrae	13 29,7	−23 17	3,0 - 11,0	389,6	Mira
T Centauri	13 41,8	−33 36	5,5 - 9,0	60	Semi-régulière

R Centauri	14 16,6	−59 55	5,3 - 11,8	546,2	Mira
W. Boötis	14 43,4	+26 32	4,7 - 5,4	450	Semi-régulière
Delta Librae	15 01,0	−08 31	4,9 - 5,9	2,33	Algol
R Coronae Borealis	15 48,6	+28 09	5,7 - 14,8	—	R Coronae
R Serpentis	15 50,7	+15 08	5,2 - 14,4	356,4	Mira
R Arae	16 39,7	−57 00	6,0 - 6,9	4,43	Algol
Alpha Herculis	17 14,6	+14 23	3,0 - 4,0	—	Semi-régulière
RS Ophiuchi	17 50,2	−06 43	5,3 - 12,3	—	Nova récurrente
X Ophiuchi	18 38,3	+08 50	5,9 - 9,2	334,4	Mira
R Scuti	18 47,5	−05 42	4,45 - 8,2	140	RV Tauri
Bêta Lyrae	18 50,1	+33 22	3,3 - 4,3	12,94	Bêta Lyrae
R Lyrae	18 55,3	+43 57	3,9 - 5,0	46	Semi-régulière
Kappa Pavonis	18 56,9	−67 14	3,9 - 4,7	9,1	W Virginis
R Aquilae	19 06,4	+08 14	5,5 - 12,0	284,2	Mira
RY Sagittarii	19 16,5	−33 31	6,0 - 15,0	—	R Coronae
RR Lyrae	19 25,5	+42 47	7,1 - 8,1	0,57	RR Lyrae
Khi Cygni	19 50,6	+32 55	3,3 - 14,2	406,9	Mira
Eta Aquilae	19 52,5	−01 00	3,5 - 4,4	7,18	Céphéide
RR Sagittarii	19 55,9	−29 11	5,9 - 14,0	334,6	Mira
U Cygni	20 19,6	+47 54	5,6 - 12,1	462,4	Mira
EU Delphini	20 37,9	+18 16	5,8 - 6,9	59,5	Semi-régulière
W Cygni	21 36,0	+45 22	5,0 - 7,6	126	Semi-régulière
SS Cygni	21 42,7	+43 35	8,2 - 12,4	50	Nova naine
Mu Cephei	21 43,5	+58 47	3,4 - 5,1	730	Semi-régulière
S Gruis	22 26,1	−48 26	6,0 - 15,0	401,4	Mira
Delta Cephei	22 29,2	+58 25	3,5 - 4,4	5,37	Céphéide
Bêta Pegasi	23 03,8	+28 05	2,3 - 2,8	—	Irrégulière
R Cassiopeiae	23 58,4	+51 24	4,7 - 13,5	430,4	Mira

ÉTOILES DOUBLES VISIBLES A L'ŒIL NU

Étoiles	Magn.	Écart (″)	Remarques
Thêta-1 et Thêta-2 Tauri	3,5/4,0	337	Dans les Hyades
Alcor et Mizar	4,0/2,1	708	Dans la « queue » de la Grande Ourse
Epsilon-1 et Epsilon-2 Lyrae	4,5/4,5	208	Célèbre « double double » ; très difficile
Alpha-1 et Alpha-2 Capricorni	3,6/4,2	376	Facile ; les 2 composantes sont elles-mêmes des doubles

ÉTOILES DOUBLES VISIBLES AVEC DES JUMELLES

Étoiles	Ascension droite h. mn	Décl. (° ′)	Magn.	Écart (″)	Angle de parallaxe (°)	Remarques
Bêta-1 et Bêta-2 Tucanae	00 31,5	−62 58	4,4/4,5	27,1	170	Bel objet ; les 2 composantes sont doubles
Delta Orionis	05 32,0	−00 18	2,2/6,7	52,8	359	Très difficile
Thêta-2 Orionis	05 35,4	−05 25	5,2/6,5	52,5	92	Les 2 sont blanches
20 Geminorum	06 32,3	+17 47	6,0/6,9	20,0	210	Très difficile
Gamma Velorum	08 09,5	−47 20	1,9/4,2	41,2	220	Difficile
Tau Leonis	11 27,9	+02 51	4,1/8,0	91,1	176	Difficile
Nu Scorpii	16 12,0	−19 28	4,0/6,4	41,1	337	Difficile ; la primaire est double
16 et 17 Draconis			5,0/5,0	90,3		Très facile
Nu Draconis	17 32,2	+55 11	4,6/4,6	61,9	312	Facile ; les 2 sont blanches
Zêta Lyrae	18 44,8	+37 36	4,2/5,5	43,7	150	Topaze et vert
Thêta Serpentis	18 56,2	+04 12	4,5/5,0	22,3	104	Très difficile ; les 2 blanc jaunâtre
Bêta Cygni	19 30,7	+27 58	3,0/5,3	34,4	54	Jaune et bleu
Omicron-1 et -2, et 32 Cygni			3,8/4,0/4,8			Belle formation, bien répartie
61 Cygni	21 06,9	+38 45	5,3/5,9	28,4	148	Les 2 jaune orangé
Delta Cerphei	22 29,2	+58 25	var/6,3	40,7	191	Orange et bleu

INDEX

CRÉDIT PHOTOS

Abréviations utilisées :
SPL = Science Photo Library
JPL = Jet Photo Library

p. 2 JPL ; p. 6 Robin Scagell ; p. 7 Anglo-Australian Telescope Board ; p. 8 Dr Jean Lorre/SPL ; p. 10 NASA/SPL ; p. 11 Dr Carey Fuller/SPL ; p. 12 (haut) NASA/SPL, (bas) FOTOKHRONIKA/TASS ; p. 13 (haut gauche) NASA/SPL, (haut droite) NASA/SPL ; p. 15 NASA/SPL ; p. 17 John Sanford/SPL ; p. 18 (haut) NASA/SPL, (centre) NASA/SPL, (bas) Dr Jean Lorre/SPL ; p. 19 (haut) NASA/SPL, (bas) Dr Jean Lorre/SPL ; p. 20 Royal Astronomical Society ; p. 21 (haut) Royal Astronomical Society, (bas) Yerkes Observatory ; p. 22 (haut) NASA/JPL/SPL, (bas) NASA/ SPL ; p. 23 NASA/SPL ; p. 24 NASA/SPL ; p. 25 NASA/SPL ; p. 26 (haut) NASA, (bas) NASA/SPL ; p. 27 (haut) Lick Observatory/SPL, (bas) NASA/ SPL ; p. 28 (centre) H&R Lines/ Millom/SPL, (bas) photo ESA ; p. 29 photo ESA ; p. 30 SPL ; p. 31 John Sanford/SPL ; p. 34 (haut) Simon Fraser/SPL, (bas) Jack Finch/SPL ; p. 35 John Sanford/SPL ; p. 36 Robin Scagell ; p. 37 (gauche) Ronald Royer/SPL, (droite) Chris Floyd ; p. 38 (gauche) Anglo-Australian Telescope Board, (droite) Chris Floyd ; p. 39 John Sanford/SPL ; p. 40 (bas) Robin Scagell/SPL, (haut) Starlink/Rutherford Appleton Lab/SPL ; p. 41 Chris Floyd ; p. 42 Doug Johnson/SPL ; p. 43 Physics Dept, Imperial College/SPL ; p. 45 (haut) Royal Astronomical Society Library, (bas) John Sanford/SPL ; p. 46 Yerkes Observatory ; p. 49 (gauche) John Sanford/SPL, (droite) Robin Scagell ; p. 50 Robin Scagell ; p. 52 Anglo-Australian Telescope Board ; p. 53 Brian Jones ; p. 54 Anglo-Australian Telescope Board ; p. 55 (haut) European Southern Observatory/Brian Jones, (bas) Anglo-Australian Telescope Board ; p. 57 Roland Royer/ SPL ; p. 58 Harvard College Observatory/SPL ; p. 59 (haut) Dr Steve Gull/SPL, (bas) Starlink/Rutherford Appleton Lab/SPL ; p. 60 Fred Espenak/SPL ; p. 61 (haut) Royal Greenwich Observatory/SPL, (bas) Royal Observatory, Edinburgh/SPL ; p. 62 AT&T Archives ; p. 63 Jodrell Bank ; p. 84 Robin Scagell ; p. 85 Robin Scagell ; p. 88/89 Richard Baum ; p. 90/91 D.L. Graham ; p. 96 D.L. Graham ; p. 98 John Sanford/SPL ; p. 99 Bernard Abrams ; p. 100 John Sanford/SPL ; p. 101 John Sanford/SPL, Bernard Abrams ; p. 103 Robin Scagell ; p. 110 Royer/SPL ; p. 111 Fred Espenak/SPL ; p. 114 Robin Scagell ; p. 116 Bernard Abrams ; p. 117 Chris Floyd, Robin Seagell ; p. 118 Brian Jones ; p. 119 Variable Star Section ; p. 121 US Naval Observatory/SPL ; p. 125 John Fletcher ; p. 127 Brian Jones, Derek Aspinall ; p. 129 Bernard Abrams ; p. 131 David Graham, Chris Floyd ; p. 133 Chris Floyd, US Naval Observatory/SPL ; p. 135 Chris Floyd, Bernard Abrams ; p. 137 Chris Floyd ; p. 139 Robin Scagell ; p. 141 Derek Aspinall, Chris Floyd ; p. 143 Chris Floyd ; p. 145 Rev Ronald Royer/SPL, John Fletcher ; p. 144 Chris Floyd.